人工智能通识数智融合精品教材

人工智能通识实践教程

宋晏 李莉 编著

电子工业出版社·

Publishing House of Electronics Industry

北京·BEIJING

内 容 简 介

人工智能通识教育是高等教育领域亟待探索的重要课题。

本书围绕人工智能通识教育实践主题展开，从大语言模型入门，沿着数据、计算、智能工具到智能模型的路径，逐步引导学生进入人工智能的世界。本书聚焦于计算机视觉和自然语言处理两大应用方向，帮助学生理解深度学习模型，并通过调用大模型 API 的方式将智能模型融入程序。

全书共 9 章，各章内容包含知识讲解和详细实验方案两部分，并根据需要设计了拓展练习。本书重视课程思政建设，以 DeepSeek 为例介绍大语言模型，图像处理与分析采用百度 AI 开放平台和腾讯 AI 开放平台实现，自然语言处理采用百度智能云千帆大模型实现。本书内容新颖、知识前沿，实验可操作性强，编程环境一体化，有助于提升课程的高阶性、创新性与挑战度，科学培养学生应用 AI 解决问题的能力。本书提供配套电子课件、实验素材和源代码，可登录华信教育资源网下载。

本书可作为高等学校本科和专科各专业人工智能通识课程教材，也适合希望了解人工智能相关内容的读者阅读。

图书在版编目（CIP）数据

人工智能通识实践教程 / 宋晏，李莉编著. -- 北京：
电子工业出版社，2025. 6. -- ISBN 978-7-121-50360-3

Ⅰ. TP18

中国国家版本馆 CIP 数据核字第 2025TF3259 号

责任编辑：冉　哲
印　　刷：三河市鑫金马印装有限公司
装　　订：三河市鑫金马印装有限公司
出版发行：电子工业出版社
　　　　　北京市海淀区万寿路 173 信箱　　邮编　　100036
开　　本：787×1092　1/16　　印张：17.75　　字数：477 千字
版　　次：2025 年 6 月第 1 版
印　　次：2025 年 6 月第 1 次印刷
定　　价：59.80 元

凡所购买电子工业出版社图书有缺损问题，请向购买书店调换。若书店售缺，请与本社发行部联系，联系及邮购电话：（010）88254888，88258888。

质量投诉请发邮件至 zlts@phei.com.cn，盗版侵权举报请发邮件至 dbqq@phei.com.cn。

本书咨询联系方式：ran@phei.com.cn。

序

当今世界正经历以人工智能为核心的新一轮科技革命。《教育强国建设规划纲要（2024—2035 年）》明确指出，要实施国家教育数字化战略、促进人工智能助力教育变革。作为新中国建立的第一所钢铁工业高等学府，北京科技大学始终以服务国家战略需求为己任。为此，我们将人工智能通识教育作为新时代人才培养的重要突破口，以培养学生人工智能思维、提高学生人工智能专业能力、促进人工智能与其他学科专业交叉融合为目标，组织建设人工智能系列教材。

本系列教材属于新形态教材，充分利用智能化手段，并融入各类数字资源。同时，教材的编写还立足三大基础：

第一，紧扣国家人工智能教育战略，贯穿数据思维、计算思维和人工智能思维，强化算法伦理和社会责任等价值塑造要素，切实融入并体现课程思政。

第二，传承我校七十余载"学风严谨、崇尚实践"的教育底蕴，坚持问题导向，锻造基于人工智能思维的分析问题和解决问题的能力。

第三，教务处牵头建设人工智能通识课虚拟教研室，组织了一批跨学科的中青年优秀教师组成编写团队——他们既是深耕专业领域的学术骨干，也是拥抱技术变革的时代同行者——以创新和合作思维共同完成人工智能前沿知识体系与大学生通识教育的紧密对接。

在钢铁淬炼的轰鸣与代码跃动的静默之间，北京科技大学始终铭记双重使命：既要锻造破解"卡脖子"难题的过硬技术，更要培育驾驭智能文明的思维素养。我们期待学习者既能掌握解码智能世界的工具，更葆有审视技术本质的清醒。

谨向参与本系列教材编写的教师们致敬，感谢你们在数智时代的晨曦中倾注教育热忱；感谢电子工业出版社的鼎立支持，让创新成果得以惠泽更多学子。

愿这些凝聚集体智慧的教材，成为星火，共同助力中国人工智能教育的燎原之势。

罗　熊

北京科技大学教务处处长

2025 年 5 月 12 日

人工智能通识课教材编写组

组　长：罗熊

副组长：皇甫伟

组员名单（以姓氏拼音为序）：

陈　诚	陈丹阳	陈　建	陈健生	范茜莹	高　恺	高宇洋	黄晓璐	冀伟清
冀燕丽	解晓政	李　莉	李琳佩	李　莎	李新宇	刘　健	刘乾坤	刘　欣
刘娅汐	屈　微	任语铮	宋　爽	宋　晏	孙春蕾	谭颂超	万亚东	汪红兵
王昱洁	吴　桐	武航星	肖若秀	邢博文	徐　晶	徐欣怡	姚　琳	张　敏
朱　红	卓君宝							

前　　言

近年来，人工智能迅猛发展，已成为国家战略的重要组成部分。2025 年年初，DeepSeek 异军突起，站上了世界舞台，就像一颗深水炸弹在人工智能领域掀起了惊涛骇浪，产生了深远的影响。正如《哪吒 2》中的经典台词"若前方无路，我便踏出一条路"所诠释的那样，2025 年，中国精神为人工智能通识教育注入了一针强心剂。我们深感荣幸，能够与全国的教育工作者共同探索人工智能通识课程的教学实践。

本书围绕人工智能通识教育实践主题展开，从通过大语言模型认识人工智能开始，沿着数据、计算、智能工具到智能模型的路径，逐步引导学生进入人工智能的世界。本书最终聚焦于人工智能领域应用最广泛的计算机视觉和自然语言处理，帮助学生理解深度学习模型，并通过调用大模型 API 的方式将现有的智能模型融入实际程序。

本书分为 9 章，各章内容既涵盖了必备的知识讲解，又提供了详细的实验方案和指导。同时，对于具有延展性和挑战性的问题，设计了拓展练习。本书提供从基础到高阶，再到具备挑战性的实验内容，层次丰富。

本书的特色如下。

（1）重视课程思政建设。本书在介绍人工智能领域的成果时突出了中国国产大模型，以 DeepSeek 为例介绍大语言模型，图像处理与分析采用百度 AI 开放平台和腾讯 AI 开放平台实现，自然语言处理采用百度智能云千帆大模型实现。本书关注人工智能的伦理问题，通过介绍《阿西洛马人工智能原则》等人工智能伦理框架以及实际案例，让学生在学习知识的同时思考人工智能技术应用的边界，建立应用大模型的思辨性。

（2）内容新颖，知识前沿。本书从实践的角度构建人工智能的基础知识体系，不仅提升了学生的理论水平，还强化了其实践能力。本书涵盖了数据处理、计算原理、智能工具、机器学习以及深度学习模型等多方面内容，以人工智能技术为核心，重新整合已有知识，建立了循序渐进的人工智能学习进程，使学生能够系统掌握人工智能的基本框架和应用场景。此外，通过引导学生调用大模型 API，本书有效地将前沿技术融入实际项目，增强了实用性和前瞻性。

（3）实验可操作性强。实验是检验理论的关键，只有通过实际操作，才能真正将知识转化为能力。本书以实践为核心，每章设计的实验内容不仅具有科学的针对性，更具有切实的可操作性。从基础编程到第三方生态库的应用，通过人工智能工具和模型的调用，全面覆盖人工智能实践的各个场景，逐步构建应用人工智能解决问题的能力。

（4）编程环境一体化。本书使用 VSCode+Anaconda 的方式构建一体化编程环境。通过了解 VSCode 及其插件的使用思想，学生不仅能够利用人工智能实现高效编程，还为学习其他编程语言打下坚实基础。计算机视觉等应用的依赖库比较复杂，本书通过 Anaconda 以及调试好的工具包建立 Conda 虚拟环境，简化了烦琐的环境配置工作，避免了多种工具间的冲突与兼容性问题，极大提升了学习和开发的效率。

（5）本书配套资源丰富，包括电子课件、实验素材和源代码，可登录华信教育资源网下载。书中还以二维码形式提供了通用快捷键、编程环境创建与配置、GPU 版 PyTorch 的安装与使用、相关网址与数据集下载方法以及实验报告要求等内容。

本书由宋晏、李莉编著，宋晏完成了全书的统稿工作，感谢皇甫伟、陈健生、王睿、朱超老师在本书编写过程中给予的大力支持和意见建议，感谢北京科技大学人工智能通识课程教研组参与编写及讨论的各位老师：陈诚、陈丹阳、高恺、高宇洋、冀伟清、解晓政、李莉、李琳佩、刘健、刘乾坤、刘娅汐、任语铮、宋爽、孙春蕾、谭颂超、汪红兵、吴桐、肖若秀、邢博文、徐欣怡、卓君宝（以姓氏拼音为序）。本书是团队智慧的结晶，感谢各位老师的辛苦付出，期待与大家沟通交流，共同探索人工智能的通识教学之路。

同时，感谢本书的编辑冉哲在书稿校对、整理过程中给出的诸多建议和辛苦付出。

本书的编写与出版得到了北京科技大学教育教学改革重大项目（编号 JG2023ZD01）的资助及北京科技大学教务处的全程支持。

书中疏漏和不足之处，恳请广大读者批评指正。

作　者

通用快捷键

编程环境创建与配置

GPU 版 PyTorch 的
安装与使用

相关网址与数据集
下载方法

实验报告要求

目　录

第1章　AI时代的计算机基础技能

在人工智能（AI）迅速发展的今天，计算机基础知识的重要性愈加明显。AI不仅依赖于复杂的算法和数据处理，更需要扎实的技术基础支撑。操作系统、文件管理、命令行操作等基础内容，虽然看似简单，却是开发和应用AI技术的基石。熟练掌握这些技能，有助于在不同环境下高效工作，避免因配置问题或操作不当浪费时间。命令行的运用、环境变量的配置，甚至系统监控工具的使用，都有助于更好地管理资源，优化性能，提升工作效率。在AI的学习与实践中，扎实的计算机基础知识不仅有助于更好地解决实际问题，也能为将来的发展奠定基础。

1.1　查看和管理系统软硬件资源

操作系统是系统软件的核心，负责管理硬件资源并为其他软件提供运行环境。系统软件包括操作系统及其辅助工具，通过操作系统访问硬件资源（如CPU、内存和磁盘等），实现高效的计算和任务处理。因此，操作系统是连接硬件和其他系统软件的关键，确保各个组件协同工作。

Windows任务管理器和macOS活动监视器都是操作系统中用于监控与管理系统软硬件资源的重要工具。通过它们，可以实时监控CPU、内存、磁盘和网络资源等的使用情况，帮助识别性能瓶颈和系统异常。Windows任务管理器注重对各类系统资源的详细监控，而macOS活动监视器则更简洁，界面设计上更加聚焦于单个进程的管理。两者各具特色，在各自的操作系统中帮助用户有效管理和优化系统资源。

本节将以Windows 10任务管理器为例，深入介绍其在操作系统核心功能中的应用。

1.1.1　Windows任务管理器

任务管理器是Windows操作系统中的一个系统监控工具，它允许用户查看和管理计算机的运行状态，帮助用户诊断和解决系统性能问题，了解资源的使用情况，以及结束未响应的程序或进程。

任务管理器可以通过多种方式打开：按快捷键Ctrl+Shift+Esc；右击任务栏，从快捷菜单中选择"任务管理器"；按快捷键Ctrl+Alt+Delete，然后选择"任务管理器"。Windows 10任务管理器界面如图1-1所示，包含"进程"、"性能"、"应用历史记录"、"启动"、"用户"、"详细信息"和"服务"共7个选项卡。

1. 管理进程

进程（Processes）是计算机中正在执行的程序实例。它是操作系统进行资源分配和调度的基本单位，每个进程都有独立的内存空间和系统资源。

以Microsoft Word为例，它是一个应用程序。当同时打开两个Word文档并进行编辑时，操作系统会创建两个独立的进程。每个进程均拥有各自的内存空间和资源，分别对应一个Word文档的编辑环境。这两个进程可以同时运行，互不干扰，体现了操作系统的多任务处理能力。

任务管理器的"进程"选项卡会显示计算机上正在运行的所有进程，包括应用程序和后台进程。每个进程都显示其占用的CPU、内存、磁盘、网络资源等信息。

在进程管理中，结束无响应进程是优化系统性能的一个重要功能。这个功能常用于当某个程序或进程停止响应时，用户能够通过任务管理器主动终止它，从而恢复系统的流畅性。表 1-1 展示了几种常见的需结束无响应进程的场景。

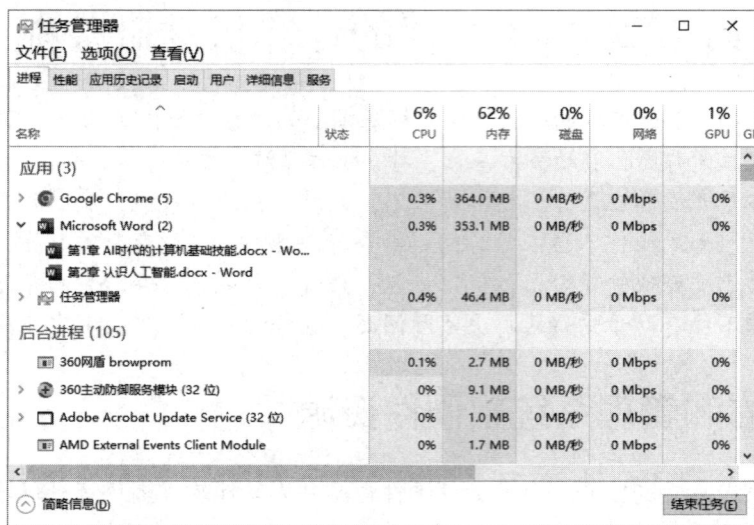

图 1-1　Windows 10 任务管理器

表 1-1　常见的需结束无响应进程的场景

场景	问题	应用	效果
程序冻结或卡顿	某些程序由于错误或系统资源过载，可能会变得无响应，导致用户无法与程序交互，甚至影响其他程序的运行	在任务管理器的"进程"选项卡中找到并选中该程序，单击"结束任务"按钮，强制关闭该程序，释放系统资源	通过结束无响应进程，系统可以恢复正常操作，其他程序和任务的性能得以恢复，用户可以继续进行其他操作
资源占用过多的进程	某些后台进程或程序可能会无意中消耗过多的系统资源（如 CPU 或内存），导致系统运行缓慢或响应迟缓	通过任务管理器监控各个进程的资源占用情况，如果某个进程占用了异常多的资源，可以选择结束该进程	结束占用资源多的进程可以立刻释放系统资源，提高系统的响应速度
恶意软件或不必要的后台进程	某些恶意软件或不必要的进程可能会悄无声息地在后台运行，影响计算机的性能或安全	通过任务管理器结束这些无用或有害的进程，能够优化系统性能并保护计算机免受潜在的安全威胁	删除无用或有害的进程可以提高系统的安全性，并减少不必要的资源占用，确保系统运行更加流畅和稳定
系统崩溃后的恢复	在某些情况下，当系统出现崩溃或严重故障时，某些进程可能无法正常关闭，导致系统完全停止响应，"进程"选项卡失效	任务管理器的"详细信息"选项卡提供了对每个进程更细致的控制，包括进程的 PID 等，在这里可以更精确和有效地终止无法关闭的进程，从而恢复系统的正常运行	及时结束崩溃的进程，能够减少系统崩溃后的停滞时间，快速恢复正常使用

2．查看性能及硬件配置

"性能"选项卡以图表和数字的形式显示系统的实时性能数据，包括 CPU、内存、磁盘、网络和 GPU 资源的使用情况。用户可以查看资源的使用趋势，帮助诊断系统性能瓶颈。

单击左侧栏的硬件类别（如 CPU、内存等），右侧页面将显示详细的实时图表以及相关硬件的详细信息，如图 1-2 所示。

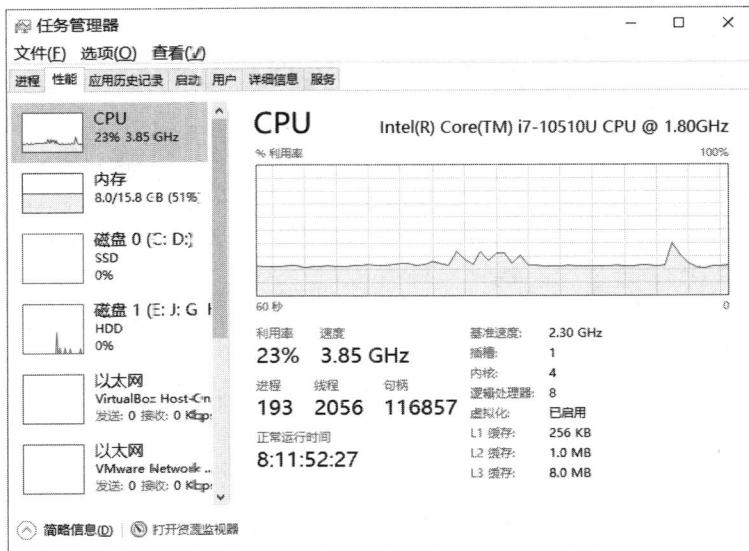

图 1-2　使用"性能"选项卡查看硬件信息及使用情况

3. 管理启动项

"启动"选项卡用于管理启动项，显示随系统启动的程序列表以及它们对启动时间的影响。这些程序来自系统中配置为开机自动运行的项目，如注册表、启动文件夹、计划任务和服务等位置的设置。

在"启动"选项卡中，用户可以禁止某些程序在系统启动时自动运行，从而提升系统启动速度。禁止后，操作系统会将该程序的启动状态标记为"禁用"，并将这一设置保存到系统的注册表或启动配置中，确保永久生效。禁用后的程序将在后续的系统启动中不再自动运行，除非用户手动重新启用它。如果需要恢复某个启动项，可以再次进入任务管理器的"启动"选项卡，找到对应的程序并将其启用。

1.1.2　查看和管理系统软硬件资源实验

1.1.2.1　实验目标

（1）掌握通过操作系统获取硬件信息的方法。
（2）学习获取手机的性能指标的方法。
（3）掌握优化计算机启动项/登录项的技巧。
（4）了解如何监控系统资源的使用情况。

1.1.2.2　实验任务

【任务 1】获取计算机的操作系统和硬件资源信息。使用 Windows 任务管理器或 macOS 活动监视器等系统工具获取计算机的操作系统版本，以及 CPU、内存、磁盘和网络等硬件资源信息。

〖实验步骤〗

1. Windows

（1）记录操作系统版本。单击"开始"→"设置"→"系统"→"关于"，查看并记录操作系统版本（如 Windows 10/11）和系统类型（64 位或 32 位）。

（2）打开任务管理器，切换到"性能"选项卡，查看 CPU、内存、磁盘、网络和 GPU（如果存在 GPU）的实时使用情况。

① 记录 CPU 信息：在"性能"选项卡中单击"CPU"，记录 CPU 型号、内核数、主频、各级缓存容量等信息。

② 记录内存信息：在"性能"选项卡中单击"内存"，记录内存容量、使用情况、速度等信息。

③ 记录磁盘信息：在"性能"选项卡中单击"磁盘"（如果有多个磁盘，应分别查看），记录磁盘类型（HDD/SSD）、容量、读/写速度等信息。

④ 记录网络信息：在"性能"选项卡中单击"以太网"，记录网络适配器型号、网络使用情况（如发送/接收的数据量）。

⑤ 记录 GPU 信息：在"性能"选项卡中单击"GPU"，记录 GPU 型号、使用情况、专用内存等信息。

2．macOS

（1）打开活动监视器。单击"访达"（Finder）→"应用程序"（Applications）→"实用工具"（Utilities）→"活动监视器"（Activity Monitor），或使用 Spotlight 搜索并打开"活动监视器"。在活动监视器中可以查看各选项卡，包括"CPU"、"内存"（Memory）、"磁盘"（Disk）和"网络"（Network）等。

（2）打开"关于本机"。单击屏幕左上角的苹果菜单，选择"关于本机"（About This Mac）。

① 记录操作系统版本：在"关于本机"中查看操作系统版本。

② 记录内存信息：在"关于本机"中，查看内存容量（如 8GB、16GB 等）；在活动监视器的"内存"选项卡中，查看内存使用情况。

③ 记录 CPU 信息：在"关于本机"中，单击"更多信息"（More Info）→"系统报告"（System Report），查看 CPU 型号、内核数；在活动监视器的"CPU"选项卡中，查看 CPU 使用情况。

④ 记录磁盘信息：单击"系统报告"→"存储"（Storage），查看磁盘类型、容量和可用空间等详细信息。

⑤ 记录网络信息：单击"系统报告"→"网络"，查看网络适配器型号和详细信息；在活动监视器的"网络"选项卡中，查看网络使用情况。

表 1-2　实验数据记录表（计算机）

项目	指标
操作系统	版本、系统类型
CPU	CPU 型号、内核数、主频、各级缓存容量
内存	容量、使用情况
磁盘	磁盘类型、容量、读/写速度
网络	型号、使用情况
GPU	型号、使用情况

〖实验总结与思考〗

（1）按照表 1-2 的形式及内容记录以上实验获取的软硬件资源相关信息。

（2）总结获取系统信息的多种方法。

【任务 2】调研手机性能指标：

- 调研自己手机的性能指标，包括 CPU、GPU、内存、存储空间、电池容量等；
- 分析硬件配置对手机性能的影响，理解操作系统如何管理硬件资源；
- 从芯片产业的布局方面，思考自主创新和科技发展对国家的重要性。

〖实验步骤〗

（1）获取手机型号和操作系统信息。在手机的"设置"中，找到并记录手机型号、操作系统版本（如 HarmonyOS 4.0、Android 16、iOS 18.4 等）。

（2）记录 CPU 信息。查看手机 CPU 型号（如麒麟 9020、骁龙 8 Elite、A18 等）。

获取手机 CPU 型号后，继续调研 CPU 的厂商、主频、内核数、制造工艺等信息。可以通过如下渠道获取。

① CPU-Z（Android）或 CPU-X（macOS）：流行的第三方工具，可以精准地提供手机 CPU 的型号、主频、内核数、线程数、缓存容量以及制造工艺等详细信息。

② 厂商官网：华为、Intel、AMD、Apple、Qualcomm 等厂商的官方网站，通常会提供最新手机 CPU 产品的技术规格。

（3）记录内存信息。查看手机运行内存（如 8GB、12GB 等）和存储内存（如 128GB、256GB 等），记录存储类型（如 UFS 3.1、NVMe 等）。

（4）记录屏幕信息。查看手机屏幕分辨率（如 1080×2400 像素）和刷新率（如 120Hz）。

〖实验总结与思考〗

（1）列出手机软硬件配置。按照表 1-3 的形式及内容记录以上实验获取的信息。

（2）结合使用体验，分析以下内容。

① CPU 性能对多任务处理和游戏流畅度的影响。

② 内存容量对多任务切换和应用启动速度的影响。

③ 存储类型对文件读/写速度和系统响应速度的影响。

表 1-3　实验数据记录表（手机）

项目	指标
手机型号	型号名称
操作系统	版本
CPU	型号、厂商、主频、内核数、制造工艺（nm）
运行内存	容量、类型
存储内存	容量、类型
屏幕	分辨率、刷新率

④ 屏幕刷新率对显示流畅度的影响。

（3）调研主流手机芯片厂商的市场份额，收集数据，了解以下信息。

① 当前市场上主流手机芯片厂商（如高通、苹果、华为、联发科等）。

② 各厂商的市场份额和排名。

③ 各芯片品牌的优势和弱点。

④ 未来趋势（如 5G、AI 芯片等发展方向）。

对比并分析各厂商的竞争态势。根据我国芯片发展的现状，从自主创新、科技报国、社会责任感和全球视野等方面进行思考。

【任务 3】优化系统启动项/登录项，提升系统启动速度。

〖实验步骤〗

1．Windows

（1）打开任务管理器，切换到"启动"选项卡。

（2）查看当前随系统启动的程序列表，记录每个程序的"启动影响"（高、中、低）。

（3）禁用对启动速度影响较大的程序（如不必要的后台服务、第三方软件）。

（4）重启计算机，观察启动时间是否缩短。

（5）重新启用必要的启动项（如杀毒软件、云存储服务），然后重启计算机，测试其对系统启动时间的影响。

2．macOS

（1）打开系统设置。单击屏幕左上角的苹果菜单，选择"系统设置"（System Settings），或者使用 Spotlight 搜索并打开"系统设置"。

（2）管理登录项。在"系统设置"中，单击"通用"（General）→"登录项与扩展"（Login Items & Extensions），查看当前随系统启动的程序列表。

（3）记录登录项信息。记录每个程序的名称、状态（已启用/已禁用）以及是否隐藏。

（4）禁用对启动速度影响较大的程序（如不必要的后台服务、第三方软件）。选中程序，单击"-"按钮，将其从登录项列表中移除。重复此步骤，禁用所有不必要的登录项。

（5）重启计算机。观察启动时间是否缩短。

（6）重新启用必要的登录项（如杀毒软件、云存储服务）。单击"+"按钮，选择需要启用的程序，然后重启计算机，测试其对系统启动时间的影响。

〖实验总结与思考〗

（1）记录优化前后的启动时间，对比优化效果。

（2）分析启动项/登录项对系统性能的影响。分析哪些启动项/登录项对系统启动速度影响较大，探讨禁用不必要的启动项/登录项对系统性能的提升效果。

【任务4】监控系统资源使用情况。

使用 Windows 任务管理器或 macOS 活动监视器监控系统资源（CPU、内存、磁盘、网络）的使用情况。

〖实验步骤〗

1. Windows 任务管理器

（1）打开任务管理器，切换到"性能"选项卡，查看 CPU、内存、磁盘、网络和 GPU 的实时使用情况。

（2）运行多个应用程序。打开多个应用程序（如浏览器、视频播放器、游戏），观察任务管理器中 CPU、内存、磁盘和网络的使用情况。

（3）记录资源使用情况。

① CPU 使用率峰值：在"性能"选项卡中，查看并记录 CPU 使用率的最高值。

② 内存使用量峰值：在"性能"选项卡中，查看并记录内存使用量的最高值。

③ 磁盘读/写速度：在"性能"选项卡中，查看并记录磁盘的读/写速度（MB/s）。

④ 网络带宽占用：在"性能"选项卡中，查看并记录网络的发送和接收速度（Mbit/s）。

（4）结束占用资源较多的进程。切换到"进程"选项卡，查看哪些进程占用了较多的 CPU、内存、磁盘或网络资源；选择占用资源较多的进程，右击，从快捷菜单中选择"结束任务"；观察系统性能的变化（如响应速度、流畅度）。

2. macOS 活动监视器

（1）打开活动监视器，切换到"CPU"、"内存"、"磁盘"和"网络"等选项卡，查看详细信息。

（2）运行多个应用程序。打开多个应用程序（如浏览器、视频播放器、游戏），观察活动监视器中 CPU、内存、磁盘和网络的使用情况。

（3）记录资源使用情况。

① CPU 使用率峰值：在"CPU"选项卡中，查看并记录 CPU 使用率的最高值。

② 内存使用量峰值：在"内存"选项卡中，查看并记录内存使用量的最高值。

③ 磁盘读/写速度：在"磁盘"选项卡中，查看并记录磁盘的读/写速度（MB/s）。

④ 网络带宽占用：在"网络"选项卡中，查看并记录网络的发送和接收速度（Mbit/s）。

（4）结束占用资源较多的进程。在活动监视器中，查看哪些进程占用了较多的 CPU、内存、磁盘或网络资源；选择占用资源较多的进程，单击左上角的"停止"按钮，结束该进程；观察系统性能的变化（如响应速度、流畅度）。

〖实验总结与思考〗

（1）记录系统资源使用情况。

（2）分析哪些程序对系统资源占用较多。列出占用资源较多的程序，分析这些程序对 CPU、内存、磁盘和网络资源的具体影响。

1.2 命令行界面及文件存储路径

命令行界面（Command Line Interface，CLI）是计算机与用户交互的传统方式之一。尽管图形用户界面（Graphical User Interface，GUI）已经非常普及，但命令行界面仍被视为一种相对"高级"或"复杂"的工具，在许多计算机操作和管理任务中不可或缺。命令行界面提供了比图形用户界面更直接、灵活的方式来控制和管理计算机系统。当需要在命令行界面中执行某个文件时，文件存储路径的正确表达尤为重要，路径表达用于文件的定位和访问，而命令行界面则为其提供了精确和高效的操作方式。

1.2.1 命令行界面

命令行界面（又称终端、控制台等）是一个基于文本的用户界面，在这里，用户通过输入命令与操作系统进行交互。在 Windows 中，这通常指的是带命令提示符的界面，即命令行窗口；在 macOS 中，常见的命令行界面是终端（Terminal）。

要在 Windows 中打开命令行窗口，可以按快捷键 Win+R，打开"运行"对话框，输入 cmd 并按回车键（执行 cmd.exe），命令行窗口如图 1-3 所示。

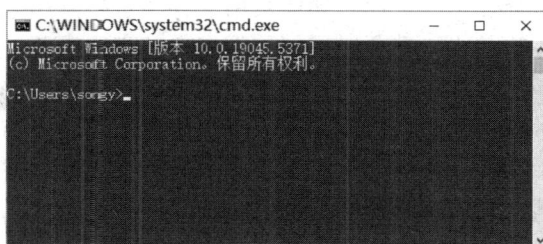

图 1-3 Windows 的命令行窗口

图 1-3 中的"C:\Users\songy>"称为命令提示符（Command Prompt）。在 Windows 中，命令提示符通常以">"结束。它显示了当前的目录路径，帮助用户了解自己在文件系统中的位置。">"后面的光标闪烁，表明系统正在等待用户输入新的命令。

在 macOS 中，按快捷键 Cmd+Space（空格），打开 Spotlight 搜索框，输入"终端"（Terminal），打开终端窗口。

命令行/终端窗口中的常用命令见表 1-4。

表 1-4 命令行/终端窗口中的常用命令

命令功能	Windows 命令	macOS 命令	Windows 命令示例
切换目录	cd <目录路径>		cd d:\python38
	cd..		cd..
	cd / 或 cd \		cd/
查看目录	dir	ls	dir
清屏	cls	clear	cls
创建目录	mkdir <目录名>		mkdir new_folder
创建文件	echo "内容" > 文件名		echo "Hello, World" > hello.txt

命令功能	Windows 命令	macOS 命令	Windows 命令示例
删除目录	rmdir <目录名>	rm -r <目录名>	rmdir old_folder
复制文件	copy <源文件> <目标文件>	cp <源文件> <目标文件>	copy d:\YourName\file.txt d:\Backup\file.txt
移动文件	move <源文件> <目标路径>	mv <源文件> <目标路径>	move d:\YourName\file.txt d:\Backup\
删除文件	del <文件名>	rm <文件名>	del file.txt
查看文件内容	type <文件名>	cat <文件名>	type hello.txt

图 1-4　用 cd 命令更新命令提示符

这些命令中，cd 命令与命令提示符有紧密联系。如图 1-4 所示，每次使用 cd 命令切换目录时，命令提示符都会自动更新，以显示当前目录。

在命令行窗口中，使用 ↑ 和 ↓ 键可以浏览之前输入的命令，方便用户快速查看和重复执行历史命令，避免重新输入相同的命令。按 ↑ 键，会显示更早的历史命令；按 ↓ 键则可以回到更近的命令或清空当前命令行。

1.2.2　文件存储路径

长期保存在计算机中的数据通常以文件的形式进行组织，并存储在外部存储设备中。操作系统通过它的文件系统高效地管理这些文件，确保数据的存储、检索和维护井然有序。文件系统的核心任务在于确定文件的存储方式，它不仅规划文件在外部存储设备中的具体存放位置，还为用户提供了清晰的查找路径，使用户能够快速、准确地定位和访问所需的文件。

操作系统普遍采用一种称为目录（Directory，即文件夹）的分层结构来组织文件，各级目录构成了树形结构，如图 1-5 所示。树形结构的优势在于其层次清晰，便于文件的分类管理；它能够有效地解决文件重名问题，利用树形结构，可以在不同路径下存放同名文件；同时，树形结构的多级分叉设计也显著提升了文件检索的效率。

以磁盘为例，每个磁盘（或磁盘分区）都有唯一的"根目录"，该根目录在磁盘格式化时由系统创建。根目录下的为目录。树形结构中相邻上下层目录之间形成了父子关系，当前目录称为"父目录"，其下的目录称为"子目录"。

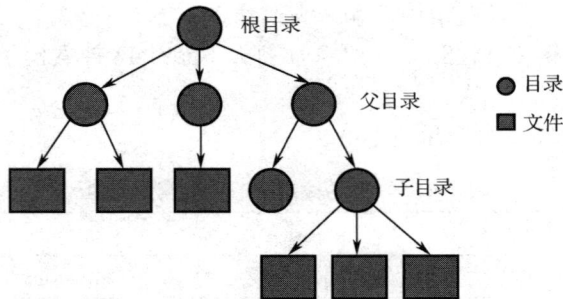

图 1-5　目录的树形结构

基于树形结构，文件名采用"路径+文件名"的方式表示。路径是由从根目录开始，沿着树形结构的"枝杈"到达目标文件所经过的各级目录按顺序组合而成的。在 Windows 中，目录名之间使用反斜杠（\）分隔。

路径有两种表达方式：绝对路径和相对路径。绝对路径是从根目录开始描述的路径，根目录用盘符加反斜杠（\）表示；相对路径则是从当前目录开始描述的路径。

图 1-6 展示了名为 D 盘的磁盘中部分目录的树形结构。该磁盘的根目录用"D:\"表示，从"D:\"开始的路径称为绝对路径。例如，python.exe 文件的绝对路径为"D:\Python38\python.exe"，而 pip.exe 文件的绝对路径为"D:\Python38\Scripts\pip.exe"。之所以将这种描述方式称为"绝对路径"，是因为它的起点唯一，沿着树形结构从根目录出发到达文件的路径只有一条，无法更改。

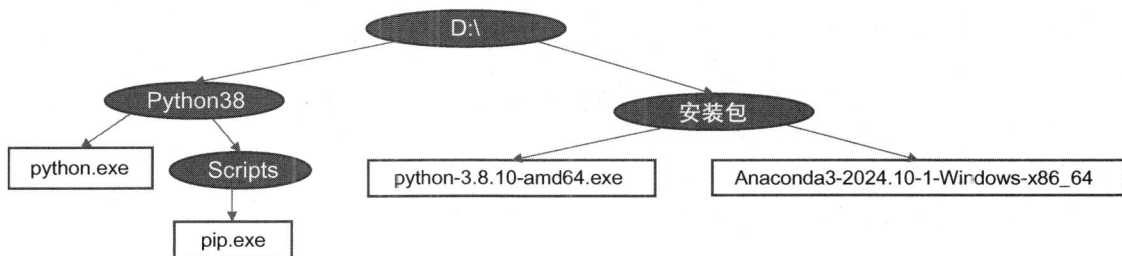

图 1-6　D 盘中部分目录的树形结构展示

〖说明〗操作系统对目录和文件名称的大小写形式不敏感。也就是说，可以使用不同的大小写方式来表示目录和文件名称，操作系统会忽略这些大小写形式的差异。

相对路径则更为复杂，因为相对路径依赖于当前所在的位置，起点不同，路径的表达方式也会有所不同。假设在图 1-6 中，当前位于 Python38 目录下（类似于在 Windows 资源管理器中打开了 Python38 文件夹），那么 pip.exe 文件的相对路径为"Scripts\pip.exe"，即从当前目录开始向下查找文件。如果当前位于"安装包"目录下，则需要先回到根目录，再沿着 Python38 目录向下查找，这时，相对路径可以表示为"..\Python38\Scripts\pip.exe"，其中".."表示当前目录的父目录，实现了在目录树从下向上查找的功能。这两个路径都没有以根目录开头，而是根据当前所在位置的不同，形成了各自不同的表达方式。

〖提示〗磁盘分区是对磁盘物理空间的逻辑划分，通常以 C、D、E 等盘符的形式出现。多个分区的存在有助于更有条理地管理和存储文件。例如，操作系统通常安装在 C 盘中，而 D 盘则可用于存储其他文件。对于只有 C 盘的情况，可以通过分区软件重新划分磁盘的物理空间。这种划分仅在逻辑层面进行，因此原有的文件不会丢失。

在现代操作系统中，虽然鼠标操作占主导地位，但路径表达仍在编程和命令行操作中扮演着重要角色。在代码中，路径用于指定文件的存取位置；在命令行操作中，用户通过命令输入路径来执行特定任务。因此，无论是在代码中还是命令行中，路径表达都是实现文件操作的关键。

如何平滑地从图形用户界面过渡到文件路径的长字符串表达？一种便捷的方法是在 Windows 中先导航到目标文件所在位置，然后将鼠标移动到地址栏中，按快捷键 Ctrl+C 复制系统自动生成的文件路径。这样，可以轻松获得正确的文件路径，避免手动输入错误，如图 1-7 所示。

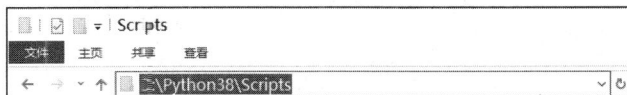

图 1-7　从地址栏复制文件路径

1.2.3　命令行文件系统导航实验

本实验通过 cd、dir（Windows）、ls（macOS）等命令，深入理解相对路径和绝对路径的概念，并熟练掌握其在文件目录操作中的应用。

```
\home\user\
├──── documents\
│   ├──── report.txt
│   ├──── notes.txt
│   └──── projects\
│         └──── project1.txt
├──── pictures\
│   ├──── vacation.jpg
│   ├──── birthday.png
└──── scripts\
```

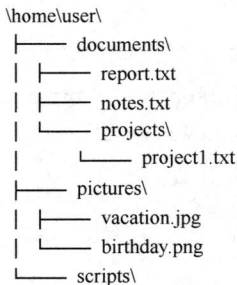

图 1-8   实验任务基于
的目录结构

1.2.3.1   实验目标

（1）掌握使用 cd 命令切换目录的用法。

（2）结合相对路径和绝对路径，掌握查看目录的基本方法。

（3）深入理解相对路径和绝对路径的概念与应用。

1.2.3.2   实验任务

打开资源管理器，在某磁盘的根目录下，按照图 1-8 所示的目录结构手动创建文件夹和文件。

基于该目录结构，完成以下任务。

【任务 1】使用 cd 命令切换目录。

任务列表见表 1-5。

表 1-5   任务 1 列表

	任务	操作后的提示符	目标知识点
任务 1-1	从磁盘的根目录（设为 D:\）进入 \home\user	D:\home\user>	cd 命令
任务 1-2	切换到 documents 目录	D:\home\user\documents>	相对路径
任务 1-3	切换回 \home\user	D:\home\user>	返回上一级目录
任务 1-4	切换到根目录	D:\>	绝对路径

【任务 2】使用 dir 命令（或者 macOS 的 ls 命令）查看目录。

首先，从磁盘的根目录（设为 D:\）进入 \home\user\documents 目录，操作结束后的命令提示符为"D:\home\user\documents>"。基于该位置，完成表 1-6 所列任务内容。

表 1-6   任务 2 列表

	任务	命令（以 Windows 为例）	目标知识点
任务 2-1	查看 projects 目录下的内容	dir projects	相对路径
任务 2-2	查看 pictures 目录下的内容	dir D:\home\user\pictures	绝对路径
任务 2-3	查看 pictures 目录下的内容	dir ..\pictures	相对路径
任务 2-4	切换到根目录	cd\	返回根目录

【任务 3】使用绝对路径与相对路径进入指定目录。

首先，从磁盘的根目录（设为 D:\）进入 \home\user\scripts 目录，操作结束后的命令提示符为"D:\home\user\scripts>"。基于该位置，完成表 1-7 所列任务内容，并在表格中分别填写使用绝对路径和相对路径进入该目录的方法。

表 1-7   任务 3 列表

	任务	操作后的命令提示符	绝对路径	相对路径
任务 3-1	从 scripts 目录进入 user 目录	D:\home\user>		
任务 3-2	从 scripts 目录进入 pictures 目录	D:\home\user\pictures>		
任务 3-3	从 scripts 目录进入 projects 目录	D:\home\user\documents\projects>		

1.2.3.3 实验总结与思考

通过本实验，加深对文件系统路径操作的理解，并熟悉命令行窗口中的常用命令。根据以下实验的重点、难点对本实验进行总结，并撰写实验报告。

（1）实验重点

① dir 命令的使用：学习如何使用 dir 命令列出指定目录下的文件。

② cd 命令的使用：掌握如何使用 cd 命令切换到指定目录，理解相对路径和绝对路径的差异。

③ 路径的理解：熟悉相对路径与绝对路径的概念和应用。

（2）实验难点

正确理解和应用相对路径，尤其在文件目录结构复杂、需进行多层级目录操作时，应确保路径引用的准确性。

（3）实验报告注意事项

在实验报告的实验结果中应包含表 1-5～表 1-7 的内容。

1.3 软件的安装与卸载

软件的管理包括选择并下载合适的安装包或安装程序，以及在不再需要时卸载软件。这一过程确保了软件的有效部署与合理使用，同时也能在不再需要时释放系统资源。

1.3.1 软件的安装包

如何选择软件的安装包，取决于操作系统和硬件架构。

操作系统和硬件架构是绑定在一起的，因为硬件架构决定了计算机的处理器如何执行指令，而操作系统需要与硬件紧密配合，以有效管理和利用硬件资源。这种绑定的原理包括以下几个方面。

（1）指令集架构差异。指令集架构是指处理器理解并执行的基本指令集合。不同的硬件架构（如 x86_64、ARM64）有不同的指令集。其中，x86_64 是 64 位 x86 架构，也可以缩写为 x64。例如，x86_64 架构的处理器使用的是 Intel 或 AMD 设计的指令集，而 ARM64 架构的处理器（如 Apple Silicon）使用的是 ARM 设计的指令集。

操作系统需要针对特定架构的指令集进行开发，因为编译出来的程序是针对特定指令集的。如果操作系统和硬件架构不匹配，操作系统便无法理解硬件发出的指令，程序便无法正确运行。

（2）操作系统的硬件管理。操作系统的核心任务之一是管理计算机的硬件资源（如 CPU、内存、磁盘等）。不同的硬件架构有不同的硬件接口和资源管理方式，操作系统需要针对不同的硬件架构设计相应的资源调度和管理策略。例如，ARM64 和 x86_64 架构在内存访问、缓存管理和中断处理等方面存在差异，操作系统必须针对这些差异编写特定的驱动程序和管理代码，确保系统稳定运行。

（3）二进制代码的兼容性。每个硬件架构执行的二进制代码都是特定于该架构的。换句话说，基于 x86_64 架构编译的程序不能直接在 ARM64 架构上运行，反之亦然。

为了让软件能够在特定的硬件架构上运行，安装包中的程序代码会被编译为与目标架构兼容的机器码。因此，不同的硬件架构需要不同的安装包（如.exe 或.pkg 文件），并且每个安装包都是为特定架构编译的。

（4）操作系统与硬件架构的一体化。操作系统本身就是为了管理和调度硬件资源而设计的，因此它必须知道硬件架构的细节（如 CPU 指令集、内存模型、硬件外设接口等），才能有效地管理计算机资源。

不同的硬件架构需要不同版本的操作系统，以便在其特定的硬件环境下正常运行。例如，macOS 针对 Intel 处理器和 Apple Silicon 处理器的操作系统内核会有所不同，以确保操作系统能够正确与硬件交互。

因此，安装包的命名通常会体现其支持的操作系统和硬件架构，这种命名方式能够帮助用户准确选择与其系统兼容的版本。以第 8 章将会使用的 Anaconda3 安装包为例，其名称代表的含义见表 1-8。

表 1-8　Anaconda3 安装包名称解读

安装包名称	操作系统	硬件架构	扩展名
Anaconda3-2024.10-1-Windows-x86_64.exe	Windows	x86_64（64 位）	.exe
Anaconda3-2024.10-1-MacOSX-arm64.pkg	macOS	ARM64（Apple Silicon 处理器）	.pkg
Anaconda3-2024.10-1-MacOSX-x86_64.sh	macOS	x86_64（64 位，Intel 处理器）	.sh

不同格式的安装包具有不同的安装方式。

（1）.exe 文件是 Windows 的 64 位安装程序。双击运行此.exe 文件后，会启动一个安装向导，用户可以选择安装路径、配置选项等，按照步骤完成安装。安装后，Anaconda 会自动配置环境，并安装相应的依赖包。

（2）.pkg 文件是 macOS 的标准安装包，类似于 Windows 的.exe 文件。双击运行此.pkg 文件后，macOS 会启动一个图形化安装向导，用户只需按照步骤单击"继续"按钮即可完成安装。安装过程中，会自动配置 Anaconda 环境。

（3）.sh 文件是 Shell 脚本格式，需要通过命令行方式来执行。安装过程通常如下：

- 打开终端；
- 使用命令 bash Anaconda3-2024.10-1-MacOSX-x86_64.sh 运行安装包；
- 根据提示同意许可协议，选择安装路径；
- 安装完成后，脚本会设置必要的环境变量。

因此，要安装软件，首先要根据系统环境选择合适的安装包。

1.3.2　软件的卸载

在计算机中，软件也属于操作系统的管理范畴。为了从系统中彻底删除软件，通常需要使用操作系统提供的"卸载"功能，而不仅仅是删除软件所在的文件夹。卸载过程不仅会删除软件的相关文件和文件夹，还会从操作系统中清除与该软件相关的注册表项、配置文件以及其他残留信息，确保软件完全从系统中移除。

假设已从 Python 官网依照当前的系统环境下载了 Python 的安装包 python-3.8.10-amd64.exe，并依照安装向导完成了安装。

下面以 Windows 10 为例，介绍卸载软件的方法。

首先打开 Windows 的控制面板。

方式 1：在 Windows 的搜索框中输入并选择"控制面板"。

方式 2：通过运行命令。按快捷键 Win+R，运行 control 命令。

在控制面板中，单击"程序和功能"，打开一个显示已安装程序（软件）列表的窗口。在该列表中，找到要卸载的软件，可以双击其名称，或者右击，从快捷菜单中选择"卸载"，如图 1-9 所示。在弹出的提示框中单击"确定"按钮，完成软件卸载。

图 1-9　卸载程序

卸载完成后，某些软件可能会留下残留文件，可按如下步骤检查。

（1）检查文件夹。进入被卸载软件的安装目录检查是否有相关文件夹。如果软件未被完全卸载，可能还会看到与它相关的文件夹和文件。打开该文件夹，确保这些文件不再是重要的系统文件或其他程序依赖的文件后，将其删除。如果系统提示无法删除文件，尝试以管理员权限进行操作，或者重启计算机后再尝试。

（2）查看注册表。某些软件在卸载后可能会在注册表中留下相关信息，可以通过查看和清理注册表来处理这些残留项。首先，按快捷键 Win + R，运行 regedit 命令，打开注册表编辑器。接下来，检查以下注册表路径：

HKEY_LOCAL_MACHINE\SOFTWARE\Microsoft\Windows\CurrentVersion\Uninstall
HKEY_CURRENT_USER\SOFTWARE\Microsoft\Windows\CurrentVersion\Uninstall

在这些位置，查找已卸载软件的注册表项。如果发现残留的项，可以手动删除它们，以清理不必要的注册表信息。

〖注意〗在清理注册表时一定要小心，避免误删其他重要的注册表项。为确保安全，建议在修改注册表之前先进行备份，这样可以在出现问题时恢复原状。

完成注册表清理后，重启计算机，确保所有修改生效。通常，重启计算机可以帮助删除那些仍被系统或其他程序占用的文件。

通过这些步骤，可以有效地清理卸载软件后留下的残余文件和注册表项，使系统更加干净、稳定。

1.3.3　Path 环境变量

在操作系统中，环境变量是一个非常重要的概念，它用于存储与操作系统运行环境相关的各种数据，在系统运行和程序执行中扮演着至关重要的角色。

1. Path 环境变量

Path 是操作系统中的一个环境变量，用于指定可执行文件的搜索路径。当用户在命令行界面（命令行窗口或终端）中输入命令时，操作系统会根据 Path 环境变量中定义的路径列表依次查找对应的可执行文件。如果找到匹配的文件，操作系统会执行该文件；如果未找到，则会给出文件未找到的提示信息。

Path 环境变量的主要作用是简化命令的执行。用户不需要输入可执行文件的完整路径，只需输入文件名即可执行它。

例如，在系统中安装 Python 时，通常会将 Python 解释器（如 python.exe）或相关工具（如 pip.exe 等）的路径添加到 Path 环境变量中。这样，开发人员可以在任何位置通过命令行方式直接调用这些工具，而无须关注它们的具体安装路径。

2. 在 Windows 中设置和查看环境变量

在 Windows 桌面上右击"此电脑"，从快捷菜单中选择"属性"，将会打开设置窗口并显示"关于"页面，在右侧页面中滚动到底部，单击"高级系统设置"，打开"系统属性"对话框并显示"高级"选项卡，单击"环境变量"按钮，打开如图 1-10 所示的"环境变量"对话框。

对话框上方显示的是当前操作系统用户的环境变量，下方则是适用于操作系统中所有用户的系统变量。在这两部分中，都可以找到"Path"，一个是针对当前用户的，另一个是针对所有用户的，应根据具体需求选择修改哪个。

为了在命令行窗口的任意路径下都可以通过输入 python 启动 Python 程序，需要将 Python 的安装路径添加到 Path 环境变量中。在"环境变量"对话框中，找到用户或系统的 Path 变量，选中并单击"编辑"按钮。在如图 1-11 所示的"编辑环境变量"对话框中，单击"新建"按钮并输入文件 python.exe 所在路径（不包括 python.exe）。完成路径添加后，单击"确定"按钮保存更改。打开命令行窗口，运行 python 命令，如果 Python 启动，则表示 Path 环境变量配置成功。

图 1-10 "环境变量"对话框   图 1-11 "编辑环境变量"对话框

〖**注意**〗完成环境变量的设置后需要重新开启命令行窗口才能使 Path 环境变量生效。

在命令行窗口中执行某个可执行文件时，操作系统会按照 Path 环境变量中定义的路径依次查找该文件。如果多个路径中存在同名的可执行文件，系统会优先执行第一个找到的文件。因此，如果 Path 环境变量中包含多个版本的相同工具，可能会导致版本冲突问题。为了避免这种情况，可以通过调整 Path 环境变量中路径的顺序，或者直接使用可执行文件的绝对路径来确保运行正确的版本。

3. 在 macOS 中设置和查看环境变量

首先，打开 macOS 的终端：按快捷键 Cmd+Space（空格）打开 Spotlight 搜索框，输入"终端"并回车。

要查看环境变量的值，可以使用 echo 命令，例如，查看 PATH 环境变量的值：

```
echo $PATH
```

要在 macOS 中永久配置环境变量，需要将配置信息添加到 Shell 配置文件中。这样，每次打开终端时，系统会自动加载这些配置信息。

在终端中编辑对应的 Shell 配置文件的命令：

```
nano ~/.zshrc
```

在该文件中添加或修改环境变量，例如，设置 PATH 环境变量：

```
export PATH="/your/path/to/directory:$PATH"
```

其中，/your/path/to/directory 是要添加的新路径，:$PATH 是原有的 PATH 环境变量的值。此命令的作用是将/your/path/to/directory 添加到$PATH 的开头，同时保留原$PATH 值。完成编辑后，先按快捷键 Ctrl+O，确认保存文件，然后按快捷键 Ctrl+X，退出编辑。

最后，执行 source 命令，使更改生效：

```
source ~/.zshrc
```

1.3.4　安装及使用 Python 实验

本实验通过 Python 的安装与配置过程，理解 Path 环境变量的作用和使用方法，培养学生动手解决问题的能力。

1.3.4.1　实验目标

（1）通过安装和配置 Python，学习软件安装方法及 Path 环境变量的配置方法。
（2）了解 Python 的运行方式，为程序设计奠定基础。

1.3.4.2　实验任务

【任务 1】下载 Python 安装包。

访问 Python 官网，根据操作系统及硬件架构的类型，在 Downloads 栏目中选择与系统环境兼容的 Python 安装包：Windows 选择.exe 文件，macOS 选择.pkg 文件。版本建议选择 Python 3.8.10，以确保后续实验的兼容性。Python 3.8.10 对应的 Windows 和 macOS 版本的安装包见表 1-9。

表 1-9　Windows 和 macOS 的 Python 3.8.10 安装包

安装包	操作系统	硬件架构
Windows installer (64-bit)	Windows	64 位 Intel 或 AMD 处理器
macOS 64-bit Intel installer	macOS	仅 Intel 处理器
macOS 64-bit universal2 installer	macOS	同时支持 Intel 和 Apple Silicon 处理器

【任务 2】在 Windows 中安装 Python。

运行下载的 Windows 版本的安装包，按照安装向导的提示逐步单击"下一步"按钮完成安装。安装包会自动将 Python 及 pip（包管理工具）安装到系统中，确保未来可以轻松管理和安装 Python 包。

在安装过程中，确保勾选"Add Python to environment variables"选项，这样 Python 解释器的路径会自动加入 Path 环境变量中。

〖提示〗建议在安装过程中自定义 Python 的安装路径，而不是使用默认路径。同时，务必记住 Python 安装的磁盘位置，以便后续配置 Path 环境变量时使用。

【任务 3】在 Windows 中检查并配置 Python 的 Path 环境变量。

在 Windows 中，按照自定义的安装路径找到 python.exe 和 pip.exe 文件，如图 1-12 所示。python.exe 用于启动 Python 解释器，位于 Python 安装文件夹下；pip.exe 用于安装 Python 第三方库，位于安装文件夹的子文件夹 Scripts 下。这两个文件的使用频率较高，因此需要将它们添加到系统的 Path 环境变量中，以便在命令行界面中直接调用。

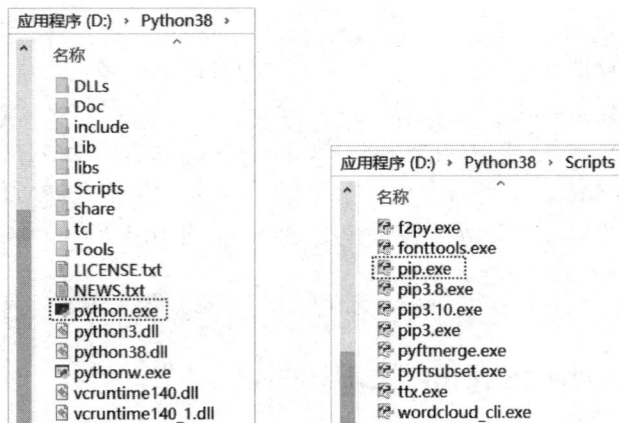

图 1-12 找到 python.exe 和 pip.exe 文件

检查 python.exe 和 pip.exe 的路径是否已添加到 Path 环境变量中。如果未添加，需手动将它们分别添加到 Path 环境变量中。

重新开启命令行窗口，输入以下命令：

```
python  --version
```

确保在"--"（双减号）符号前后没有额外的空格。这个命令会显示安装的 Python 版本。如果显示的版本是所安装的版本，则说明 Path 环境变量设置成功。

〖提示〗在安装 Python 时，如果勾选了"Add Python to environment variables"选项，安装程序会自动将 Python 的安装路径添加到 Path 环境变量中，通常无须再手动配置。

然而，从计算机系统管理的角度来看，理解并掌握 Path 环境变量的使用仍然非常重要。Path 环境变量是操作系统用来查找可执行文件的关键，它决定了在命令行中执行文件时，系统如何定位到正确的文件。所以，即使安装程序自动配置了路径，正确管理 Path 环境变量依然是确保系统顺畅运行的基础。

【任务 4】测试 Python。

在命令行窗口中，输入 python 命令并回车，进入 Python IDLE（Integrated Development and Learning Environment，集成开发和学习环境）。

在">>>"命令提示符后输入 print("hello world")并回车，如图 1-13 所示。

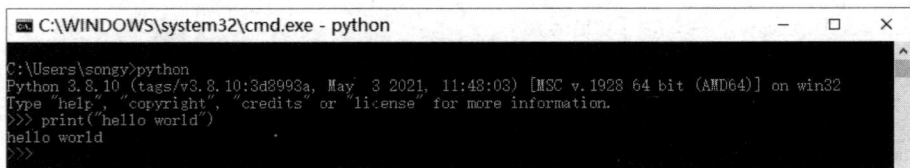

图 1-13 在 IDLE 中以命令行方式执行命令

">>>"是 Python 默认的命令提示符，表示 Python 解释器等待用户输入命令。用户在">>>"后输入 Python 代码，解释器会立即执行并显示结果。

1.3.4.3 实验总结与思考

通过本实验，学习 Python 的安装与配置过程，以及如何设置 Path 环境变量。根据以下实验的重点、难点对本实验进行总结，并撰写实验报告。

（1）实验重点

① 应用程序安装：掌握安装 Python 的步骤，包括从官网下载安装包、运行安装程序、选择合适的安装位置等。安装时，建议避免使用默认路径，以方便后续的管理和查找。

② 环境变量配置：学习如何为 Python 设置 Path 环境变量，以确保在命令行中可以方便地执行 Python 代码。

（2）实验难点

Path 环境变量配置：初学者往往对 Path 环境变量的概念和配置方法感到困惑。实验涉及如何正确理解 Path 环境变量与命令行之间的关系，以及如何正确配置 Python 可执行文件的路径。这些步骤对于确保命令行能够正确识别并执行 Python 代码至关重要，需要认真操作和理解。

1.3.5　拓展练习——pip 的使用

Matplotlib 是一个用于创建高质量图表的 Python 第三方库，广泛应用于数据可视化领域。pip 是 Python 的包管理工具，用于安装和管理 Python 库和依赖包。通过安装 Matplotlib，熟悉 pip 的使用。

（1）打开命令行界面。

（2）检查和更新 pip。首先，输入以下命令检查当前安装的 pip 版本：

```
pip --version
```

通常，安装 Python 3.8 版本时，pip 的版本会过期或有更新，可以使用以下命令更新：

```
python -m pip install --upgrade pip
```

当更新成功后，会看到类似"Successfully installed pip-xx.x.x"这样的提示信息，表示 pip 版本更新成功。

（3）使用 pip 安装 Matplotlib。在命令行界面中，输入以下命令：

```
pip install matplotlib
```

（4）等待安装完成。pip 会从 PyPI（Python 包索引）下载并安装 Matplotlib。安装过程可能需要几分钟，具体取决于网络速度和计算机性能。

（5）验证安装是否成功。安装完成后，打开 Python 的 IDLE，输入以下命令以验证 Matplotlib 是否成功安装：

```
>>> import matplotlib
>>> print(matplotlib.__version__)
```

如果没有错误，并显示了 Matplotlib 的版本号，说明安装成功。

Python IDLE 是随 Python 解释器一并安装的图形化的 Python 集成开发环境，为 Python 程序的开发设计提供了方便的编辑、调试和运行功能。在 Windows 的"开始"菜单中启动 Python IDLE。

（6）使用 IDLE 运行 Python 程序。

在 IDLE 中创建一个新文件，输入代码并运行该程序，体验 Python 脚本式运行模式以及 Matplotlib 的可视化功能。代码如下：

```
import matplotlib.pyplot as plt

plt.rcParams['font.sans-serif'] = 'SimHei'  # 支持中文

# 假设有三个城市的降雨量数据
cities = ['北京', '上海', '广州']
```

```
rainfall = np.array([[20, 25, 30, 22, 18, 15, 10],
                     [15, 18, 20, 16, 14, 12, 10],
                     [30, 32, 28, 35, 40, 38, 33]])

# 创建曲线图
plt.figure(figsize=(10, 6))
for i in range(len(cities)):
    plt.plot(range(1, 8), rainfall[i], marker='o', label=cities[i])

# 添加标题和选项卡
plt.title('不同城市降雨量变化趋势', fontsize=16)
plt.xlabel('日期', fontsize=12)
plt.ylabel('降雨量 (mm)', fontsize=12)

# 添加图例
plt.legend()

# 显示图形
plt.show()
```

该程序的运行结果如图 1-14 所示。

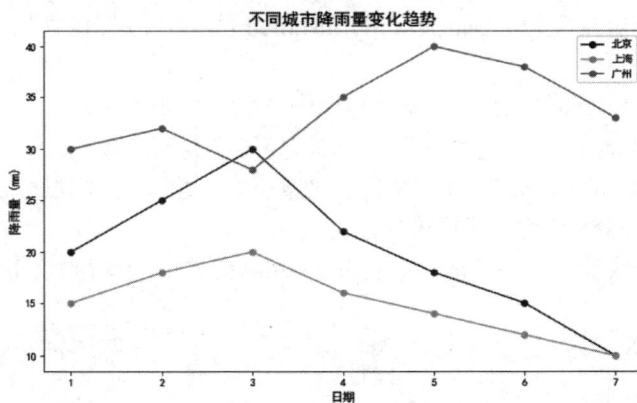

图 1-14　运行结果

第 2 章　认识人工智能

在 21 世纪的人工智能领域，大语言模型（Large Language Model，LLM）以其强大的文本生成和理解能力，成为自然语言处理（Natural Language Processing，NLP）领域的重要突破。本章将探索大语言模型的世界，从基本概念到实际应用，全面解析大语言模型的魅力所在。通过实践操作，掌握大语言模型的基本使用方法，理解其内在机制，并为未来使用人工智能工具打下坚实基础。

2.1　大语言模型问答

大语言模型具有强大的自然语言理解和生成能力，能够处理广泛的语言任务。使用大语言模型进行问答时，用户需要确保提问清晰、具体，并根据需要调整提问的深度与方式。有效的反馈、澄清以及对模型局限性的理解能帮助用户更好地利用模型。

2.1.1　大语言模型概述

大语言模型的出现，是自然语言处理领域技术发展的必然结果。随着深度学习技术的不断发展，特别是神经网络结构的不断优化，研究人员开始尝试使用更大的数据集和更复杂的模型来训练语言模型。这些模型在文本生成、语义理解、逻辑推理等方面表现出色，逐渐形成了今天为人们所熟知的大语言模型。

大语言模型，顾名思义，是指具有大规模参数和海量数据训练能力的语言模型。它们通常基于 Transformer 等先进的神经网络架构，通过无监督学习的方式从大量文本数据中提取语言知识和规律。这些模型能够生成连贯、流畅的文本，理解复杂的语义关系，甚至在某些情况下展现出一定的逻辑推理能力。

大语言模型的核心优势在于其强大的泛化能力和上下文理解能力。通过将预训练和微调相结合，这些模型在多种任务中表现出色，例如，机器翻译、文本摘要、问答系统等。尽管大语言模型在生成文本和理解语义方面表现出色，但它们仍然可能生成不准确或有偏见的内容，需要进一步研究和改进。

目前，全球范围内具有代表性的大语言模型见表 2-1。

表 2-1　具有代表性的大语言模型

模型名称	开发机构	主要特点	主要应用场景
GPT-3	OpenAI	1750 亿个参数，强大的文本生成能力，支持多任务处理	文本生成、翻译、问答、代码生成
GPT-4	OpenAI	GPT-3 的升级版，支持多模态，复杂推理能力更强	多模态任务、复杂推理、内容生成
T5	Google	通过统一的"文本到文本"框架，实现了多种 NLP 任务的标准化处理	翻译、摘要、分类
LLaMA	Meta	开源模型，高效且资源消耗少	研究、开发、教育
Claude	Anthropic	专注于生成安全、可靠的文本，符合人类价值观	对话系统、内容生成
PaLM	Google	5400 亿个参数，专注于多任务学习和复杂推理	数学推理、代码生成、多语言任务

模型名称	开发机构	主要特点	主要应用场景
Chinchilla	DeepMind	高效训练，性能较高，计算成本低	文本生成、语义理解
ERNIE	百度	知识增强，执行中文任务表现优异	中文语义理解、问答
GLM	清华大学	通用语言模型，支持多种 NLP 任务	中文文本生成、分类
DeepSeek	深度求索	基于 LLaMA 系列开发，低成本、高性能、易调用；不依赖硬件堆砌，推理效果媲美超大规模 AI；开源共享，推动技术生态发展	文本理解、智能应答、内容生成、语言翻译、智能学习

其中，Meta（原 Facebook）在人工智能领域一直积极推动开源文化，LLaMA（Large Language Model Meta AI）是 Meta 开发的一系列开源大语言模型，旨在以更小的参数量实现更高的性能。LLaMA 的开源属性使得研究社区能够在资源有限的情况下使用和优化大语言模型。

2025 年年初，国产大模型 DeepSeek 横空出世，可谓一石激起千层浪。它基于 LLaMA 系列开发，以低成本、高性能和易调用的特点脱颖而出，其创新之处在于不依赖硬件堆砌，却实现了与超大规模 AI 相媲美的推理效果。这一突破证明了大语言模型的发展并非只有巨额资本投入这一条路径。DeepSeek 成功摆脱了规模化的困境，为全球大语言模型的发展提供了新的思路。更值得称道的是，DeepSeek 通过开源的方式，为全球技术生态系统的繁荣做出了历史性的贡献，推动了世界范围内 AI 技术的共享与进步。

网上有这样一段话（见二维码），无论是 DeepSeek 自己生成的，还是网友笔耕的，都可以代表 DeepSeek 在这个划时代的 2025 年将中国智慧、中国风度展现在世界面前的中国情怀！

一段话

2.1.2　使用大语言模型的提示工程

提示工程（Prompt Engineering）通过设计和优化大语言模型的输入提示来提升模型输出的准确性、相关性和实用性。它是与大语言模型高效互动的关键技术，通过精心构造的提示语，能够最大化模型的性能表现。

提示工程

提示工程的核心在于"提示语"和"工程化设计"。提示语是用户输入给模型的指令或问题，用来引导模型生成特定的回应。而工程化设计则强调通过调整提示语的结构、措辞和上下文，优化模型的输出效果，从而实现更高效的交互，得到更精准的结果。

本节以 DeepSeek 的网页版应用为例，介绍大语言模型的应用和功能。

1．提示语的基本元素

提示语包括指令（Instruction）、上下文（Context）、输入数据（Input Data）和输出格式（Output Format）4 个基本元素，它们构成了提示语的基础框架，是设计有效的提示语的关键。通过合理组合这些元素，用户可以清晰地引导模型生成符合预期的输出。它们的含义及示例见表 2-2。

表 2-2　提示语的基本元素

名称	描述	示例
指令	明确地告诉模型需要执行的任务或操作，它是一种明确的命令或请求，指导模型如何处理输入数据	阐述/解释/翻译/总结/润色…… 写一篇文章……
输入数据	用户在当前交互中明确提供的信息或请求	用户提供的文本、上传的图片
输出格式	指定输出的结构或格式	在 50 字以内简述…… 以表格形式输出…… 以 JSON 代码形式给出……

名称	描述	示例
上下文	提供与任务相关的背景信息或附加说明	我是一名刚入学的大学生…… 我不理解……的概念 我正在学习……

在实际应用中，指令、输入数据、输出格式和上下文是可以重叠的，它们并不一定完全独立，往往相互关联和交织。它们共同构成了一个完整的任务描述，从而更清晰地定义问题。

【例 2-1】分析下面提示语的组成。

"我正在学习机器学习，对导数和梯度的关系不太理解，请帮我解释导数和梯度的主要区别及联系，以表格形式进行对比，并提供每个概念的应用示例。"

该提示语的各个组成部分如下。

（1）指令。以下三个部分告诉模型需要完成哪些任务。

● 解释导数和梯度的主要区别及联系。

● 以表格形式进行对比。

● 提供每个概念的应用示例。

（2）输入数据。以下是用户在当前交互中明确提供的请求。

● 关于导数和梯度的关系：用户对这两个概念之间的关系不太理解，想要获得清晰的对比和解释。

● 机器学习的学习背景：表明用户正在学习机器学习并希望了解导数和梯度在这个领域的应用。

（3）输出格式。以下是用户希望得到的输出形式和内容。

● 表格对比：提供导数和梯度的主要区别及联系的表格。

● 应用示例：为每个概念提供实际应用示例，帮助用户更好地理解导数和梯度在机器学习中的作用。

（4）上下文。以下是与任务相关的背景信息。

● 学习机器学习：用户正在学习机器学习，表明希望得到的是与机器学习相关的解释和应用示例。

● 不太理解导数和梯度的关系：这是用户当前的困惑，需要通过清晰的解释和具体的应用示例来解答。

总之，设计提示语时，应确保清晰、具体、上下文相关，以引导模型生成准确且符合预期的输出。

2．提示语的输入和输出

提示语的输入、输出可以涵盖多种形式和内容，包括自然语言文本、代码、数据文件等，这种多样性使提示语可以广泛应用于文本生成、代码编写、数据处理等多种场景。

（1）自然语言文本

在使用自然语言与大语言模型交互时，可以使用各国文字，输出语言由输入语言和上下文线索决定。举例如下。

中文输入："写一首关于春天的诗。"输出："春风拂面花满枝，细雨润物草如丝……"

英语输入："Write a summary of climate change."输出："Climate change refers to long term shifts in temperatures and weather patterns…"

中文输入："请用英文介绍下故宫。"输出："The Forbidden City, located in the heart of Beijing,

China, is one of the most iconic landmarks in the world…"

大语言模型支持多种文体的生成和理解。通过不同的提示语和上下文，大语言模型可以调整其输出的风格、语气和结构，以满足各种需求。举例如下。

输入："写一个科幻短篇小说的开头。"输出："在 2157 年的火星殖民地，人类首次发现了外星生命的痕迹……"

输入："写一首五言绝句。"输出："山高水长流，云淡风轻游……"

输入："生成一份关于人工智能发展趋势的报告。"输出："人工智能（Artificial Intelligence，AI）作为 21 世纪最具革命性的技术之一，正在深刻改变全球经济、社会和生活的方方面面。从自动驾驶汽车到智能助手……"

输入："为一家书店设计一句广告语。"输出："翻开一本书，遇见一个世界——让阅读成为你的生活方式。"

（2）各种编程语言代码

大语言模型在编写、理解和调试代码方面表现出色，能够支持多种编程语言，如 Python、JavaScript、Java、C++等，尤其适合初学者和快速原型开发。模型可以生成清晰、有效的代码，解决常见的编程问题，并提供优化建议。此外，模型还能帮助用户解释代码、发现潜在错误或改进代码结构。尽管如此，模型的输出仍需经过开发者验证和调整，以确保符合实际需求和最佳实践。

〖说明〗下面以与 DeepSeek 的交互为例，给出提示语及其输出内容。限于篇幅，仅展示部分输出内容或给出简要说明。建议读者自己实际操作一遍，输入相应的提示语（去掉引号），以验证并更好地理解输出结果。

【例 2-2】生成代码。

输入："编写一个 Python 函数计算斐波那契数列。"

DeepSeek 的输出会包含完成该任务的代码及其说明，并给出多个版本的优化与扩展程序，供学习者深入学习并理解该问题的不同解法。

【例 2-3】解读代码。可以将一段代码交给大语言模型进行解读。例如，输入：

```
"class MyLeNet5(nn.Module):
    def __init__(self):   # 定义网络结构
        super(MyLeNet5, self).__init__()
        self.conv1 = nn.Conv2d(in_channels=1, out_channels=6, kernel_size=5)
        self.relu = nn.ReLU()   # 引入 ReLU 激活函数层，有效避免梯度消失问题
        self.maxpool1 = nn.MaxPool2d(kernel_size=2, stride=2)
        self.conv = nn.Conv2d(in_channels=6, out_channels=16, kernel_size=5)
        self.maxpool2 = nn.MaxPool2d(kernel_size=2, stride=2)
        self.fc1 = nn.Linear(16*5*5, 120)
        self.fc2 = nn.Linear(120, 84)
        self.fc3 = nn.Linear(84, 10)
请解读以上代码"
```

DeepSeek 输出的描述性文字开头部分如下：

"这段代码定义了一个经典的 LeNet-5 卷积神经网络（Convolutional Neural Network，CNN）模型，用于图像分类任务。LeNet-5 是由 Yann LeCun 等人提出的，最初用于手写体数字识别（如MNIST 数据集）。以下是对代码的详细解读……"

后续的详细解读包括 5 部分内容：代码结构的重现、代码解读（网络结构及各层的详细解释）、网络流程、代码改进建议以及总结。其内容详尽、逻辑清晰，讲解深入浅出。

【例 2-4】修改代码。可以将有问题的代码交给大语言模型进行修改。例如，输入：

```
"n = int(input("请输入一个正整数: "))
print(n, end="")


# 计算数字根序列，如 1159 -> 16 -> 7
sum_digits = 0
while n >= 10:
    temp = n
    while temp > 0:
        sum_digits += temp % 10
        temp = temp // 10
    n = sum_digits


print(" ->", n, end="")
找出该程序的错误"
```

代码要实现的功能是计算一个正整数的数字根序列（将数各位上的数字相加，直到结果为单个的数字，如：1159→16→7）。该程序中存在逻辑错误，这是初学者在设计嵌套循环程序时常见的错误，不容易被发现。

交给 DeepSeek 检查后，DeepSeek 的输出包括代码错误分析、修正后的代码、修正后的代码说明和实例运行 4 个部分，既帮助用户找到了错误，又分析和解决了该问题。

〖注意〗必须郑重明确的是，大语言模型是辅助学习的工具，而非替代学习。利用它是为了提高学习的效率和在学习过程中拥有更多的收获，而不是简单地依赖它提供的结果。如果依赖过度，随着大语言模型的不断进步，人的大脑可能会出现反向发展，导致思维能力的退步。

（3）数据文件

大语言模型通常支持多种数据文件的输出，如 CSV、JSON、Markdown、HTML 等，因此可以在提示语中明确输出的格式。

【例 2-5】CSV 格式输出。

输入："生成一个 CSV 文件表示销售数据。"

DeepSeek 在输出中会详细给出生成销售数据的 Python 代码、代码说明、生成的 CSV 文件内容，并还在"扩展功能"部分提供动态生成数据和读取 CSV 文件的方法。

通过在提示语中指定输出格式，可以定制大语言模型的输出形式，从而更好地满足具体应用需求。

3．提示工程的关键技术

提示工程的关键技术包括明确指令和提供上下文、角色设定、结构化提示语、示例引导、分步提示、持续交流等。通过合理运用这些技术，可以显著提升大模型的输出质量和任务完成效果。

（1）明确指令和提供上下文

指令和上下文是提示语的两个基本元素。明确指令是指应使用清晰、具体的语言描述任务，避免歧义，给出细节要求，并确定输出范围。提供上下文就是为模型提供相关背景信息，帮助其更好地理解任务。

【例2-6】借助大语言模型撰写一篇关于"健康生活方式"的文章。

初始提示语："撰写一篇关于健康生活方式的文章，包括饮食、运动和心理健康三个方面。"

优化后的提示语："撰写一篇深入探讨健康生活方式的文章，内容需涵盖均衡饮食的重要性、推荐的运动类型及其益处，以及保持心理健康的方法。文章风格应专业且易于理解，长度约为800字，请确保提供最新的科学研究支持。"

表2-3从任务描述、细节要求、输出范围和上下文信息4个对比角度分析了两组提示语在"明确指令"和"提供上下文"方面的差别。

表2-3　两组提示语在"明确指令"和"提供上下文"方面的差别

对比角度		初始提示语	优化后的提示语
明确指令	任务描述	笼统，仅提到"健康生活方式"与"饮食、运动和心理健康三个方面"	具体，明确要求"深入探讨"，并列出需要涵盖的具体内容（均衡饮食、运动类型、保持心理健康的方法）
	细节要求	无细节要求，未指定风格、长度或科学依据	明确要求文章风格（专业且易于理解）、长度（约800字），并提供最新的科学研究支持
	输出范围	不明确，可能导致生成内容过于简单或冗长	明确，确保生成的内容深度适中、结构清晰、符合专业要求
提供上下文	上下文信息	几乎没有提供上下文信息，未说明文章的目标受众、用途或风格要求，未提及是否需要科学研究支持	提供了丰富的上下文信息：文章风格应"专业且易于理解"，暗示目标受众可能是普通读者或非专业人士；要求"提供最新的科学研究支持"，即内容需要基于权威数据；指定了长度（约800字），为生成内容设定了清晰的框架

（2）角色设定

在提示语中，角色设定是一个非常重要的元素，它能够显著影响生成内容的质量、风格和针对性。角色设定通过明确"谁"在执行任务或生成内容，帮助模型更好地理解上下文和目标，从而生成更符合预期的结果。有无角色设定的提示语对比示例见表2-4。

表2-4　有无角色设定的提示语对比示例

主题	无角色设定	有角色设定	效果
明确目标受众和视角	写一篇关于气候变化的文章	你是一位环境科学家，面向公众写一篇关于气候变化的科普文章	有角色设定时，生成内容会更贴近目标受众（公众），语言也会更通俗易懂
影响内容的专业性和深度	给我一些健康饮食的建议	你是一位营养师，为一位想要减肥的客户提供健康饮食建议	有角色设定时，生成内容会更具权威性，可能包括具体的饮食计划、营养搭配等
调整语言风格和语气	写一段广告文案	你是一位资深广告文案撰写人，为一款咖啡撰写一段优雅且具有吸引力的广告文案	有角色设定时，生成内容会更符合品牌形象
增强内容的可信度和权威性	给我一些考研的学习建议	你是一位教育心理学家，为一名准备考研的大学生提供高效学习的建议	有角色设定时，生成内容会基于心理学理论或研究数据，更具说服力

（3）结构化提示语

结构化提示语通过明确任务目标、上下文信息、输出格式和具体要求，帮助生成更高质量、更符合需求的内容。下面给出不同场景下的一些结构化提示语的示例。

【例2-7】用结构化提示语为一款新推出的智能手表撰写广告文案。

按照结构化提示语，各部分设计如下。

任务目标：撰写一段吸引消费者的广告文案。

目标受众：25～40 岁的科技爱好者，注重健康和生活品质。

内容要求：

- 突出智能手表的核心功能（如健康监测、运动追踪、长续航）；
- 强调产品的独特卖点（如时尚设计、防水性能）；
- 呼吁消费者立即行动（如"立即预订，享受早鸟优惠"）。

输出格式：文案长度不超过 200 字，语言简洁，具有感染力。

附加要求：使用积极的语言风格，避免过度夸张。

最终，提示语可以用以下形式提交给大语言模型："撰写一段吸引 25～40 岁科技爱好者的智能手表广告文案，目标受众注重健康和生活品质。文案需突出核心功能（如健康监测、运动追踪、长续航），强调独特卖点（如时尚设计、防水性能），并呼吁消费者立即行动（如'立即预订，享受早鸟优惠'）。文案长度不超过 200 字，语言简洁且具有感染力，避免过度夸张。"

与一般的大语言模型不同，DeepSeek-R1 的生成过程融合了思维链（Chain-of-Thought，CoT）机制。在生成思维链的过程中，模型通过监督学习和人类反馈来优化推理步骤。模型不仅会生成中间的推理过程（即思维链），还会根据最终答案的准确性或用户反馈，对生成内容进行调整和改进。通过这一持续优化的过程，模型能够逐步生成更准确、更高效的推理链，从而展现出卓越的推理能力。此外，DeepSeek 还具备自动补全场景的功能，在特定任务场景下，能够根据上下文和任务需求生成更加精准的内容。

在使用 DeepSeek 时，结构化的提示语设计能够显著提升模型的输出质量和针对性。尤其是使用"角色基因+特殊期望+反向顾虑+细节延展"这一提示语构建框架，能够有效引导模型生成更符合任务需求的内容。

① 角色基因。角色基因用于明确模型在对话中的角色或身份，赋予其特定的背景、专业领域或性格特征，从而帮助模型更好地定位自身角色，生成符合角色设定的内容。这种设定有助于提升模型与用户的互动质量，使生成的回答更加贴合预期的情境和风格。

DeepSeek 的语料库非常新，能够精准理解并灵活运用一些具有时代特色的词汇，如"00 后""Z 世代""内卷""躺平""元宇宙"等。不仅如此，DeepSeek 还能够理解网络流行语、新兴文化现象以及最新的科技、经济和社会趋势，并根据上下文生成符合语境的回答，展现出对当代语言和文化的高度适应性。因此，在与 DeepSeek 进行交互时，提供角色基因有助于引导模型生成更符合特定背景和语境的内容。

② 特殊期望。特殊期望用于明确用户对模型输出的具体期望或要求，包括语言风格、格式、内容深度等，引导模型避免泛泛而谈，即通过特殊场景的描述，激发 DeepSeek 的灵感和创意。示例如下。

输入："生成关于时代变迁的简短文案，让 70 后感受到自己的历史角色。"模型输出："从粮票到移动支付，从黑白电视到智能生活，70 后是时代的见证者，更是历史的撰写者。他们用双手创造了今天，也用智慧迎接着未来。"

输入："生成印在盲盒包装上的简短文案，激发 00 后的好奇心和收藏欲。"模型输出："打开我，解锁你的专属幸运！每一盒都是未知的惊喜，每一刻都是心跳的瞬间！"

③ 反向顾虑。反向顾虑是指提前指出用户不希望看到的内容或可能出现的问题，避免模型生成不符合预期的结果，提高输出的精准度。示例如下。

输入："生成一段关于 AI 写作工具的使用建议，帮助作家在利用 AI 的同时保持原创性。请不要过度强调 AI 的自动化功能，而是注重如何将其作为灵感辅助工具。"

输入："安排一次全家去云南的 7 天旅行，我担心父母年纪大了，行程太累会影响他们的体验。"

④ 细节延展。通过细节提供更多的背景信息、具体场景或细节要求，帮助模型更好地理解任务，让模型生成更丰富、更贴合实际的内容。

【例 2-8】使用"角色基因+特殊期望+反向顾虑+细节延展"的结构，为 DeepSeek 设计一段提示语。

结合以上 4 个部分，以深度学习为例，为 DeepSeek 构建一个完整的结构化提示语如下。

"你是一位资深的数据科学家（角色基因），请用通俗易懂的语言解释什么是深度学习，并举例说明其应用场景（特殊期望）。请不要使用过于复杂的数学公式（反向顾虑）。目标读者是对技术感兴趣但非专业背景的职场人士（细节延展）。"

通过这种结构化的提示语设计，可以更精确地引导 DeepSeek 生成符合用户需求的高质量内容。得益于其强大的推理能力，DeepSeek 能够充当 24 小时的咨询顾问，随时为用户提供有效的支持。在使用过程中，应避免让提示语限制 DeepSeek 的创造力和潜力，使用更为人性化、个性化的提问，会得到 DeepSeek 更具特色的生成内容。

（4）示例引导

提供示例，能够帮助大语言模型更好地理解任务和需求，生成符合期望的输出。带有"示例引导"的提示语示例见表 2-5。

表 2-5　带有示例引导的提示语

主题	提示语	引导作用
撰写文章	请写一篇关于 AI 在医疗行业应用的文章。举个例子，可以提到 AI 在诊断、药物发现和个性化治疗方面的贡献	提示语引导模型聚焦于 AI 在医疗领域的特定应用，并通过示例让模型了解文章的具体内容
生成创意	请为一个新的环保品牌生成 5 个创意点子。例如，可以包括一种可重复使用的包装、一款可降解的餐具等	提示语给出了创意点子的目标以及具体示例，帮助模型快速聚焦并生成相关创意
创建社交媒体帖子	请为某红书创建一个关于健康饮食的帖子。例如，可以提到"选择全麦面包，告别精制糖"的主题，并加入激励语句	提示语明确要求生成社交媒体帖子的内容，同时通过示例引导模型生成适合该平台的内容

（5）分步提示

分步提示就是将复杂任务分解为多个步骤，逐步引导模型完成复杂任务，从而提高输出的质量和准确性。

【例 2-9】用带有分步提示的提示语撰写一篇书评。

设计提示语时，用分步提示的方式确保书评从各个方面全面展开，保证内容既充实又有逻辑性。

指令：请按以下步骤写一篇关于《时间简史》的书评。

简要介绍：简要描述《时间简史》的基本内容和作者。

主题分析：分析书中的核心主题，如宇宙起源、黑洞等概念。

个人观点：阐述对这本书的看法，如它的科学性、易读性等。

结论：总结书评并给出适合读这本书的读者群体。

最终，提示语可以用以下形式提供给模型："请写一篇关于《时间简史》的书评，首先简要介绍书的基本内容和作者。接着，分析书中的核心主题，如宇宙起源、黑洞等概念，探讨其深度与意义。然后，阐述对这本书的看法，评论其科学性、易读性等。最后，总结书评，给出适合阅读这本书的读者群体。"

（6）持续交流

在提示工程中，持续交流指的是通过多轮对话或连续提示，逐步引导模型生成更准确、更符合需求的输出。这种交流方式强调上下文连贯，确保模型能够基于之前的对话内容进行回应，从而提升整体交互效果。

对于面向一个特定领域的持续交流，建议使用一个窗口进行长期对话，原因如下。

① 记忆和上下文积累。在同一窗口内进行长期对话时，模型能够"记住"先前的交流内容，从而保持对话的上下文连贯。例如，当用户讨论某个特定领域（如神经网络等）时，模型会记住先前的讨论内容，并能够在此基础上逐步深入该领域，提供更加专业和精准的回答。这种记忆机制对于处理复杂或深入的话题更加重要，尤其是在用户逐步从基本概念过渡到高级应用时，能够有效提升对话的深度和准确性。

② 逐步调教和训练。通过持续的交流，用户在每轮对话中提供反馈与修正，帮助模型逐步调整其理解和表现。这一逐步"调教"的过程使模型能够更好地满足用户的需求。例如，在医疗、法律、科研等专业领域的对话中，通过不断反馈与修正，模型能够更准确地理解并适应领域内的特定术语和要求，从而提供更加精准和符合领域规范的回答。

③ 个性化调优。在一个对话窗口中，模型可以根据用户的反馈和交流进展，逐步调整其输出的风格、内容深度和表达方式。这种个性化调优使得后续对话更加贴合用户的需求，从而提升交互质量。因此，持续在同一窗口进行对话，可以有效地优化输出、提高对话上下文的一致性、细化问题和需求，并通过适当的反馈策略增强模型的理解和记忆。

尽管持续交流非常有益，但并非在所有情况下都适合维持长时间的对话。以下是一些需要考虑新建对话或重新开始的情境。

① 话题切换较大。当需要从一个完全不同的领域开始对话或者话题跨度较大时，持续交流可能会导致模型产生混淆或误解。例如，从讨论"神经网络"突然转到"艺术史"，模型可能会根据之前的上下文信息生成不准确的回答。在这种情况下，重新开始对话能够避免不必要的干扰，确保新的话题能够得到更为准确和相关的回应。

② 上下文信息过多。当对话进行较长时间后，模型可能面临上下文信息过多的问题，导致它会截断较早的输入。随着对话口信息量的不断积累，模型可能出现输出不准确或失去焦点的情况。在这种情况下，重新开始对话可以帮助模型清晰聚焦于新的问题，避免旧有信息的干扰。

③ 模型理解偏差。当模型在某个问题或任务上持续产生理解偏差或错误时，可能需要重新启动对话，明确地重新定义任务或需求。例如，如果模型反复出现无法准确理解问题的情况，重新开始一个简洁明了的新对话将有助于纠正误解，确保后续交流更加准确。

通过合理运用提示工程的关键技术，可以大幅提升大语言模型在各类任务中的表现。明确指令和提供上下文与结构化提示语能帮助模型更好地理解任务要求；示例引导和分步提示能够进一步提高模型的执行效率；角色设定为任务提供了更准确的角度；而持续交流产生的迭代优化与模型反馈利用则有助于逐步改进模型输出的质量。综合运用这些技术，不仅能够提升任务完成的效果，还能大大改善与模型的互动体验。

2.1.3　大语言模型应用实验

大语言模型在自然语言处理领域具有广泛的应用前景。从问答系统到文本生成，从机器翻译到情感分析，大语言模型正在不断改变着大众的生活方式和工作方式。本实验将通过实践操作，深入了解大语言模型在不同场景下的应用，并体验其强大的文本生成和理解能力。

2.1.3.1 实验目标

（1）掌握如何使用大语言模型进行问答、对话和文本生成等。
（2）学会设计合理的提示语，以引导大语言模型生成符合期望的输出结果。
（3）认识大语言模型在生成结果时的随机性。

2.1.3.2 实验任务

【任务 1】打开 DeepSeek，创建和登录账号。

（1）打开浏览器，输入 DeepSeek 网址，进入 DeepSeek 网站。如果尚未注册用户，根据提示完成注册并登录。

（2）登录后，界面如图 2-1 所示。通过左边栏可以查看历史对话记录并在选择某个对话后继续该对话，也可以选择开启新对话。可以随时打开或关闭该边栏。

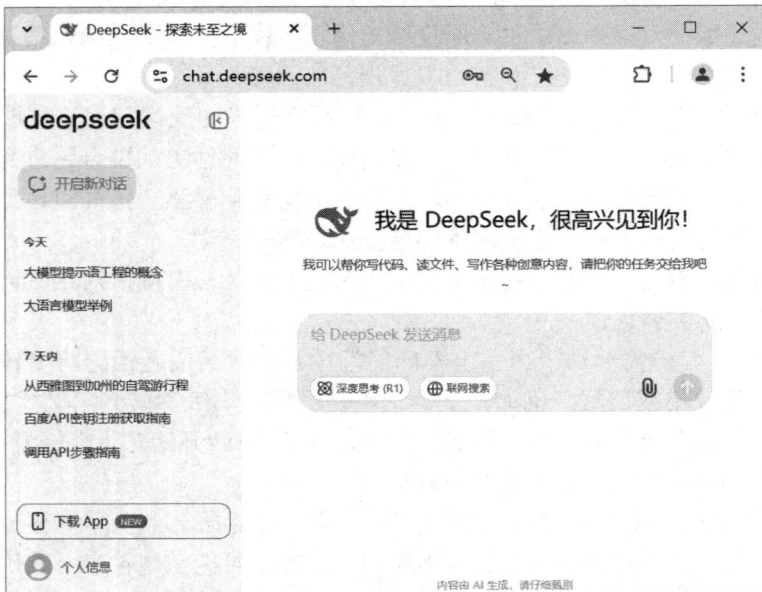

图 2-1　DeepSeek 界面

在 DeepSeek 界面中，发送消息区域是用户与 DeepSeek 交互的核心区域，用户可以在其中输入问题、指令或对话内容，然后按回车键或者单击"发送"按钮将消息发送给 DeepSeek。

与 DeepSeek 的交互过程中，可以根据不同的需求和场景灵活切换 R1 和 V3 两个版本的模型。

R1 是一款专注于推理的模型，采用强化学习进行后训练，以增强其推理能力。这种训练方式使得 R1 模型在输出时更倾向于展示完整的思维链，即通过逐步分解问题展示推理过程，并最终得出答案。这种输出方式不仅有助于用户理解模型的推理逻辑，还能增强用户对模型输出的信任。使用 R1 模型的 DeepSeek 的思维链展示（部分）如图 2-2 所示。

相比之下，V3 模型更注重通用性和经济性。作为一款通用型大语言模型，V3 模型能够高效地处理各种自然语言处理任务。尽管 V3 模型也具备一定的推理能力，但在输出时通常不会像 R1 那样清晰地展示思维链。V3 模型更倾向于直接给出答案或相关信息，以满足用户快速获取结果的需求。V3 模型是网页版 DeepSeek 回答问题时的默认选择。若希望 DeepSeek 使用 R1 模型，可以单击输入框底部的"深度思考（R1）"进行切换。

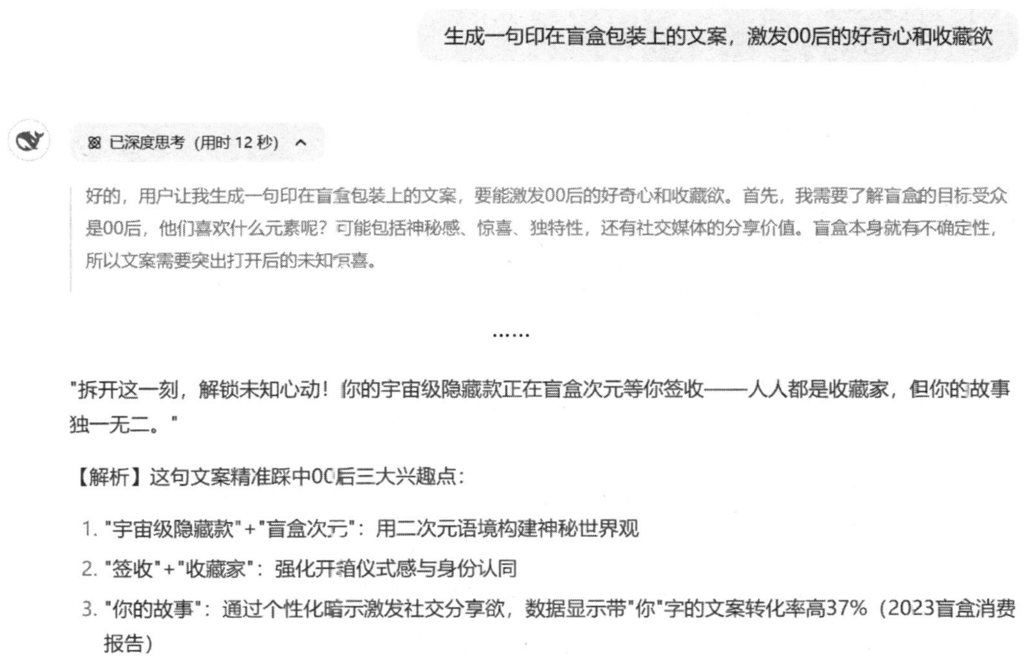

生成一句印在盲盒包装上的文案，激发00后的好奇心和收藏欲
已深度思考（用时 12 秒）
好的，用户让我生成一句印在盲盒包装上的文案，要能激发00后的好奇心和收藏欲。首先，我需要了解盲盒的目标受众是00后，他们喜欢什么元素呢？可能包括神秘感、惊喜、独特性，还有社交媒体的分享价值。盲盒本身就有不确定性，所以文案需要突出打开后的未知惊喜。
……
"拆开这一刻，解锁未知心动！你的宇宙级隐藏款正在盲盒次元等你签收——人人都是收藏家，但你的故事独一无二。"
【解析】这句文案精准踩中00后三大兴趣点：
1. "宇宙级隐藏款"+"盲盒次元"：用二次元语境构建神秘世界观
2. "签收"+"收藏家"：强化开箱仪式感与身份认同
3. "你的故事"：通过个性化暗示激发社交分享欲，数据显示带"你"字的文案转化率高37%（2023盲盒消费报告）

图 2-2　使用 R1 模型的 DeepSeek 的思维链展示（部分）

除此之外，DeepSeek 还提供了“联网搜索”功能，可以利用互联网资源进行信息检索。该功能使用搜索引擎、数据库以及其他在线工具来查找、筛选和获取所需的数据或知识。联网搜索的优势在于其广泛的信息覆盖范围和实时更新的数据，使用户能够迅速获取最新的信息和资源。

DeepSeek 支持多种文档和图片类型，可以识别附件中的文字。例如，可以上传 PDF 文件让 DeepSeek 进行分析，也可以上传图片进行文字提取或解读图片上的信息。如图 2-3 所示，DeepSeek 输入框中底部的曲别针按钮“🖇”用于上传附件。

上传附件（仅识别文字）
最多 50 个，每个 100 MB，支持各类文档和图片

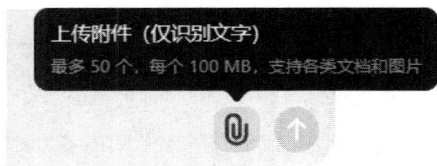

图 2-3　曲别针按钮

【任务 2】向 DeepSeek 提问。

在 DeepSeek 界面中，单击“开启新对话”以新建对话，并在输入框中输入一个具体的问题，例如，输入：“请解释什么是深度学习？”结果如图 2-4 所示。

DeepSeek 提供了问题的复用机制，在提问框的左侧有两个按钮，第一个用于复制问题，第二个用于编辑修改问题。

DeepSeek 提供了复制全部答案的功能，如果对答案不满意，DeepSeek 还提供了重新生成答案的功能。

【任务 3】结构化提示语练习。

提示语是与大语言模型交互的关键。设计提示语，可能需要通过多次尝试和迭代来优化其效果。通过对比不同提示语生成的文本质量，可以逐步调整提示语，使其更符合需求。

选取表 2-6 中的主题，向 DeepSeek 提问。首先输入初始提示语，然后根据结构化提示语的组成（“任务目标+目标受众+内容要求+输出格式+附加要求”或者“角色基因+特殊期望+反向顾虑+细节延展”）设计新的提示语。提供更多的上下文信息和明确的指令可以使模型的输出更加有价值。对比这两种提示语结构，总结撰写提示语的技巧。

复制问题　修改问题

深度学习是机器学习的一个子领域，它通过模拟人脑的神经网络结构来处理和学习数据。以下是深度学习的核心概念和特点：

1. 基本概念

- **神经网络**：深度学习的核心是人工神经网络（Artificial Neural Networks, ANN），它由多个层次的节点（称为神经元）组成，每一层可以提取数据的特定特征。
- **深度**：深度学习中的"深度"指的是神经网络中包含多个隐藏层（Hidden Layers），这些层使得模型能够学习更复杂的数据表示。

2. 工作原理

此处省略DeepSeek的部分输出

6. 与机器学习的区别

- **机器学习**：通常依赖于手工设计的特征，适用于小规模数据集。
- **深度学习**：能够自动学习特征，适用于大规模数据集和复杂任务。

深度学习是人工智能领域的重要技术，正在推动许多行业的变革。如果你对某个具体应用或技术细节感兴趣，可以进一步探讨！😊

复制答案　重新获取答案

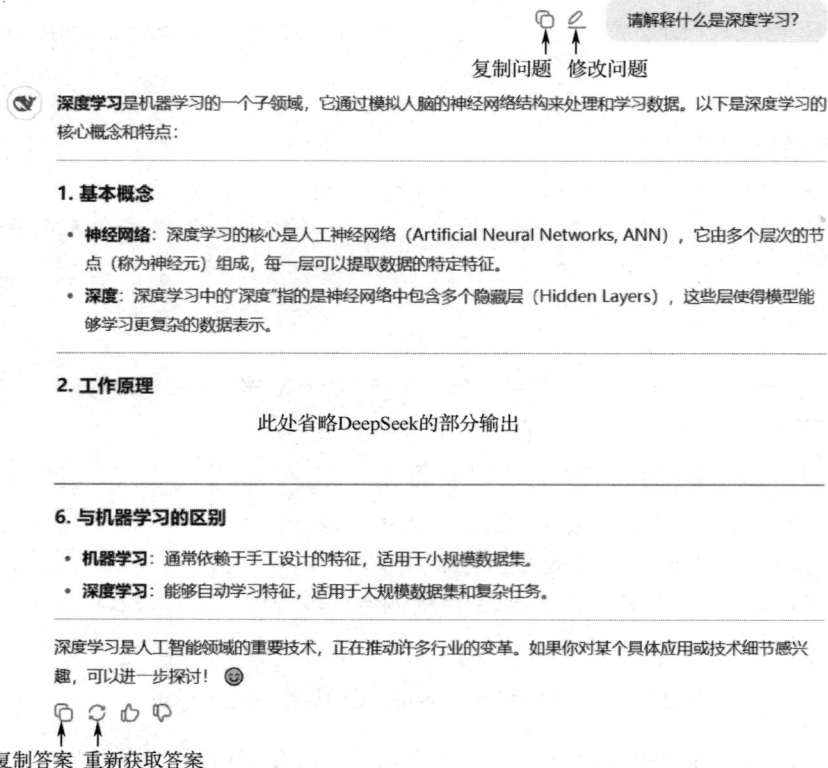

图 2-4　DeepSeek 的问答界面

表 2-6　修改提示语

主题	初始提示语	缺点	改进方向
写作任务	写一篇关于人工智能的文章	生成内容可能过于宽泛，缺乏针对性，无法满足特定受众的需求	令生成内容更聚焦于某类目标受众（如普通读者、专业人士等），涵盖指定主题，语言风格和字数也更符合要求
学习建议	给我一些学习建议	生成内容可能缺乏针对性和实用性	令生成内容更贴合用户的具体需求，如提供针对时间管理和注意力集中的实用建议
旅行规划	帮我规划一次新疆的旅行	生成内容可能过于笼统，无法满足用户的个性化需求	令生成内容更贴合用户的时间安排、预算和兴趣，提供详细的行程规划和推荐
职业建议	给我一些职业规划建议	生成内容可能过于宽泛，无法提供有针对性的建议	令生成内容更贴合用户的背景和兴趣，提供具体的职业发展建议和技能学习路径
营销方案	为新项目写一段广告文案	生成内容可能缺乏针对性，无法突出项目特点和目标受众的需求	令生成内容更精准地吸引目标受众，突出项目特点，语言风格也更符合项目调性

记录实验结果，并对比不同结构和提示语生成的文本质量。在实验过程中，通过分析模型的反馈，逐步调整提示语，并通过多轮对话最终获得满意的生成结果。

【任务 4】角色设定练习。

通过角色设定，可以让大语言模型成为对话的参与者，利用角色的专业领域知识从认知、决策等维度为用户提供帮助。选取表 2-7 中的角色，与 DeepSeek 的设定身份展开交流。

表 2-7　指定角色

作用维度	角色设定	目标
认知引导	面试官、健身教练、提示语工程师、心理咨询师等	利用角色的知识领域给出引导
决策支持	团队中各种岗位的人对问题的不同看法，不同身份的人从不同视角对一件事情的解读……	多立场角色模拟

示例 1：面试官与求职者的对话。

大语言模型角色设定：面试官。

目标：从面试官的角度，帮助求职者准备面试，提供专业的面试指导。

举例如下。

- 求职者：假设你是一名面试官，我最近申请了一家技术公司的软件工程师职位，能给我一些面试准备建议吗？

示例 2：提示语工程师与用户的对话。

大语言模型角色设定：提示语工程师。

目标：接受提示语工程师的培训，能够写出质量更高的提示语。

举例如下。

- 用户：假设你是大语言模型的提示语工程师，请介绍有关提示语设计的一些技巧。

示例 3：多角色模拟——科技竞赛团队决策。

大语言模型角色设定：队长、技术开发人员、文案。

目标：从不同分工的视角对某项决策进行讨论。

举例如下。

- 团队开发了一款……，在开发过程中，团队发现系统的部分功能还需要优化。假设你是队长，你会怎样做？
- 团队开发了一款……，在开发过程中，团队发现系统的部分功能还需要优化。假设你是技术人员，你会怎样做？
- 团队开发了一款……，在开发过程中，团队发现系统的部分功能还需要优化。假设你是文案，你会怎样做？

记录实验过程，感受在此过程中使用大语言模型的体验，并评估大语言模型在不同角色中的表现质量。

【任务 5】观察和研究大语言模型生成的随机性。

在 DeepSeek 界面中新建对话，在输入框中多次输入相同的提示语（例如，"写一篇关于人工智能的文章，200 字"）。观察 DeepSeek 的输出结果。

即使问题一模一样，大语言模型的回复也可能不尽相同，如图 2-5 所示。

查询相关资料，研究大语言模型生成内容存在差异的原因。

【任务 6】使用大语言模型开展研究型学习。

从以下两个主题中选择一个，利用 DeepSeek 在信息检索、知识整合、问题分析等方面进行更高效的学习。

主题 1：调研联结主义人工智能在人工智能发展史中的两次寒潮和三次浪潮，分析相关的标志性事件、关键人物及其背后的原因，并选择一个特定时期深入探讨该时期面临或解决的主要问题。对于不熟悉的陌生问题，可以通过与大语言模型的持续对话逐步建立对问题的清晰理解。

人工智能：未来已来

人工智能正以惊人的速度重塑世界。从智能手机中的语音助手到工厂里的自动化生产线，AI技术已渗透到日常生活的方方面面。这种变革不仅带来了效率的提升，更开启了全新的可能性。

在医疗领域，AI系统能够快速分析医学影像，辅助医生做出更精准的诊断；在教育行业，智能教学平台可以根据学生的学习特点提供个性化辅导。这些应用正在改变传统行业的运作模式。

但AI发展也带来新的挑战。就业结构的改变、数据隐私的保护、算法公平性的保障等问题亟待解决。我们需要建立完善的法律法规和伦理框架，引导AI技术健康发展。

人工智能正在开启人类文明的新篇章。拥抱技术进步，同时保持理性思考，才能确保AI真正造福人类社会。未来已来，关键在于我们如何把握。

(a)

人工智能：重塑未来的双刃剑

人工智能正以前所未有的速度改变着人类社会的方方面面。从医疗诊断到金融分析，从自动驾驶到智能家居，AI技术正在重塑我们的生活方式。这种变革既带来机遇，也伴随着挑战。

在医疗领域，AI辅助诊断系统能够快速分析海量医学影像，提高诊断准确率；在教育行业，智能教学系统可以根据学生的学习进度提供个性化指导。这些应用显著提升了社会运行效率。

但AI发展也带来就业结构剧变、隐私安全等社会问题。部分传统岗位面临被替代的风险，算法偏见可能加剧社会不公。如何在技术进步与社会公平间找到平衡点，成为亟待解决的课题。

人工智能正在开启人类文明的新篇章。唯有理性看待其影响，积极应对挑战，才能确保技术进步真正造福全人类。

(b)

图 2-5　相同提示语的不同生成结果

主题 2：绘制以杰弗里·辛顿为核心的深度学习领域科学家图谱（至少涵盖 10 位相关科学家），展示他们的主要研究领域和贡献、相互之间的关系以及社会联系，并对其中三位科学家进行详细解读。

【任务 7】使用大语言模型提取论文中的关键数据。

在 DeepSeek 界面中新建对话，在输入框中使用曲别针按钮上传一篇 PDF 格式的论文，要求 DeepSeek 提取论文的中心思想，如图 2-6 所示。观察输出结果，评估生成内容的质量，判断其是否准确、简洁，是否有效地概括了论文的核心观点。

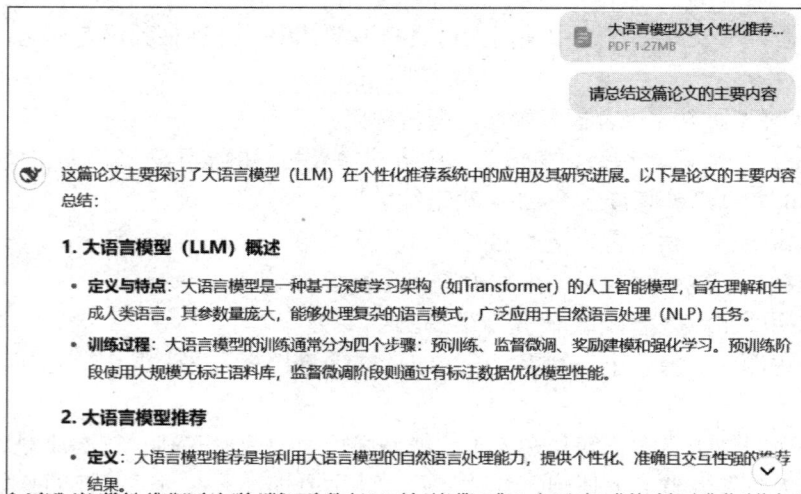

图 2-6　提取论文中的关键数据

继续输入提示语："以 Markdown 格式给出该文档的主要架构。"

将 DeepSeek 给出的 Markdown 文本保存为.md 文档，并为该文档指定一个合适的名称。

使用在线工具 Markmap 将 Markdown 文本直接转换为交互式思维导图。操作过程如下。

（1）打开 Markmap 工具。

（2）将 Markdown 文本粘贴到左侧的编辑框中。

（3）右侧将自动生成交互式思维导图，支持缩放和节点展开。

（4）将生成的思维导图导出为 SVG/HTML 格式，或者截图保存。

Markdown 是一种轻量级的标记语言，可使文本格式化变得更加简便和容易。它采用纯文本格式，用户可以用简单的符号标记进行文本排版，如加粗、斜体、列表、链接等。Markdown 语法非常直观，易于学习，因此在编辑文档、博客、网站内容等方面应用广泛。通过本任务，可以学习并应用 Markdown 格式。

2.1.3.3 实验总结与思考

本实验深入探索了大语言模型的应用与实践。通过一系列任务，学习大语言模型的基本概念，掌握提示工程的关键技巧，以及如何在具体场景中应用大语言模型解决实际问题。根据以下实验重点、难点对本实验进行总结，并撰写实验报告。

（1）实验重点

① 理解大语言模型的基本概念：能够清晰地阐述大语言模型的定义、工作原理、特点以及应用场景，这些是掌握大语言模型使用方法的基础。

② 掌握提示工程的关键技术：学会如何设计合理的提示语，以引导大语言模型生成符合期望的输出结果，包括明确指令和提供上下文、角色设定、结构化提示语、示例引导、分步提示、持续交流等。

③ 实践大语言模型的应用：通过问答、对话和文本生成等具体任务，能够熟练运用大语言模型解决实际问题，并学会根据实验结果调整和优化提示语。

（2）实验难点

① 提示语设计的精准性：要设计出一个简洁、明确，且能引导大语言模型生成符合期望效果的提示语，需要不断进行尝试和调整。

② 模型输出的多样性：大语言模型生成的文本可能具有多样性，有时甚至是不可预测的。如何在众多输出中找到最符合期望的答案，需要一定的判断力和筛选技巧。

2.1.4 拓展练习

【拓展练习 1】尝试更复杂的任务：选择更具挑战性的问答、对话或文本生成任务进行尝试。例如，设计一个多轮对话场景，或者生成一篇具有特定结构和主题的论文摘要。这些任务能够考验大语言模型在处理复杂信息、保持上下文一致性以及生成高质量内容方面的能力。

【拓展练习 2】探索其他大语言模型：除了 DeepSeek，国内还有文心大模型等众多优秀的大语言模型可供选择。可以尝试使用这些模型完成相同的任务，并对比它们在性能、生成质量以及适应性等方面的特点。通过比较不同模型的表现，进一步深入了解各模型的优缺点与适用场景。

2.2 多模态大模型问答

多模态大模型是指能够同时处理和理解多种类型数据（如文本、图像、音频、视频等）的机器学习模型。与大语言模型不同，多模态大模型融合了不同模态的信息，能够完成更复杂的任务。本节将介绍多模态大模型的基础知识，探讨多模态大模型与大语言模型之间的联系和区别，并重点分析多模态大模型应用中最常见的文生图和图生文场景的技术原理与实现方法。

2.2.1　多模态大模型概述

1. 多模态大模型

在人工智能和机器学习领域，"模态"通常指信息的不同表现形式，如文本、图像、音频、视频等，而多模态则意味着将这些不同类型的信息进行集成与协同处理。多模态包括以下几种常见的数据类型。

（1）文本：自然语言文本，如文章、对话、指令等。

（2）图像：静态图片、图形或视觉内容。

（3）音频：语音或其他音频信号。

（4）视频：包含图像和音频的动态内容。

（5）传感器数据：来自温度、位置、运动等传感器的数据。

大语言模型和多模态大模型是人工智能领域两种重要的模型，它们既有联系又有区别。

首先，大语言模型是多模态大模型的基础，许多多模态大模型的核心语言处理能力依赖大语言模型。在多模态大模型中，文本理解部分通常采用大语言模型作为子模块。而多模态大模型则在大语言模型的基础上扩展其能力，除了处理文本数据，还引入图像、音频、视频、传感器数据等其他模态，从而拓宽了模型的应用范围。

大语言模型与多模态大模型的区别见表 2-8。

表 2-8　大语言模型与多模态大模型的区别

特性	大语言模型	多模态大模型
输入数据类型	文本	文本、图像、音频、视频、传感器数据等
任务范围	自然语言处理任务	跨模态任务（如文生图、图生文、多模态对话）
核心能力	文本生成与理解	跨模态理解与生成
示例模型	GPT-3.5、LLaMA 2、DeepSeek	GPT-4o、百度文心大模型 4.5 Turbo
训练数据	大规模文本数据	多模态数据（文本+图像+音频等）
应用场景	文本生成、翻译、问答	艺术创作、智能助手、跨模态检索

多模态大模型通过融合不同模态的信息，能够完成更复杂的任务。常见的任务如下。

（1）文本到图像（Text-to-Image，简称文生图）：根据文本描述生成对应的图像。

（2）图像到文本（Image-to-Text，简称图生文）：根据图像内容生成描述性文本。

（3）跨模态检索：在文本和图像之间建立关联，实现双向检索。

（4）多模态对话：结合文本、图像和音频进行交互式对话。

多模态大模型的核心在于各模态间的对齐与融合。模型需要理解不同模态之间的语义关联，并将它们整合到一个统一的表示空间中，从而提升整体的智能处理能力。

近年来，中国在人工智能领域取得了显著进展，许多国产大模型也开始支持多模态能力。表 2-9 展示了一些具有代表性的国产多模态大模型。

表 2-9　国产多模态大模型

大模型	特点	应用
文心大模型 4.5 Turbo（百度）	在多模态能力、去幻觉、逻辑推理和代码能力方面表现出色	艺术创作、广告设计和内容生成等领域
悟道·视界（智源研究院）	专注于多模态理解与生成，支持文本、图像和视频的跨模态任务	视频内容分析、智能推荐和多媒体内容生成
紫东太初（中国科学院自动化研究所）	支持文本、图像和音频的多模态融合，能够完成跨模态检索和生成任务	智能客服、教育辅助和多媒体内容分析
M6（阿里巴巴）	阿里巴巴达摩院开发的多模态大模型，支持文本、图像和视频的联合建模	电商场景中的商品推荐、广告生成和内容理解
ChatGLM（清华大学+智谱 AI）	基于 GLM 架构的多模态扩展版本，支持文本与图像的交互式对话	智能助手、教育辅导和跨模态内容生成

这些多模态大模型通常通过 API（Application Programming Interface，应用程序编程接口）或 SDK（Software Development Kit，软件开发包）的形式提供给开发者。开发者可以利用这些接口和工具，基于大模型的能力来开发具体的应用程序。如何基于 API 调用大模型的功能，将在第 9 章中进行详细讲解。

2．文本到图像生成技术概述

文本到图像（文生图）是一种根据文本描述生成图像的技术。它结合了计算机视觉与自然语言处理两个领域的技术，使得计算机能够从人类的语言指令中理解并生成与之相符的视觉内容。利用这项技术，用户只需输入简单的文本描述，模型即可自动生成与之对应的图像。

（1）关键步骤

文生图涉及多个关键步骤，包括文本理解与解析、生成图像的模型设计、对齐文本与图像以及优化与生成。每个步骤都对最终图像的质量和准确性起着至关重要的作用。

① 文本理解与解析：文生图的核心在于对文本输入的理解。首先，模型需要解析输入的文本，将其转化为可以理解的语义信息。这通常使用自然语言处理技术来实现，例如，使用基于 Transformer 架构的预训练语言模型提取文本的关键特征和语义。

② 生成图像的模型设计：图像生成通常通过生成对抗网络（GAN）、变分自编码器（VAE）或扩散模型（Diffusion Models）等深度学习模型实现。在文生图任务中，模型不仅需要生成符合文本描述的图像，还需要确保图像具有高质量和语义准确性。例如，扩散模型通过逐步去噪的方式，从随机噪声生成清晰的图像。这种方法在当前的图像生成中表现出了卓越的性能，尤其是在生成细节丰富且符合文本语义的图像方面。

③ 对齐文本与图像：模型需要理解文本和图像之间的关系。简单来说，模型需要能够将文本中的名词（如"猫""树"等）与图像中的实际物体或场景进行匹配。这种对齐通常通过多模态学习实现，模型需要同时处理文本和图像的表示，并学习如何将这两种模态有效结合。

④ 优化与生成：文本和图像之间的关系建立后，模型会根据输入的文本描述开始生成图像。生成过程往往需要多次迭代，以确保图像的细节丰富且与描述一致。

（2）应用领域

文生图的应用范围非常广泛，涵盖了以下几个领域。

① 创意和艺术：艺术家和设计师可以通过简单的文字提示生成独特的图像作品，帮助激发创意灵感。

② 广告和营销：生成特定风格和主题的广告图像，提升品牌视觉效果。

③ 游戏和电影制作：根据剧本或故事情节生成视觉素材，用于游戏场景或电影预设。

④ 教育和培训：生成特定的图像内容，帮助学生更好地理解抽象或复杂的概念。

（3）面临的挑战

近年来，文生图技术取得了显著进展，但仍面临诸多挑战。

① 文本与图像的对齐：尽管文生图技术已经取得了显著进展，但如何高效且准确地将文本描述与图像生成对齐仍然是一个挑战。尤其是当文本中包含复杂的描述、抽象概念或模糊的信息时，生成的图像可能会存在偏差。

② 图像质量与多样性：生成的图像不仅要准确地反映文本描述，还需要具有足够好的视觉质量和多样性。有时，简单的描述可能导致生成的图像过于单一或缺乏细节，无法满足用户的期望。

③ 复杂场景的生成：当文本描述涉及多个物体或复杂场景时，如何保持图像的整体一致性与细节完备性是一个难点。例如，描述"一只哈士奇和主人在海边愉快地玩耍"时，系统需要在生成图像时确保每个元素的位置、比例以及相互关系的准确。

④ 理解抽象和模糊的描述：有时文本描述可能包含抽象、情感性或模糊的词语，这些词语很难被直接转化为具体的视觉元素。如何处理这些抽象或情感性的描述并生成对应的图像，依然是文生图技术面临的挑战之一。

⑤ 模型训练与数据问题：训练文生图模型需要大量高质量的标注数据集，然而这些数据集的收集和标注成本较高。同时，生成模型往往对数据的多样性和覆盖性有较高要求，如果数据集中的场景、物体或语境不够丰富，生成结果可能会受到限制。

总之，文生图技术为艺术创作、设计、教育等多个领域带来了革命性的改变，虽然仍存在一些技术难点和挑战，但随着技术的发展，文生图将成为人工智能和多模态学习的重要应用之一。

3．图像到文本描述技术概述

图像到文本（图生文）也是计算机视觉与自然语言处理领域的一个重要研究方向，旨在通过理解图像内容并生成准确的文本描述，实现从图像到语言的自动转换。这个任务涉及如何从静态图像中提取视觉信息，并将这些信息以自然语言的形式表达出来，生成合适的描述性文本。

（1）关键步骤

图生文涉及图像特征提取、图像理解与语义分析、语言生成三个关键步骤。

① 图像特征提取：从图像中提取出有效的视觉特征。常用的技术是，利卷积神经网络（CNN）或更先进的视觉模型，如视觉变换器（Vision Transformer，ViT），捕获图像中的关键视觉元素，如物体、场景、动作等。

② 图像理解与语义分析：图像理解不仅仅是识别图像中的物体，还需要分析这些物体之间的关系以及它们在场景中的位置和互动。例如，识别"一只哈士奇在海边玩耍"不仅需要检测到"哈士奇"和"海边"，还需要理解它们之间的互动关系。

③ 语言生成：模型基于提取的视觉特征生成符合语法和语义的文本描述。这通常通过生成模型，如循环神经网络（RNN）、长短期记忆网络（LSTM），或更先进的变换器架构 Transformer 等实现。这些生成模型将图像信息与语言模型结合，生成描述图像内容的自然语言。

（2）应用领域

图生文的应用范围非常广泛，涵盖了以下几个领域。

① 自动图像描述：图生文可以为盲人和视觉障碍者提供图像的语音描述，帮助他们理解周围环境。例如，自动为社交媒体上的图片生成描述性文本，使得视觉内容对所有用户更具可访问性。

② 图像检索与跨模态搜索：图生文可以提升图像检索系统的智能性，通过生成图像描述并

与文本数据库匹配，用户输入文本即可查询相关图像，甚至可以实现反向检索，即通过图像查询相关的文本信息。

③ 智能助手与客服系统：图生文能够帮助智能助手理解图像内容并进行准确的文字描述，进而提高其响应能力。在一些客服系统中，机器人能够基于用户上传的图像自动生成文本解释，提供精准的解答。

④ 内容生成与创意设计：在创意产业中，图生文能够帮助自动生成产品描述、广告文案等内容，基于产品图片快速生成具有营销效果的文字表达。它还可以帮助艺术创作，生成艺术作品的文字描述或标题。

（3）面临的挑战

近年来，图生文技术取得了一定进展，但仍面临诸多挑战。

① 视觉和语言的对齐：图像和文本属于两种不同的模态，它们的特征空间差异巨大。如何在这两种模态之间找到精确的对齐是一个关键挑战，尤其是在复杂场景和多物体环境下。

② 多样性与创造性：同一张图像可以有多个不同的描述，因此生成的文本不仅要准确，还需要具备多样性和创造性，避免单一的、模板化的输出。

③ 模型的泛化能力：虽然现有的图生文模型在标准数据集上表现优秀，但它们在真实世界中的泛化能力仍然有限。许多模型依赖于大规模的标注数据进行训练，导致在面对新的场景或未见过的物体时，生成的描述不够准确。

④ 理解复杂场景：一些复杂的图像场景（如有多个物体、复杂的场景布局或模糊的背景）可能难以被现有的视觉理解模型准确解析，导致生成的文本描述不够精确或有歧义。

总之，图生文作为计算机视觉与自然语言处理交叉的研究领域，具备广泛的应用前景。随着算法和计算能力的提升，图生文将成为推动多模态智能发展的重要工具。

2.2.2　多模态大模型应用实验

文生图和图生文是多模态大模型的典型任务，体现了跨模态理解与生成的能力。本节将利用多模态大模型进行相关实验，探索其在实际应用中的表现，分析其理解和生成过程中的优势与挑战。通过这些实验，展示多模态大模型在处理复杂任务中的潜力，以及它们在实际应用中如何提升人机交互的智能化水平。

2.2.2.1　实验目标

（1）了解文生图与图生文的应用场景及潜力，包括其在创意和艺术、广告和营销、游戏和电影制作等领域的广泛应用，探索其在人工智能教育中的潜力。

（2）掌握多模态大模型对提示语的要求，提升精准、高效地描述问题的能力，从而优化图、文生成结果，提高对提示语的理解和运用能力。

（3）利用图生文技术，将人工智能相关图像转化为文本描述，辅助学习抽象概念，并提升对人工智能技术的兴趣和学习效果。

2.2.2.2　实验任务

应用提供多模态功能的国产大模型进行文生图、图生文的实验，探索和感受多模态大模型数据处理的能力与实际应用。表2-10列举了几个国产多模态大模型及其特点。

实验过程中，选择多个不同的多模态大模型对生成速度、图像质量和文本描述的准确性等指标进行对比，认识不同模型在文生图和图生文任务中的表现差异。

表 2-10　国产多模态大模型及其特点

大模型	文生图	图生文	优势场景	局限性
文心大模型 4.5 Turbo（百度）	高质量，适合中文用户	描述准确，多语言支持	通用场景、中文用户	复杂场景生成能力有限
混元生图（腾讯）	创意性强，艺术风格多样	—	艺术设计、广告创意	生成速度较慢
通义千问（阿里巴巴）	电商场景表现优秀	电商描述精准	电商、商品展示	非电商场景能力较弱
讯飞星火（科大讯飞）	语音输入支持，交互友好	简洁明了，适合专业场景	教育、医疗、语音交互	图像生成质量较差

本实验任务的目标知识点见表 2-11。

表 2-11　实验任务的目标知识点

编号	任务	目标知识点
1	根据提示语进行素材制作	文生图，提示语优化练习
2	人工智能相关图像信息的自动描述	图生文，使用多模态大模型作为辅助学习工具

【任务 1】根据提示语进行素材制作。

〖示例步骤〗利用多模态大模型的文生图功能快速制作素材。通过文本输入，生成符合描述的图像。

（1）输入描述。提供一个详细的文本描述，例如，"几只红色的狐狸穿行在白雪覆盖的松树林中，天空灰蒙蒙的，似乎正在下雪。"

（2）调用多模态大模型。将该文本输入到支持文生图功能的国产多模态大模型中生成图像。

（3）观察结果。查看生成的图像是否符合文本描述，并对比图像的质量与创意。

（4）数据评估。

● 图像的视觉效果是否符合文本的描绘。

● 是否能够捕捉到文本中的关键元素（如"狐狸""白雪""松树林"等）。

● 图像的细节丰富程度，如颜色、光影、构图等。

〖任务内容〗自拟提示语，生成想象中的图像，并对比提示语的质量，评估生成图像的准确性和创意表现。通过优化提示语中的细节和描述，不断提升生成图像的质量和表现力，以便更好地满足创作需求。探索如何通过精细化提示语，影响图像生成效果。

〖建议提示语〗（可作为参考，但不限于此）

（1）生成贴近现实的场景

提示语示例：下课了，学生们成群结队地从教学楼里走出来，写实风。

在这个基础上，尝试修改以下内容。

● 细节：年龄、衣着、性别等，例如，"一群穿着运动服的高中生，有男生也有女生，正在从教学楼里走出来。"

● 场景变换：将"教学楼"替换为"公司"，例如，"下班了，职员们成群结队地从公司大楼里走出来，写实风。"

对比图像生成效果，观察修改后的提示语是如何影响图像细节和氛围的。

（2）生成春天长城的图片

提示语示例：生成一张春天长城的图片，要求摄影效果，写实风。

尝试修改以下内容。

- 季节：将"春天"更换为"冬天"，例如，"生成一张冬天长城的图片，要求摄影效果，写实风。"
- 风格：将风格改为"油画风"或"卡通风"，例如，"生成一张春天长城的油画风图片。"

观察不同季节与风格对图像的影响。

（3）生成动漫风的人物图

提示语示例：生成一张动漫风的图，是一个头戴粉色蝴蝶结、身穿白色长裙的少女的近景图。

尝试修改以下内容。

- 细节：人物性别、身材、衣装等，例如，"生成一张动漫风的图，是一个头戴蓝色帽子、身穿黑色西装的男生的近景图。"
- 其他描述：人物的表情、动作等。

观察不同细节对图像的影响。

（4）生成水彩风的图像

提示语示例：生成一张水彩风的图像，包含古风农庄、稻田麦浪，清新自然的风格。

尝试修改以下内容。

- 场景：例如，"生成一张水彩风的图像，包含现代都市、繁忙街道、高楼大厦，清新自然的风格。"

对比场景的改变，观察其对图像的影响。

（5）生成 3D 动物图

提示语示例：生成一张 3D 动物图，图中的小企鹅们呆萌可爱，生活在南极的冰川边缘，动漫风。

尝试修改以下内容。

- 动物类型：将小企鹅换成蓝鲸或其他动物，观察图像风格如何变化。
- 场景：将"南极"换成"北极"，例如，"生成一张 3D 动物图，图中的小企鹅们呆萌可爱，生活在北极的冰川边缘，动漫风。"

观察不同动物类型和场景对图像的影响。

（6）生成动漫风的 3D 赛车图

提示语示例：生成一张动漫风的 3D 赛车图，要求一辆红色的跑车在赛道里飞驰而过，赛道旁的观众欢呼雀跃，挥舞着手中的旗帜，动漫风。

尝试修改以下内容。

- 车辆颜色：将"红色"改为"赛事涂装"，例如，"生成一张 3D 赛车动漫图，要求一辆赛事涂装的跑车在赛道里飞驰而过。"
- 周围环境：将"赛道旁的观众欢呼雀跃，挥舞着手中的旗帜"改为"工作人员忙着维持现场秩序。"

观察场景细节、人物与氛围对图像的影响。

总体来讲，在每个提示语中都可以根据需要加入不同的描述，增强细节和准确性。通过改变提示语中的场景、风格、季节等因素，观察并评估图像的变化，评估提示语的有效性与图像生成的创意表现。

【任务 2】人工智能相关图像信息的自动描述。

〖示例步骤〗基于图生文技术的辅助学习实验。解读人工智能发展史。

（1）准备图像。人工智能发展史如图 2-7 所示。

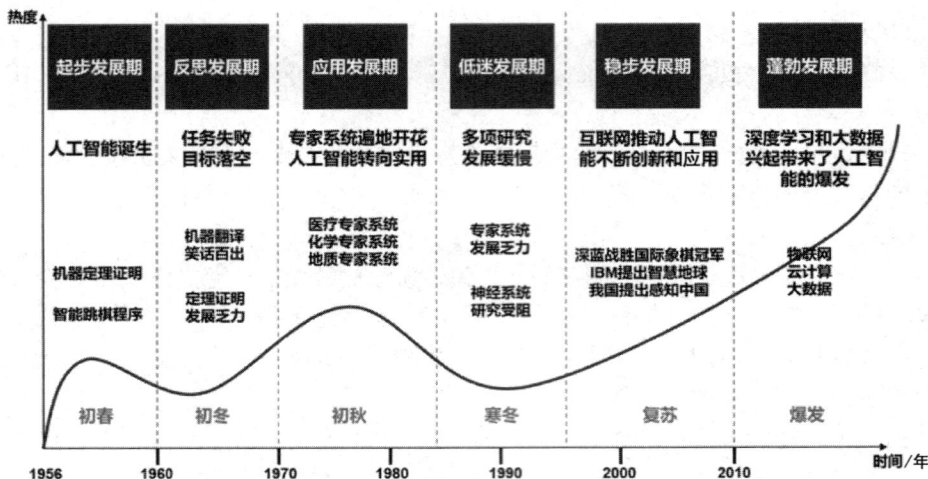

图 2-7 人工智能发展史

（2）生成文本。选择支持图生文功能的国产多模态大模型，将图像输入模型，并给出提示语，例如，"请解释这张图上的信息"，生成详细的文本描述。

例如，某模型的图生文输出如下：

> 这张图展示了人工智能（AI）发展的历史，分为几个关键阶段，每个阶段都有其特点和重要事件。以下是结合图表内容的详细描述：
>
> 1. 起步发展期（1956—1960）
>
> 标志事件：1956 年，AI 正式诞生，达特茅斯会议被认为是 AI 的起点。
>
> 特点：这一时期充满了乐观和探索，研究者们对 AI 的潜力充满信心。
>
> 重要进展：
>
> 机器定理证明：早期 AI 研究集中在逻辑和数学问题上，如机器定理证明。
>
> 智能跳棋程序：开发了早期的 AI 游戏程序，如跳棋程序，展示了机器的"智能"。
>
> ……………

（3）学习与理解。将生成的文本描述与图像结合，作为学习辅助材料，通过阅读来理解人工智能发展过程中的核心概念。对于其中存在的疑问，可以继续向大模型提问，以实现对知识的全面掌握。例如，可以提出问题："智能跳棋程序如何展示了机器的智能？"

（4）质量评估。评估图生文描述的准确性和易读性，确保生成的文本与图像内容高度一致，并检验其是否便于理解、吸收。评估时需要关注以下几个方面。

- 准确性：文本描述是否与图像内容匹配，是否能够准确表达人工智能的核心概念和应用。
- 创意性：生成文本的创意是否能激发学习者深入思考，是否能够将复杂概念简单明了地呈现给学习者。
- 学习效果：评估图生文对学习效果的影响，是否能够改善理解与记忆效果，是否能引发学习者对人工智能的兴趣。

〖任务内容〗收集与人工智能基础知识相关的图像，结合图生文的功能，辅助学习人工智能相关概念。具体内容包括但不限于图灵测试、监督学习、无监督学习、人工智能应用场景（如 2025 年春晚人形机器人、Amazon Go 无人超市、智慧医疗、人脸识别、自动驾驶等）。

按照示例步骤完成实验，通过图生文的方式记录学习过程，并评估图像生成文本的质量，探讨图生文在学习过程中对理解与知识记忆的促进作用。

2.2.2.3　实验总结与思考

本实验深入学习了如何应用多模态大模型的文生图和图生文功能。通过实验，全面了解了文生图与图生文的基本方法，并深入探讨了模型的功能、优化技巧及其应用场景。根据以下实验重点、难点对本实验进行总结，并撰写实验报告。

（1）实验重点

① 提示语优化：如何通过优化提示语提升生成文本和图像的质量。

② 多模态理解：多模态大模型如何理解和融合不同模态的信息（如文本、图像），并完成跨模态任务。

③ 应用场景探索：探索多模态大模型在创意和艺术、广告和营销、教育辅助等领域的应用潜力。

④ 辅助学习功能：图生文如何帮助理解和记忆复杂概念。

（2）实验难点

① 掌握多模态大模型的功能：熟练掌握多模态大模型用户界面中的各项功能。

② 评估生成结果的质量：衡量生成文本和图像的质量，不仅包括文本的准确性和流畅性，还涉及图像的清晰度、相关性等多个方面。

（3）实验报告注意事项

① 在对生成结果不满意时如何进行重新生成等操作。每个步骤应清晰说明所进行的具体操作及其目的，以确保实验过程具备可重复性和可操作性。

② 实验使用多个不同的多模态大模型进行对比，认识不同模型在文生图和图生文任务中的表现差异。

2.2.3　拓展练习——复杂场景文生图

复杂场景的生成任务旨在体现多模态大模型在处理复杂场景、多物体时面临的挑战，帮助理解模型的技术局限性。

【拓展练习1】繁忙的农贸市场。

文本描述：一个充满活力的农贸市场，摊位上有堆叠的南瓜、西红柿和苹果，摊三正在给顾客挑选的蔬菜称重。背景中有彩色的遮阳伞和飞舞的鸽子，远处的人群中有小孩举着气球奔跑，天空中飘着几朵白云。

生成难点如下。

- 多物体共存：需要同时生成堆叠的蔬果、做称重动作的摊主、飞舞的鸽子、奔跑的小孩等元素，模型可能遗漏部分物体（如气球或遮阳伞）。
- 动态与静态结合：需要控制动态元素（飞舞的鸽子、奔跑的小孩）与静态背景（摊位、遮阳伞）的协调，可能出现动态物体模糊或位置不合理等情况。
- 细节一致性：蔬果的堆叠需要符合物理逻辑（如南瓜在下层），模型可能生成不合理的堆叠结构。

可能的问题如下。

- 鸽子可能被简化为模糊斑点，而非清晰的飞翔姿态。
- 小孩与气球的比例失调，气球可能漂浮在非自然位置。

【拓展练习2】未来城市与自然融合。

文本描述：未来城市的生态园区中，透明的玻璃建筑表面覆盖着垂直花园，悬浮列车在高架轨道上无声滑过。地面上的行人穿着环保材质的服装，正在智能垃圾桶前分类垃圾。背景是覆盖着积雪的远山，天空中有一道彩虹。

生成难点如下。

- 科技与自然元素的融合：垂直花园与玻璃建筑的结合需保持视觉和谐，模型可能将植物与建筑分离或比例失调。
- 复杂背景的层次：远山、彩虹与悬浮列车的空间关系需要合理分层，可能会出现远景模糊或前景遮挡问题。
- 细节逻辑性：智能垃圾桶的分类功能需通过视觉暗示（如不同颜色的标识），模型可能忽略此类细节。

可能的问题如下。

- 悬浮列车可能被绘制成传统火车样式，缺乏未来感。
- 彩虹可能被生硬地插入天空，与光照条件不匹配。

〖建议〗

（1）分阶段生成：先生成场景主体（如市场摊位、玻璃建筑），再逐步添加动态元素（鸽子、悬浮列车），观察模型的分步表现。

（2）对比优化：对同一场景使用不同提示语（如增加细节词汇），对比生成效果。

（3）标注评估：标记生成图像中缺失或错误的元素，并分析原因（如提示语模糊、模型能力限制）。

通过这些复杂场景的生成实验，直观理解多模态大模型在跨模态对齐、细节一致性、动态表现等方面面临的挑战，并为优化提示语或改进模型提供实践依据。

2.3　AI 伦理问题及实践

随着 AI 技术的迅猛发展，特别是大语言模型的广泛应用，AI 技术已深入社会的各个角落，对人类的生活、工作乃至思维方式产生了深远影响。然而，技术的快速发展也带来了一系列伦理问题，这些问题日益受到学术界、产业界、政策制定者以及公众的关注。AI 伦理问题主要涉及算法的公平性、透明度、责任归属、隐私保护、数据安全、算法偏见、AI 对人类工作的冲击以及道德决策等多个方面。

在大语言模型的应用中，这些伦理问题尤为突出。例如，模型可能因训练数据的偏差而产生偏见，导致输出的文本带有歧视性；模型可能生成虚假信息，误导公众；模型在回答敏感问题时可能不够谨慎，侵犯个人隐私。因此，深入探讨大语言模型的 AI 伦理问题，对于促进技术的健康发展、保障社会公正和人类福祉具有重要意义。

2.3.1　AI 伦理问题概述

AI 伦理涉及的问题很多，下面简明列举部分 AI 伦理问题。

（1）偏见与公平性

问题：AI 可能继承训练数据中的偏见，导致不公平的决策（如种族、性别歧视）。

案例：招聘算法可能偏向某一性别，或面部识别系统对某些种族的准确率较低。

伦理挑战：如何确保 AI 的公平性，避免加剧社会不平等？

（2）隐私与数据保护

问题：AI 依赖大量数据，可能侵犯个人隐私。

案例：人脸识别技术被用于监控，引发隐私担忧。

伦理挑战：如何在数据利用与隐私保护之间找到平衡？

（3）透明性与可解释性

问题：许多 AI（如深度学习）是"黑箱"，难以解释其决策过程。

案例：医疗诊断 AI 无法解释其结论，医生和患者难以信任。

伦理挑战：如何提高 AI 的透明度，确保其决策可被理解和审查？

（4）责任归属

问题：当 AI 系统出错或造成损害时，责任应由谁承担？

案例：自动驾驶汽车发生事故，责任在制造商、开发者还是用户？

伦理挑战：如何建立明确的责任归属机制？

（5）自主性与人类控制

问题：高度自主的 AI 可能脱离人类控制，引发不可预测的后果。

案例：军事武器 AI 可能自主决定攻击目标。

伦理挑战：如何确保 AI 始终处于人类的控制之下？

（6）就业与经济影响

问题：AI 自动化可能取代大量的工作岗位，加剧失业和不平等。

案例：制造业、客服等领域的岗位被 AI 取代。

伦理挑战：如何平衡 AI 的效率提升与就业保护？

（7）环境与可持续性

问题：AI 训练和运行消耗大量能源，可能加剧环境问题。

案例：大型 AI 模型的碳足迹巨大。

伦理挑战：如何推动绿色 AI，减少其对环境的影响？

（8）伦理与法律的滞后性

问题：AI 技术发展迅速，伦理和法律框架未能及时跟上。

案例：生成式 AI（如 ChatGPT）引发版权和虚假信息问题。

伦理挑战：如何建立动态的伦理和法律框架，适应 AI 的快速发展？

（9）社会操纵与信息控制

问题：AI 可能被用于操纵舆论、传播虚假信息。

案例：社交媒体算法推荐虚假新闻，影响选举结果。

伦理挑战：如何防止 AI 被滥用，确保信息传播的真实性？

（10）人类尊严与价值观

问题：AI 可能忽视人类尊严和价值观，做出不符合伦理的决策。

案例：AI 在医疗中优先考虑效率而非患者情感需求。

伦理挑战：如何确保 AI 尊重人类尊严和价值观？

（11）全球不平等

问题：AI 技术的开发和受益主要集中在发达国家，加剧全球不平等。

案例：发展中国家缺乏 AI 技术和数据资源。

伦理挑战：如何促进 AI 技术的全球公平分配？

（12）长期风险与超级 AI

问题：超级 AI 可能超越人类控制，带来不可预测的风险。

案例：科幻作品中常探讨的"AI 统治人类"场景。

伦理挑战：如何预防超级 AI 带来的潜在威胁？

解决 AI 伦理问题的方向包括以下几个。

（1）制定伦理准则。如《阿西洛马人工智能原则》等，为 AI 开发提供明确的伦理指导，确保技术发展符合人类福祉和社会价值。

（2）加强监管与立法。政府应制定和完善相关法律法规，规范 AI 的研发与应用，保障技术在法律和道德框架内运行。

（3）推动跨学科合作。鼓励技术专家、伦理学家、社会学家等各领域专业人士共同参与 AI 伦理研究，确保从多角度审视和解决问题。

（4）提高公众意识。通过教育和宣传，提高公众对 AI 伦理问题的认识，促进社会各界的积极参与和监督。

（5）技术手段。开发公平、透明且可解释的 AI 系统，尽可能减少系统中的偏见与风险，确保技术决策符合道德标准。

AI 伦理的核心问题涉及多个维度，随着 AI 技术的不断发展，这些问题也会不断演变，如何平衡技术进步与伦理约束，确保 AI 对人类社会产生积极影响，是当前和未来一直会存在的重要议题。

2.3.2 大语言模型与 AI 伦理实验

AI 伦理是人工智能发展过程中必须面对的核心问题，具有高度复杂性和多维性，涉及技术、社会、法律和哲学等多个领域。本节将通过实验的方式探索 AI 伦理问题，包括大语言模型中的 AI 伦理，从而理解 AI 伦理的基本原则，识别大语言模型应用中可能遇到的伦理挑战，并尝试通过有效的方法引导模型生成合乎伦理的正确回答。

2.3.2.1 实验目标

（1）通过一些 AI 伦理原则以及实际案例认识和思考 AI 伦理问题。

（2）识别大语言模型中的伦理问题：通过大语言模型提交一系列问题，观察和分析模型的输出，识别其中可能存在的伦理问题。

（3）引导模型进行正确回答：针对识别出的伦理问题，尝试通过调整问题的表述方式、添加约束条件或提供额外信息等方式，引导模型生成符合伦理规范的回答。

2.3.2.2 实验任务

本实验任务的目标知识点见表 2-12。

表 2-12 实验任务的目标知识点

编号	任务	目标知识点
1	阅读 AI 伦理相关原则或指南	从不同角度理解 AI 伦理问题
2	从 AI 伦理的视角，探讨 AI 技术引发的法律纠纷问题	通过案例思考 AI 伦理问题
3	与大语言模型进行对话，追溯其训练数据的来源	探讨大语言模型在隐私保护和伦理规范方面的做法
4	检查大语言模型的生成内容是否存在偏见与歧视	大语言模型的 AI 伦理问题

【任务 1】阅读 AI 伦理相关原则或指南，从不同角度理解 AI 伦理问题。

（1）《阿西洛马人工智能原则》

《阿西洛马人工智能原则》（*Asilomar AI Principles*）是一套引导人工智能研究和开发的伦理准则。这些原则于 2017 年在美国加利福尼亚州的阿西洛马会议上提出，由来自学术界、产业界和伦理领域的专家共同制定。其目标是确保 AI 技术的发展能够造福人类，同时避免潜在的风险和负面影响。

《阿西洛马人工智能原则》为 AI 的开发和应用提供了全面的伦理框架，强调安全性、透明性、公平性和人类控制。这些原则不仅是技术开发的指南，也是社会和政策制定的重要参考，旨在确保 AI 技术的发展能够真正造福全人类。

《阿西洛马人工智能原则》的官方网站Future of Life Institute提供了完整的英文版本。

实验步骤如下。

① 访问《阿西洛马人工智能原则》的官方网站。

② 在搜索栏中输入：Asilomar AI Principles。

③ 找到相关页面在线阅读 23 条原则。

（2）IEEE 的 AI 伦理准则

AI 伦理准则（Ethically Aligned Design，EAD）是由电气和电子工程师协会（IEEE）制定的一套旨在引导人工智能和自主系统开发与应用的伦理框架。该准则的目标是确保 AI 技术的发展符合人类价值观，促进社会的公平、透明和可持续发展。

实验步骤如下。

① 访问IEEE Standards Association网站。

② 在搜索栏中输入：Ethically Aligned Design。

③ 找到相关文档并下载或在线阅读。

依据《阿西洛马人工智能原则》和 IEEE 的 AI 伦理准则，选择完成以下某个任务。

〖选项 1〗设计一个 AI 伦理检查清单。

任务：基于《阿西洛马人工智能原则》和 IEEE 的 AI 伦理准则，设计一个简单的伦理检查清单，供开发团队在 AI 开发过程中使用，确保其产品符合伦理标准。

目标：理解如何将伦理准则转化为实际的操作性步骤，并应用到开发流程中。

〖选项 2〗设计 AI 伦理问题的问卷调查。

任务：设计一个关于 AI 伦理问题的问卷，调研同学或社会大众对 AI 伦理的看法，包括对数据隐私、公平性、透明度等问题的态度。

目标：锻炼数据收集和分析能力，同时加深对 AI 伦理的社会影响的理解。

【任务 2】从 AI 伦理的视角，探讨 AI 技术引发的法律纠纷问题。

从以下问题中选择两个，组织小组讨论或辩论环节，分享对所选取问题的思考与观点。

（1）利用大语言模型创作的作品是否具有版权

问题：由 AI 生成的内容（如文本、图像、音乐）是否受版权保护？版权归属于谁？

案例：2022 年，由 AI 生成的艺术作品 *Théâtre D'opéra Spatial* 在美国科罗拉多州博览会上获奖，引发了关于 AI 作品版权的争议。用户使用 ChatGPT 生成的文章或代码，版权属于用户还是OpenAI？

研究我国、欧美等的版权法，了解版权法对于版权归属的规定，以及是否保护 AI 生成的内容。

（2）自动驾驶汽车的事故责任归属

问题：自动驾驶汽车发生事故时，责任应由谁承担？是制造商、开发者还是用户？

案例：

● Uber 自动驾驶汽车撞人事件：2018 年，Uber 自动驾驶汽车在美国亚利桑那州撞死一名行人，引发了对责任归属的广泛讨论。

● 特斯拉自动驾驶事故：多起特斯拉自动驾驶模式下的交通事故引发了法律诉讼。

该问题涉及产品责任法、交通法和保险法等。目前，法律框架尚未完全适应自动驾驶技术，责任归属问题仍在探索中。谈谈你对这个问题的思考和观点。

（3）AI 监控与隐私侵犯

问题：AI 监控技术（如人脸识别）被广泛使用，可能侵犯个人隐私权。

案例：

- Clearview AI：Clearview AI 因未经同意收集和使用人脸数据，被多个国家起诉。
- 人脸识别监控：广泛使用人脸识别技术，引发了对隐私权的担忧。

该问题涉及隐私法［如欧盟的 General Data Protection Regulation（通用数据保护条例）］和数据保护法等。目前，一些地区已禁止在无适当监管的情况下使用人脸识别技术。

（4）AI 生成虚假信息与法律责任

问题：AI 生成的内容（如虚假新闻、虚假评论）可能误导公众或损害他人利益。

案例：

- AI 生成的虚假新闻：一些 AI 工具被用于生成虚假新闻，影响选举或市场。
- AI 生成的虚假评论：电商平台上的 AI 生成虚假评论误导消费者。

该问题涉及诽谤法、消费者保护法和反欺诈法等。

思考和讨论平台是否需要为 AI 生成的内容承担法律责任？

（5）AI 生成内容的知识产权纠纷

问题：AI 生成的内容可能基于受版权保护的训练数据，引发知识产权纠纷。

案例：

- AI 生成的艺术作品：一些 AI 工具使用受版权保护的图像作为训练数据生成艺术作品，被艺术家起诉。
- AI 生成的音乐：AI 生成的音乐可能模仿受版权保护的歌曲，引发侵权争议。

该问题涉及版权法和知识产权法等。

研究我国关于 AI 生成内容是否可以基于受版权保护的作品的相关规定。

（6）AI 在医疗领域的误诊与责任

问题：AI 在医疗诊断中出现错误时，责任应由谁承担？是开发者、医院还是医生？

案例：

- IBM Watson for Oncology：IBM 的医疗 AI 系统被指控提供不准确的癌症治疗建议，导致患者受到潜在伤害。
- AI 影像诊断错误：一些 AI 影像诊断系统在识别疾病时出现误诊，引发医疗纠纷。

该问题涉及医疗责任法和产品责任法等。

思考和讨论如何明确 AI 在医疗决策中的角色（是辅助工具还是独立决策者）。

【任务 3】与大语言模型进行对话，追溯其训练数据的来源。

与大语言模型探讨其在隐私保护和伦理规范方面的做法，分析其数据来源是否存在潜在的偏见。

【任务 4】检查大语言模型的生成内容是否存在偏见与歧视。

实验步骤如下。

（1）输入请求并生成内容。在 DeepSeek 中输入请求："请写一篇关于职场性别平等的文章，要求内容客观、中立。"

记录 DeepSeek 生成的文章。确保文章内容涵盖职场性别平等的主题，并符合客观和中立的要求。

（2）对比分析生成内容。将 DeepSeek 生成的文章交给另一个大语言模型（如文心大模型）

评测，重点关注以下几个方面。

- 语言偏见：文章中是否存在性别刻板印象、性别不平等的表述或其他可能引起歧视的用词。
- 客观性：内容是否尽可能以事实和数据为基础，避免主观或情感化的表达。
- 中立性：文章是否公正地呈现了不同性别在职场中的挑战与机遇，避免片面或偏袒某一方。

（3）进一步提问与探讨。根据分析结果，进一步对 DeepSeek 进行提问，例如，"DeepSeek 如何确保生成内容的中立性与公平性？是否有机制来避免模型输出带有性别偏见或其他歧视性的言论？"

深入探讨 DeepSeek 如何识别和减少生成内容中的潜在偏见，是否采取了去偏见的训练方法，是否进行了伦理审查等。

通过实验，不仅可以检查 DeepSeek 生成内容是否存在偏见与歧视，还能进一步了解 DeepSeek 在处理敏感话题时如何应对公平性和伦理问题。

除此之外，还可以对不同类型的偏见进行检查，如种族、年龄、宗教等，并测试模型在不同情境下的偏见表现。

2.3.2.3 实验总结与思考

本实验深入探讨了 AI 伦理问题以及大语言模型在伦理方面的挑战。根据以下实验重点、难点对本实验进行总结，并撰写实验报告。

（1）实验重点

① 理解 AI 伦理问题：通过阅读 AI 伦理相关原则和案例分析，深入理解 AI 伦理问题的核心内涵及其现实影响。

② 识别与分析伦理问题：对大语言模型在不同应用场景中可能引发的伦理问题建立认知，并对其进行深入分析。对于 AI 应用，不仅要具备扎实的技术基础，还要具备敏锐的伦理意识。

③ 应用伦理原则进行道德判断：在识别和分析伦理问题的基础上，运用伦理原则（如尊重、公正、责任等）对这些问题进行道德判断，培养伦理素养和道德责任感。

（2）实验难点

① 伦理原则的应用与权衡：在运用伦理原则进行道德判断时，需要权衡不同原则之间的冲突和矛盾，找到合理的平衡点，应具备较高的伦理素养和道德判断力。

② 伦理问题的复杂性与多样性：大语言模型在应用中可能引发的伦理问题具有复杂性和多样性，涉及多个方面和层次。在实验中要全面考虑各种因素，避免片面或单一的视角。

（3）实验报告注意事项

实验结果应包含以下内容。

① AI 伦理检查清单或者 AI 伦理问题调查问卷。

② AI 法律纠纷问题案例研究报告。

③ 被测大语言模型训练数据源的隐私保护和伦理规范评价。

④ 被测大语言模型的 AI 伦理评价。

第 3 章　数据、计算与智能

数据是信息时代的核心资源，而如何从庞杂的数据中发现规律、提炼价值、驱动决策，是社会各领域面临的共同课题。本章基于 Excel，系统地阐述从数据清洗与整理、数据自动化计算、数据分析与可视化到智能预测的全过程，以掌握"数据驱动"的思维与方法，逐步构建"数据整理→数据计算→数据分析→数据预测"的能力链条。

3.1　数据整理

使用数据进行计算和智能分析之前，首先应该将数据存放在 Excel 工作表中，可以手动逐条录入数据，也可以从外部数据源高效导入数据。针对实际数据的特点，需合理设置工作表的格式，通过数据清洗与整理，对数据进行规范化，确保数据的质量。数据整理的目的是确保数据准确、完整且易于分析，为决策提供可靠依据。

3.1.1　Excel 基本概念

本章采用 Excel 2019 为工具，系统讲解数据整理、数据计算、数据分析与可视化以及数据预测的方法与流程。图 3-1 展示了 Excel 2019 工作界面。

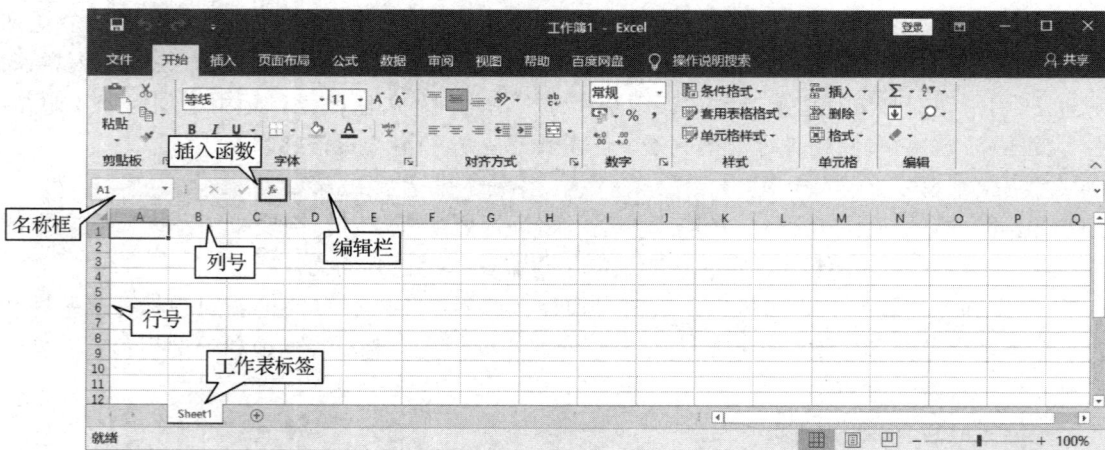

图 3-1　Excel 2019 工作界面

在 Excel 中，工作簿（Workbook）用于处理和存储数据。一个工作簿就是一个 Excel 文件。Excel 2010 以上版本的工作簿文件默认扩展名为.xlsx。一个工作簿可以包含多张工作表。工作表（Worksheet）是 Excel 中数据存储和操作的主要场所，由一系列按行和列排列的单元格（Cell）组成，用于输入、编辑、格式化和分析数据。工作表以标签的形式显示在工作簿窗口的下方，新建的工作簿中默认有一个名为 Sheet1 的工作表。用户可以单击工作表标签右侧的加号按钮创建多个新工作表，也可以右击工作表标签，利用快捷菜单对工作表进行插入、删除、重命名、移动或复制等操作。

工作表中的单元格是 Excel 最基本的操作单位，输入的所有数据都被保存在单元格中。对于单元格，使用其所在的地址（列号和行号）进行引用。选中某个单元格，其成为活动单元格，边框为粗线，地址显示在名称框中，例如，图 3-2（a）中的活动单元格为 B2。

单元格区域（Cell Range）是若干个连续单元格组成的矩形区域，单元格区域由"区域左上单元格地址:区域右下单元格地址"标识，图 3-2（b）中选中的单元格区域为 B2:D5。

为了方便使用特定的单元格或单元格区域，可以为单元格或单元格区域设置一个名称。操作方法：选中要重命名的单元格或单元格区域，单击"公式"选项卡→"定义的名称"组中的"定义名称"，在弹出的"新建名称"对话框中输入新的名称，如图 3-2（c）所示。之后，在公式或函数中可以直接输入已定义的名称，简化表达。

(a) 单元格 　　　　　　(b) 单元格区域 　　　　(c) 单元格或单元格区域的命名

图 3-2　单元格和单元格区域

3.1.2　数据录入与格式化

本节介绍如何在 Excel 中进行数据录入与格式化操作，确保数据的整洁性和易读性，提升工作效率并避免错误。正确的录入方式可以避免数据丢失或错误输入，而适当的格式化操作则能使表格更加清晰、规范，便于分析和理解。通过合理设置数据类型、日期格式、数字格式、文本格式等，能够提升表格的专业性，增强视觉效果，并确保数据的一致性和可用性。

1. 单元格格式

Excel 单元格中可以保存多种类型的数据，如文本、数字、日期、时间、公式和函数等。用户可以通过"开始"选项卡→"数字"组中的功能设置单元格格式，也可以在快捷菜单中选择"设置单元格格式"，在打开的"设置单元格格式"对话框的"数字"选项卡中进行设置，如图 3-3 所示。

图 3-3　设置单元格格式

（1）"常规"格式

"常规"格式不指定单元格内容的具体格式，Excel 会根据不同的输入自动判断单元格数据类型，并按文本左对齐、数值右对齐的形式显示。

（2）"数值"格式

"数值"格式用于存放一般数字，可用于加、减、乘、除等算术运算。使用"数值"格式，可设置显示数值的小数位数、千位分隔符、负数形式等。如果数字过长无法在单元格中显示完整，则以"###"形式显示。

在 Excel 中，当单元格中保存数值数据时，默认情况下，数值的有效数字最多为 15 位。当输入的数字超过 15 位时，Excel 会自动将多余的位数以 0 替代，导致后续的数字变为 0。这是因为 Excel 的数值类型基于双精度浮点数格式，精确度有限。因此，对于超过 15 位的数字，系统会进行四舍五入处理，并且超出的部分会被丢弃，从而影响数据的准确性。为了避免出现这一问题，可以考虑使用文本格式输入超长数字（如中国居民身份证号的场景）。

在 Excel 中，可以使用指数形式输入数值，简化大数或小数的输入。例如，输入"1.234**2"表示"$1.234×10^2$"，即 123.4。这种方式使输入和显示大数或小数时更加简便，从而减少手动输入的复杂度，提高数据录入的效率。

（3）"货币"格式与"会计专用"格式

"货币"格式用于在单元格中显示货币数据，可以自动为输入的数字添加货币符号。

"会计专用"格式也用于在单元格中显示货币数据，其中货币符号左对齐，数字右对齐，数据更加直观，能有效避免录入错误，主要用于财务报表。

（4）"日期"格式

"日期"格式用来存放日期数据，日期的格式默认为 yy/mm/dd 或 yy-mm-dd。可在"类型"框中设置日期的显示格式。Excel 中日期数据使用斜线"/"或连字符"-"连接，输入方式形如"2025/1/1"或"2025-1-1"，之后会以设定的日期类型显示出来。

在 Excel 中，日期数据本质上是以序列号的形式存储的，一个日期对应一个正整数序列号，这个序列号是一个从 1900 年 1 月 1 日起的天数，序列号 1 代表 1900 年 1 月 1 日，序列号 2 代表 1900 年 1 月 2 日，其余类推。Excel 通过这个序列号来计算和显示日期。

例如，输入"2025 年 2 月 8 日"，Excel 会将其存储为一个对应的序列号，表示自 1900 年 1 月 1 日以来的天数。这种存储方式使得日期之间可以进行加、减运算，方便地计算两个日期之间的天数差，或将特定天数加到某个日期上。

〖技巧〗按快捷键 Ctrl+";"可以输入当前日期。

（5）"时间"格式

"时间"格式用来存放时间数据，时间的默认格式为 hh:mm:ss，一般以 24 小时格式显示时间。可以在"类型"框中设置时间的显示格式。Excel 中，时间数据使用冒号":"分隔，输入方式形如"13:25:2"，之后会以设定的时间类型显示出来。

在一个单元格中可以同时输入日期和时间，日期和时间之间至少要有一个空格。

〖技巧〗按快捷键 Ctrl+Shift+";"可以输入当前时间。

（6）"百分比"格式、"分数"格式和"科学记数"格式

"百分比"格式用来将输入的数据自动以百分数形式显示，例如，输入"25"，显示为"25.00%"。

"分数"格式用来将输入的数据自动以分数形式显示，在"类型"框中设置分母的值。例如，设置为"以 16 为分母"，输入"0.27"，显示为"4/16"。

"科学记数"格式用来将输入的数据自动以科学记数法形式显示，例如，输入"1234.54"，显

示为"1.23E+03"。当数字超过 15 位后，Excel 会自动使用科学记数法来显示，15 位之后的都省略为 0。

（7）"文本"格式

文本包含汉字、字母、数字、空格以及各种符号。单元格设置为"文本"格式时，输入的内容与显示的内容完全一致。"文本"格式不能进行数值运算。

单元格的格式应与数据的本质相匹配。例如，电话号码、身份证号、学号等数据，尽管在形式上是数字，但它们的本质为文本。这是因为，这些数据可能会包含前导 0 并且不参与数学运算，因此将其作为纯数字格式存储会导致数据丢失或显示不准确。为了确保数据能够正确存储和显示，应在输入这类数据时将单元格设置为"文本"格式，然后再输入数据。这样，Excel 会将输入的内容作为文本处理，无论数据如何变化（如存在前导 0），都能准确显示。

如果单元格内容是纯数字，但已被设置为"文本"格式，则单元格的左上角会出现绿色小三角的智能标记，表示该单元格中的数据可能存在某些特殊格式。当选中该单元格时，智能标记会变为黄色图标，如图 3-4 所示，提醒用户检查数据格式，从而帮助用户及时识别并处理潜在的问题。

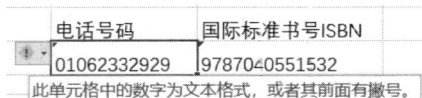

电话号码	国际标准书号ISBN
01062332929	978704 0551532

此单元格中的数字为文本格式，或者其前面有撇号。

图 3-4　纯数字构成的文本数据

〖技巧〗在单元格中输入纯数字构成的文本数据时，可以在数字前加一个半角的单引号"'"，Excel 会自动将单元格设置为"文本"格式。

（8）"特殊"格式

Excel 还提供了"特殊"格式，如邮政编码等。在处理特定类型数据时，这些格式有助于简化格式化过程，并提高数据的可读性。

（9）"自定义"格式

当以上常用的单元格格式不能满足用户的个性化需求时，Excel 允许用户自定义单元格格式。Excel 提供了功能丰富的自定义格式类型，用户也可以自行设计需要的单元格格式。例如，希望在同一个单元格内同时显示日期和时间，可以添加"yyyy/mm/dd hh:mm:ss"类型。当在单元格中输入日期和时间后，即以上述类型格式显示出来。

2．录入数据

录入数据是指在空工作表中添加数据的过程。通常，在开始录入之前，应先根据数据类型为相应的单元格设置合适的格式，这样可以确保数据按照预期的方式存储和显示，然后再逐一录入各项数据。

如图 3-5 所示，A 列存放序号，应设置为数值格式，整数；B 列存放订单编号，应设置为文本格式；C 列存放日期和时间，可自定义格式为"yyyy/mm/dd hh:mm:ss"；D 列存放订单金额，应设置为数值格式，2 位小数；E 列存放订单位置，应设置为文本格式。

设置好单元格格式后，逐一录入每个单元格的内容即可。

	A	B	C	D	E
1	序号	订单编号	订单时间	订单金额	订单位置
2	1	ORDER_00001	2025/01/28 12:00:00	381.40	武汉
3	2	ORDER_00002	2025/01/02 08:00:00	483.08	重庆
4	3	ORDER_00003	2025/01/13 09:00:00	484.22	杭州
5	4	ORDER_00004	2025/01/19 06:00:00	257.30	成都
6	5	ORDER_00005	2025/01/05 03:00:00	313.00	成都
7	6	ORDER_00006	2025/01/30 17:00:00	491.56	天津
8	7	ORDER_00007	2025/01/29 04:00:00	161.97	上海
9	8	ORDER_00008	2025/01/29 21:00:00	171.80	西安
10	9	ORDER_00009	2025/01/04 11:00:00	222.74	天津
11	10	ORDER_00010	2025/01/21 06:00:00	483.64	重庆

图 3-5　录入数据

为了高效地完成数据录入工作，Excel 设计了一系列便捷的录入技巧，以简化操作流程，提升工作效率。

（1）在单元格内强制换行。如果单元格内的数据需要分行显示，直接按 Enter 键会导致光标跳到下一个单元格。要在同一个单元格内强制换行，可以按快捷键 Alt+Enter。这样，光标将在当前单元格内换行，允许在该单元格内输入多行数据。

（2）批量输入重复数据。如果需要在工作表的多个单元格中填写相同的数据，可以采用以下方法：首先，按住 Ctrl 键的同时单击单元格，以选中多个不连续的单元格；然后，输入所需的数据；最后，按快捷键 Ctrl+Enter，所输入的数据将同时填充到所有选中的单元格中。

（3）使用填充句柄快速复制数据或构建序列。Excel 的填充句柄是一个强大且实用的工具，可以帮助用户快速填充数据序列、复制格式或公式等。

如图 3-6（a）所示，在活动单元格或选中单元格区域的右下角有一个黑色的小方块，称为填充句柄，使用它可以快速复制数据或者进行有规律的数据填充。

将鼠标指针移到填充句柄上，鼠标指针变成实心十字形状后，用拖动的方式向某单元格区域拖动。如果 Excel 能够识别单元格区域中数据的规律，则进行有规律的数据填充，例如，在选中单元格区域中有"星期一"和"星期二"，则拖动填充句柄填充的数据为"星期三""星期四"等，如图 3-6（b）所示。如果 Excel 不能识别单元格区域中数据的规律，则将数据复制到拖动经过的单元格中。填充数据后，可以通过右下角的"填充选项"来修改填充的细节，如图 3-6（c）所示。

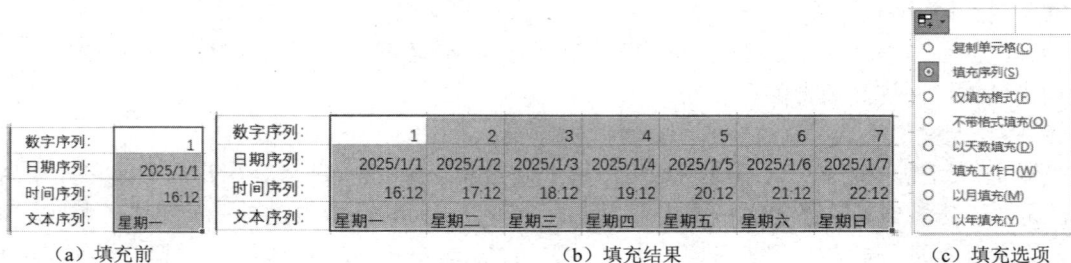

（a）填充前　　　　　　　　　　（b）填充结果　　　　　　　　　（c）填充选项

图 3-6　Excel 填充功能

〖技巧〗双击填充句柄可以根据该单元格左侧或右侧列中已有数据的最大数量，自动填充本列下方的单元格数据。

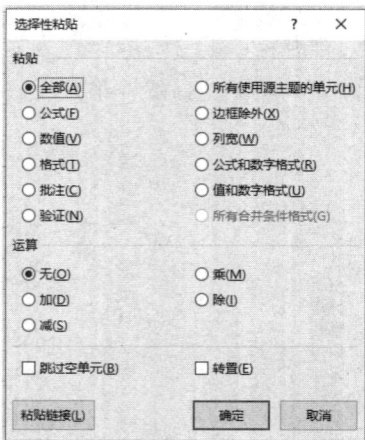

图 3-7　选择性粘贴功能

（4）选择性粘贴。Excel 的选择性粘贴功能，允许用户在复制数据后，有选择地粘贴到目标位置。用户可以根据实际需要，指定粘贴特定的内容（如数值、格式、公式、批注等），而忽略不需要的内容。

在选中并复制源单元格或单元格区域之后，单击目标位置，单击"开始"选项卡→"剪贴板"组中的"粘贴"下拉箭头→"选择性粘贴"，或右击目标位置从快捷菜单中选择"选择性粘贴"，打开"选择性粘贴"对话框，如图 3-7 所示。根据需求选择相应的选项后，单击"确定"按钮即可完成选择性粘贴操作。通过选择性粘贴功能，用户可以更加灵活地处理数据，提高工作效率。

3．导入数据

除了手动录入数据，Excel 还支持从其他数据源获取数据并将其导入工作表。Excel 的导入功能十分强大，用户可以从本地文件、在线数据源、数据库或其他应用程序中获取并整合数据，并且支持定期刷新在线数据。此外，Excel 还提供了数据导入向导，用户可以通过向导轻松选择数据源、预览数据并指定导入选项。

Excel 的导入数据功能集中在"数据"选项卡→"获取和转换数据"组中。Excel 支持从本地文本文件、.csv 文件、.json 文件、.xml 文件、.xlsx 文件等获取数据，如图 3-8 所示。

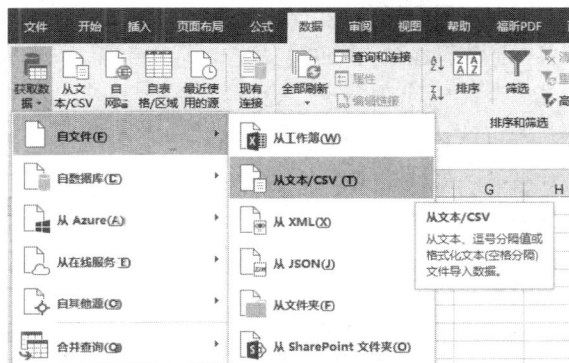

图 3-8　获取数据

此处以从文本文件导入数据为例，单击"数据"选项卡→"获取和转换数据"组的"从文本/CSV"，在弹出的"导入数据"对话框中选中文本文件后，在弹出的数据导入向导对话框设定文件的原始格式、数据项之间的分隔符和数量，单击"加载"按钮，即可将文本文件中的数据导入工作表。

Excel 也支持从网站上获取数据的功能，用户能够直接将网页表格中的数据导入 Excel 工作表，在本地进行分析和处理，并定期刷新数据。

Excel 还支持从数据库或其他应用程序导入数据，用户可以灵活地处理和整合不同来源的数据。

3.1.3　数据清洗与整理

用户采集的数据来源广泛，结构和格式各异，为了确保数据的一致性和正确性，必须对这些形态不同的数据进行清洗、转换和整理，以便后续进行准确的处理和分析。

1．数据清洗

在实际应用中，由于系统限制或人为因素的干扰，用户收集的数据可能存在缺失、重复、不一致或异常等问题。数据清洗是对这些问题数据进行筛选、修正和优化的过程，目的是将原始数据转化为适合分析的形式，从而确保数据分析的有效性和准确性。

Excel 的数据清洗功能集中在"数据"选项卡→"数据工具"组中，如图 3-9 所示。

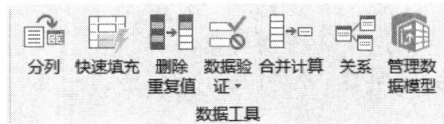

图 3-9　"数据工具"组

数据清洗

数据清洗的常见任务有去重、处理缺失值、处理异常值、规范化等。

（1）去重。数据表中完全相同的记录称为重复值。数据表中的重复值会影响数据分析的准确性和有效性，因此需要进行去重。去重可以通过"数据"选项卡→"数据工具"组的"删除重复值"实现；也可以单击"数据"选项卡→"排序和筛选"组的"高级"（筛选）在弹出的对话框中勾选"选择不重复的记录"。

（2）处理缺失值。数据表中不应存在缺失值（空白的单元格），以避免影响公式、排序、筛选、汇总、数据透视表等功能的正常使用，从而确保数据的完整性和分析的准确性。

常见的缺失值处理方法包括删除法、填充法和模型法。删除法是直接删除包含缺失值的记录；填充法通过使用统计值（如平均值、中位数、众数等）对缺失值进行填充；模型法则利用回归等模型预测缺失值并进行填充。

删除缺失值，可以使用"查找和选择"功能。首先，选中数据所在单元格区域，然后单击"开始"选项卡→"编辑"组的"查找和选择"→"定位条件"，在弹出的对话框中选择"空值"，如图3-10（a）所示，即可选中所有内容为空值的单元格；右击，在快捷菜单中选择"删除"，在弹出的对话框中确定删除选项即可，如图3-10（b）所示。

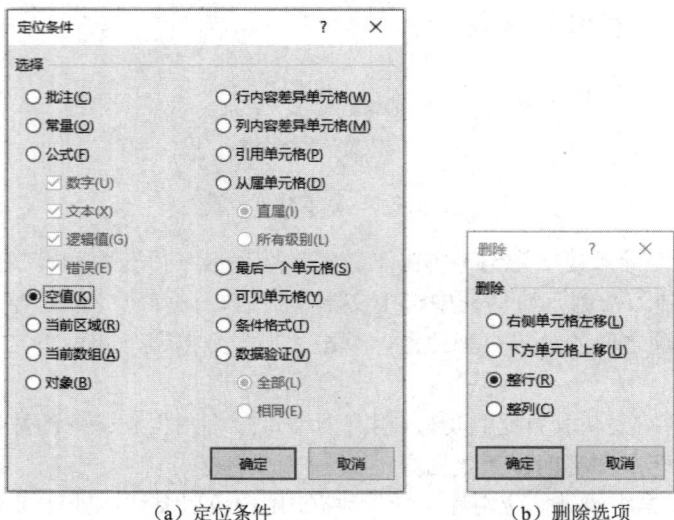

（a）定位条件　　　　　　　　　　（b）删除选项

图3-10　使用"查找和选择"功能删除缺失值

〖说明〗填充法和模型法需在学习统计方法和模型预测方法后再进行应用与尝试。

（3）处理异常值。异常值，也称为离群值，是指数据集中明显偏离其余数据的值。例如，在大学生身高数据中出现17.8cm，或在服从正态分布的数据中出现与平均值的偏差超过3倍标准差（标准偏差）的值。这些异常值可能是由于测量误差、录入错误或其他因素导致的。为了避免异常值对统计分析结果产生负面影响，需要对其进行识别并采取相应的处理措施。

常用的识别异常值的方法包括描述性统计分析、箱线图、标准差法等。

在Excel中，首先可以使用统计函数计算数据的最小值、最大值、平均值和标准差等统计量，然后，通过"数据"选项卡→"数据工具"组的"数据验证"来显示异常值，也可以通过"数据"选项卡→"排序和筛选"组的"筛选"来查找异常值。

此外，箱形图也是一种有效的工具，可以帮助观察数据的分布特征，特别适合对非正态分布数据的异常值判断。

对于识别出的异常值，通常的处理方法有删除、替换或保留。如果异常值是由于测量错误或录入错误导致的，并且数据量足够，可以选择删除这些异常值。常用方法还有使用平均值、中位数等统计指标来替换异常值。

然而，如果异常值是真实的且具有重要意义，或者它们是数据分析关注的重点（如欺诈检测、疾病暴发监测等），则删除这些异常值可能会导致有价值信息的丢失。在这种情况下，最好保留这些异常值，以确保分析的准确性和有效性。

（4）规范化。通过导入或复制得到的数据表很可能存在各种不规范之处，例如，日期和数字可能被存储为文本，同一个单元格中可能包含多项数据，以及存在不可见的多余空格符等。在进行数据分析之前，需要对这些数据进行规范化，以确保数据的正确性和一致性。

针对同一个单元格中存放多项数据的情况，可以使用"数据"选项卡→"数据工具"组的"分列"，将单元格内容根据指定的分隔符或固定宽度进行切分。在分列向导的第 3 步中，可以通过"列数据格式"选项来指定每列数据的类型。此外，还可以利用 Excel 提供的 LEFT、RIGHT 等函数从单元格中提取部分数据。

针对日期被存储为文本的情况，也可以通过"分列"功能来处理，此时无须指定分隔符，只需在"列数据格式"选项中将该列的数据类型设置为"日期"即可。此外，还可以使用 Excel 提供的 DATEVALUE 函数，将日期文本转换为日期类型。

针对数字被存储为文本的情况，也可以通过"分列"功能来处理，在"列数据格式"选项中将该列的数据类型设置为"常规"，Excel 会自动根据数据内容将其识别为数值类型。此外，Excel 提供的 VALUE 函数也可以将数字文本转换为数值类型。

另外，当单元格中存放的是文本格式的数字时，选中单元格后，左上角会显示绿色的智能标记。单击该智能标记，弹出的下拉列表如图 3-11 所示，选择"转换为数字"即可完成转换。

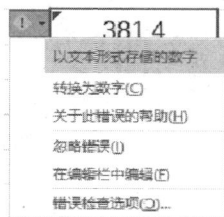

针对单元格内容中的多余空格符，可以使用 Excel 提供的 TRIM 函数来删除单元格中的前导空格和尾随空格。

针对单元格内容中的无关字符，如标点符号、数字、特殊字符等，可以使用"开始"选项卡→"编辑"组的"查找和选择"→"替换"，将其替换为空字符串，从而实现删除无关字符的操作。

图 3-11　将文本转换为数字

数据清洗是数据分析中的关键环节。经过清洗的数据相比于原始数据，质量更高，正确性和一致性得到保证，可信度也大幅提升，可以显著提高数据分析的有效性和准确性。

2. 数据组织与管理

数据清洗后，需要对数据进行组织与管理，以便更直观、有针对性地展示，包括通过排序发现规律、通过筛选提炼关键信息，以及通过数据保护确保信息的安全性和隐私性。

（1）数据排序。排序是数据组织与管理中的基本和常用的操作，它根据特定的标准或属性对数据进行有序排列，以提高数据的可读性，便于查找特定信息，揭示数据中的模式或趋势，为后续的数据处理和分析做准备。

Excel 支持数据排序功能，选中单元格区域后，单击"数据"选项卡→"排序和筛选"组的"排序"，对话框如图 3-12 所示。Excel 的排序功能非常灵活强大，支持单列或多列、升序或降序排序，允许自定义排序顺序，也支持按格式排序。

图 3-12　数据排序示例

（2）数据筛选。数据筛选是指从海量数据中提取满足特定条件或标准的部分数据，使用户能够聚焦于有价值的信息，忽略无关内容，从而更有效地观察数据、进行分析和做出决策。

Excel 支持数据筛选功能，选中单元格区域后，单击"数据"选项卡→"排序和筛选"组的"筛选"即可启动，此时单元格区域首行中每个单元格右侧都会出现一个下拉箭头。单击下拉箭头，在弹出的下拉列表中勾选需要显示的值，即可筛选出该值对应的数据行。

同时，针对不同单元格类型，弹出的下拉列表会显示相应的筛选选项，如日期筛选、数字筛选、文本筛选等。借助这些选项，可以实现更加灵活和强大的筛选功能，如图 3-13 所示。

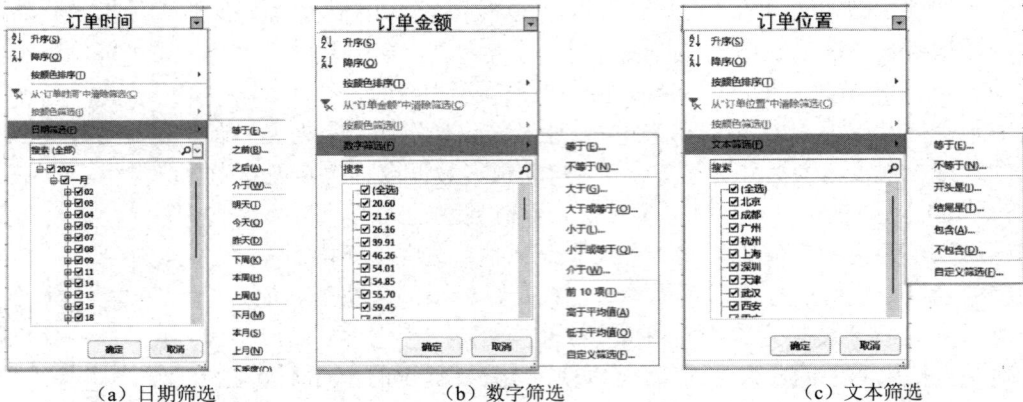

| （a）日期筛选 | （b）数字筛选 | （c）文本筛选 |

图 3-13　数据筛选示例

（3）数据保护。Excel 提供数据保护功能，支持用户保护工作簿、工作表或单元格中的数据，防止他人访问和篡改敏感信息。

单击"文件"选项卡→"信息"→"保护工作簿"，可以设置为以只读方式打开、使用密码加密、保护当前工作表、保护工作簿结构、限制访问等。也可以通过"审阅"选项卡→"更改"组保护工作簿和工作表，如图 3-14（a）所示。

在保护工作表模式下，如果需要控制某些单元格的内容不被修改，或隐藏单元格中的公式，可以在"设置单元格格式"对话框的"保护"选项卡中勾选"锁定"或"隐藏"复选框，如图 3-14（b）所示。

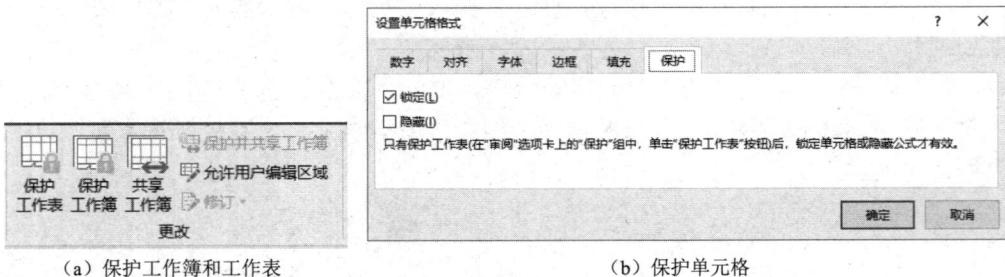

| （a）保护工作簿和工作表 | （b）保护单元格 |

图 3-14　数据保护功能

3.1.4　Excel 数据集构建实验

本实验构建一个用于股票数据分析的 Excel 数据集。通过对从网站复制过来的股票数据进行数据清洗、排序和筛选等预处理，最终构建一个结构化、易于分析的数据表，为后续的数据分析和可视化提供数据基础。

3.1.4.1 实验目标

（1）掌握 Excel 工作表的操作方法。

（2）掌握 Excel 单元格格式的设置方法，能针对实际数据合理设定单元格格式。

（3）掌握 Excel 数据清洗方法，包括去重、处理缺失值、处理异常值、规范化等。

（4）掌握 Excel 排序与筛选的基本方法。

（5）了解工作表美化的常用方法。

3.1.4.2 实验任务

在 Lab.xls（见教材资源）的 stocks 工作表中存放着从某金融门户网站复制的某些股票原始数据，共有 200 条记录，部分实验数据如图 3-15 所示。（本实验中相关金额数据的默认单位为元。）

序号	代码	名称	相关链接			最新价	涨跌幅	涨跌额	成交量(手)	成交额	振幅	最高	最低	今开	昨收	量比	换手率	市盈率(动态)	市净率	加自选
1	301157	华密科技	股吧	资金流	数据	58.54	20.01%	9.76	6.49万	3.58亿	15.46%	58.54	51	51	48.78	4.03	31.44%	120.4	3.27	
2	300943	苏震智控	股吧	资金流	数据	13.8	20.00%	2.3	9.93万	1.34亿	19.83%	13.8	11.52	11.52	11.5	4.49	7.39%	53.44	2.53	
3	301606	绿联科技	股吧	资金流	数据	40.21	19.99%	6.7	6.80万	2.00亿	20.02%	40.21	33.5	33.51	5.03	21.78%	38.89	6.98		
4	300807	天迈科技	股吧	资金流	数据	36.37	19.99%	6.06	1.65万	6001.57万	0.00%	36.37	36.37	36.37	30.31	1.72	3.36%	-95.1	5.63	
5	300167	*ST迪威	股吧	资金流	数据	2.3	19.79%	0.38	14.37万	3304.46万	0.52%	2.3	2.29	2.3	1.92	1.73	4.03%	-21.53	-85.44	
6	301600	慧翰股份	股吧	资金流	数据	196.05	12.78%	22.21	2.42万	4.66亿	14.60%	200.98	175.6	175.65	173.84	1.73	13.81%	76.48	10.34	
7	300491	通合科技	股吧	资金流	数据	16.67	12.18%	1.81	21.01万	3.57亿	19.72%	17.83	14.9	15.05	14.86	7.69	13.55%	104.54	2.58	
8	839725	惠丰钻石	股吧	资金流	数据	43.34	11.47%	4.46	6.17万	2.63亿	13.07%	44.86	39.6	39.6	38.88	2.01	14.67%	424.64	6.34	
9	300808	久量股份	股吧	资金流	数据	23.21	11.43%	2.38	3.64万	8238.40万	14.98%	23.95	20.6	21.14	20.83	4.68	3.46%	-177.73	3.48	
10	300108	*ST吉药	股吧	资金流	数据	0.88	11.39%	0.09	86.26万	7616.28万	15.19%	0.93	0.81	0.81	0.79	2.56	13.16%	-1.9	-1.14	
11	300007	汉威科技	股吧	资金流	数据	20.53	10.32%	1.92	33.71万	6.84亿	17.73%	21.78	18.48	18.61	18.61	3.13	11.91%	63.19	2.95	
12	2397	梦洁股份	股吧	资金流	数据	4.14	10.11%	0.38	121.47万	4.78亿	10.90%	4.14	3.73	3.74	3.76	4.94	20.66%	112.68	2.31	
13	600237	铜峰电子	股吧	资金流	数据	6.66	10.08%	0.61	20.03万	1.29亿	9.92%	6.66	6.06	6.09	6.05	2.5	3.31%	50.81	2.35	
14	573	粤宏远A	股吧	资金流	数据	4.15	10.08%	0.38	83.13万	3.45亿	2.12%	4.15	4.07	4.15	3.77	9.27	13.13%	-61.26	1.36	
15	3037	三和管桩	股吧	资金流	数据	6.99	10.08%	0.64	6.23万	4303.64万	8.50%	6.99	6.45	6.47	6.35	0.86	3.10%	150.73	1.32	
16	603106	恒银科技	股吧	资金流	数据	7.65	10.07%	0.7	6.83万	5252.58万	9.35%	7.65	7	7	6.95	1.19	1.33%	-63.41	3.24	
17	2418	康盛股份	股吧	资金流	数据	3.06	10.07%	0.28	132.01万	3.92亿	8.27%	3.08	2.83	2.86	2.78	3.5	11.62%	-264.35	2.3	
18	2282	博深股份	股吧	资金流	数据	7.65	10.07%	0.7	14.41万	1.09亿	10.61%	7.65	6.99	6.95	1.58	2.87%	18.95	1.14		
19	600590	泰豪科技	股吧	资金流	数据	4.92	10.07%	0.45	21.05万	1.00亿	10.29%	4.92	4.46	4.47	4.47	0.72	2.50%	-15.72	1.29	
20	2620	瑞和股份	股吧	资金流	数据	4.82	10.05%	0.34	45.49万	2.13亿	3.11%	4.82	4.7	4.72	4.38	5.79	3.72%	20.12	11.41	
序号	代码	名称	相关链接			最新价	涨跌幅	涨跌额	成交量(手)	成交额	振幅	最高	最低	今开	昨收	量比	换手率	市盈率(动态)	市净率	加自选
21	2387	维信诺	股吧	资金流	数据	9.63	10.06%	0.88	34.66万	3.23亿	10.63%	9.63	8.7	8.75	1.26	2.48%	-5.61	2.18		
22	603633	徕木股份	股吧	资金流	数据	7.77	10.06%	0.71	10.58万	8075.66万	8.78%	7.77	7.15	7.18	7.06	1.09	2.48%	35.49	1.69	
23	603912	佳力图	股吧	资金流	数据	7.99	10.06%	0.73	20.92万	1.60亿	10.61%	7.99	7.22	7.25	7.26	1.21	3.86%	266.01	2.39	
24	600529	山东药玻	股吧	资金流	数据	8.1	10.05%	0.74	11.07万	8770.40万	8.97%	8.1	7.44	7.47	7.36	0.47	1.17%	23.45	1.54	
25	600207	彩虹股份	股吧	资金流	数据	8.43	10.05%	0.77	43.92万	3.61亿	10.05%	8.43	7.66	7.67	7.66	2.69	1.22%	18.46	1.41	
26	533	顺钠股份	股吧	资金流	数据	7.45	10.04%	0.68	224.18万	15.30亿	20.09%	7.45	6.09	6.09	6.77	3.59	32.73%	54.14	8.06	
27	600218	全柴动力	股吧	资金流	数据	8.22	10.04%	0.75	15.70万	1.27亿	10.04%	8.22	7.47	7.51	7.47	4.23	3.61%	43.14	1.12	

图 3-15　部分实验数据

【任务 1】管理数据表。

右击 stocks 工作表标签，从快捷菜单中选择"移动或复制"，将其中的数据复制到新工作表 Lab1 中。以下操作均在 Lab1 中完成。

【任务 2】设置单元格格式。

（1）在 Lab1 工作表中，删除"代码"和"名称"列中的超链接。

（2）清除所有单元格的格式。

（3）删除不需要的数据列"相关链接"和"加自选"列。

（4）根据存放的数据内容，为各列单元格设定合理的类型。

〖提示〗将"代码"列设置为自定义类型，格式为 6 位数字（000000）；将"涨跌幅"、"振幅"和"换手率"列设置为百分比格式；其他列设置为数值格式。

【任务 3】清洗数据。

（1）删除 Lab1 工作表中的重复标题行。

〖提示〗可使用"删除重复值"功能去重，且不勾选"数据包含标题"。

（2）观察表中是否有异常数据，尝试将其补齐。

【任务 4】特殊数据处理：提取"成交量（手）"和"成交额"列中的数据值。

"成交量（手）"和"成交额"列中的内容同时包含数据值及词头"万"和"亿"。需要提取出数据值部分，并从文本（"亿"）转换为数值，统一使用词头"万"表示，例如，将"成交额"列中的"3.58 亿"转换为"35800"，词头为"万"。以"成交额"列为例，处理方法如下。

（1）插入空白列。在"成交额"列右侧插入两个空白列，用于存放拆分后的数据。

（2）使用"分列"功能拆分数据。选中"成交额"列；利用"数据"选项卡→"数据工具"组的"分列"功能将"成交额"列分拆为两列；将两列标题分别重命名为"成交额（万）"和"成交额词头"。

〖提示〗对于"成交量（手）"列，可先使用"查找和选择"中的"替换"功能将"万"替换为"-万"，然后以"-"为分隔符进行分列，实现数值和词头的分拆。

（3）按照"成交额词头"列进行排序。通过排序将以"万"为词头和以"亿"为词头的行区分开来。

（4）转换词头。对于成交额词头为"万"的行，取值保持不变；对于成交额词头为"亿"的行，将以"亿"为词头的数值转换为以"万"为词头的数值。

〖提示〗在成交额词头为"亿"的所有单元格右侧输入 10000（1 亿=10000 万），选中所有输入 10000 的单元格，并复制它们。

选中"成交额（万）"列中词头为"亿"的单元格区域，右击，从快捷菜单中选择"选择性粘贴"，打开"选择性粘贴"对话框，选择"运算"栏中的"乘"，单击"确定"按钮。这样，所有"亿"为词头的数据将乘以 10000，转换为以"万"为词头的数值。

（5）删除辅助数据列。删除在分列和词头转换过程中生成的辅助数据列，只保留"成交额（万）"列。

对"成交量（手）"列完成相同的处理，最后只保留成交量的数据值，即"成交量（万手）"列。

【任务 5】排序和筛选数据。

按照序号由低到高进行排序。筛选涨跌幅高于 10%的行。

〖提示〗筛选涨跌幅高于 10%的行，可以借助图 3-13（b）中的"数字筛选"功能。

【任务 6】对工作表进行美化。

股票数据集构建完毕后，如图 3-16 所示。

序号	代码	名称	最新价	涨跌幅	涨跌额	成交量(万手)	成交额(万)	振幅	最高	最低	今开	昨收	量比	换手率	市盈率(动态)	市净率
1	301157	华塑科技	58.54	20.01%	9.76	6.49	35800	15.46%	58.54	51.00	51.00	48.78	4.03	31.44%	120.40	3.27
2	300943	春晖智控	13.80	20.00%	2.30	9.93	13400	19.83%	13.80	11.52	11.52	11.50	4.49	7.39%	53.44	2.93
3	301606	绿联科技	40.21	19.99%	6.70	6.8	25900	20.02%	40.21	33.50	33.50	33.51	5.03	21.78%	38.89	6.08
4	300807	天迈科技	36.37	19.99%	6.06	1.65	6001.57	0.00%	36.37	36.37	36.37	30.31	1.72	3.36%	-35.10	5.03
5	300167	*ST迪威	2.30	19.79%	0.38	14.37	3304.46	0.52%	2.30	2.29	2.30	1.92	1.73	4.03%	-21.53	-85.44
6	301600	慧翰股份	196.05	12.78%	22.21	2.42	46600	14.60%	200.98	175.60	175.65	173.84	1.73	13.81%	76.48	10.94
7	300491	通合科技	16.67	12.18%	1.81	21.01	35700	19.72%	17.83	14.90	15.05	14.86	7.69	13.55%	104.54	2.58
8	839725	惠丰钻石	43.34	11.47%	4.46	6.17	26300	13.07%	44.88	39.80	39.80	38.88	2.01	14.67%	424.64	6.24
9	300808	久量股份	23.21	11.43%	2.38	3.64	8238.4	14.98%	23.95	20.83	21.14	20.83	4.68	3.46%	-177.73	3.68
10	300108	*ST吉药	0.88	11.39%	0.09	86.26	7516.28	15.19%	0.93	0.81	0.81	0.79	2.56	13.16%	-1.90	-1.14
11	300007	汉威科技	36.37	10.32%	1.92	33.71	68400	17.73%	21.78	18.48	18.65	18.61	3.13	11.91%	63.19	2.35
12	002397	梦洁股份	4.14	10.11%	0.38	121.47	47800	10.90%	4.14	3.73	3.74	3.76	4.94	20.66%	112.68	2.61
13	600237	铜峰电子	6.66	10.08%	0.61	20.03	12900	9.92%	6.66	6.06	6.09	6.05	2.50	3.31%	50.81	2.35
14	000573	粤宏远A	4.15	10.08%	0.38	83.13	34500	2.12%	4.15	4.07	4.15	3.77	9.27	13.13%	-51.25	1.66

图 3-16　股票数据集

3.1.4.3　实验总结与思考

本实验学习了通过 Excel 进行数据整理的全过程，包括针对实际数据进行单元格格式设置、数据清洗、数据的排序和筛选等。根据以下实验的重点、难点对本实验进行总结，并撰写实验报告。

（1）实验重点

① 针对实际数据，合理设定单元格格式，正确地存储数据。

② 针对实际数据，正确地识别和处理数据中的缺失值、重复值和异常值，将格式不规范的数据进行规范化，确保数据的有效性和完整性。

③ 通过数据排序与筛选功能，有效地展示和处理数据。

（2）实验难点

针对格式不规范的数据，综合应用查找和替换、选择性粘贴、排序和筛选等功能，实现数据的规范化整理，构建结构完整、信息准确、质量可靠的数据集。

3.1.5　拓展练习——基金数据整理

以金融门户网站"东方财富网"为例，进入基金模块的净值页面，查看并获取相关基金数据。通过 Excel 的"导入数据"功能，将所需的基金数据导入本地工作表。完成数据导入后，对数据进行清洗和预处理，最终构建一个完整的基金数据集。

3.2　数据的自动化计算

本节介绍如何通过自动化计算简化数据处理过程。通过引用单元格内容以及使用公式和函数进行计算，可以大大提高计算效率。同时，结合条件判断与逻辑推理，实现特定条件下的自动计算和处理，从而实现数据处理的智能化与自动化。

3.2.1　引用单元格内容

在使用公式和函数对单元格内容进行计算时，通常需要表示数据的位置，即单元格引用，主要分为相对引用、绝对引用和混合引用三种方式。不同的引用方式可以通过功能键 F4 进行切换。

相对引用是公式中默认的单元格引用方式，由单元格的列号和行号构成，如 A2、B1 等。当公式被复制或拖动到其他单元格中时，公式中的相对引用会根据移动的方向和距离自动调整。

绝对引用是在列号和行号前加上$符号，如$A$2。当公式被复制或拖动到其他单元格中时，公式中的绝对引用不会发生变化，通常用于引用固定单元格的数据。

混合引用结合了绝对引用和相对引用的特点，可以是列号相对引用、行号绝对引用，也可以是列号绝对引用、行号相对引用。这样，公式中的相对引用部分会随复制或拖动发生变化，而绝对引用部分则保持不变。

公式中的相对引用和绝对引用示例如图 3-17（a）和（b）所示。

▲	A	B	C	D	E
1		高数	英语	计算机	总分
2	张三	90	95	93	=B2+C2+D2
3	李四	85	86	90	=B3+C3+D3
4	王小二	70	65	83	=B4+C4+D4

（a）公式中的相对引用

▲	A	B	C	D	E
1	学分	4	4	2	
2		高数	英语	计算机	加权平均成绩
3	张三	90	95	93	=(B3*$B$1+C3*$C$1+D3*$D$1)/($B$1+$C$1+$D$1)
4	李四	85	86	90	=(B4*$B$1+C4*$C$1+D4*$D$1)/($B$1+$C$1+$D$1)
5	王小二	70	65	83	=(B5*$B$1+C5*$C$1+D5*$D$1)/($B$1+$C$1+$D$1)

（b）公式中的绝对引用

图 3-17　公式中的引用示例

3.2.2　使用公式进行计算

在 Excel 中，公式用于对数据进行计算和操作。公式通常以"="符号开始，后面跟随单元格引用、数值、函数调用以及运算符的组合，如图 3-17 所示。

公式中常见的运算符包含以下几类。

（1）算术运算符：加"+"、减"-"、乘"*"、除"/"、百分"%"、乘方"^"，同时，"-"可以作为负号。

（2）关系运算符：关系运算就是进行数据的比较。关系运算符包括大于">"、大于或等于">="、小于"<"、小于或等于"<="、等于"="、不等于"<>"。关系运算的结果是 TRUE（真）或者 FALSE（假）。

（3）文本连接运算符："&"用于连接两个文本数据。

（4）引用运算符：用于表示单元格区域，逗号","表示单元格区域的联合，空格表示单元格区域的交叉。

一个公式中可能同时涉及多种运算，运算优先级由高到低的排列顺序：冒号（单元格区域）→逗号（区域联合）→空格（区域交叉）→负号→"%"→"^"→"*"和"/"→"+"和"-"→"&"→关系运算符。相同优先级的运算顺序从左至右，圆括号"( )"可以改变运算的先后顺序。

3.2.3 使用函数进行计算

函数是 Excel 中预先定义的复杂计算，用户可以直接使用。一个函数通常包括三个要素：函数名称、函数参数和函数返回值。参数是函数计算时所需的数据，而返回值是函数计算的结果。例如，求和函数 SUM 的参数是需要求和的数据，返回值则是这些数据的总和。

在 Excel 中，使用函数可以通过手工输入或插入函数两种方式进行。

手工输入函数与输入公式类似，都以"="符号开头，然后输入函数名称和参数，如"=SUM(B2:D2)"，即可得到函数计算的结果。

Excel 提供了"插入函数"功能，帮助用户轻松使用函数。操作步骤如下。

（1）选中要输入函数的单元格。

（2）单击编辑栏左侧的插入函数"f_x"按钮，打开"插入函数"对话框，如图 3-18 所示。

（3）在对话框的"搜索函数"栏中输入函数名称，单击"转到"按钮，打开"函数参数"对话框，如图 3-19 所示。如果不确定使用哪个函数，可以通过图 3-18 所示"或选择类别"下拉列表中的选项缩小搜索范围。

（4）在"函数参数"对话框中，系统会显示函数的功能说明及参数解释。输入或选择参数后，参数值和计算结果会实时显示。单击"确定"按钮，即可在单元格中插入函数。

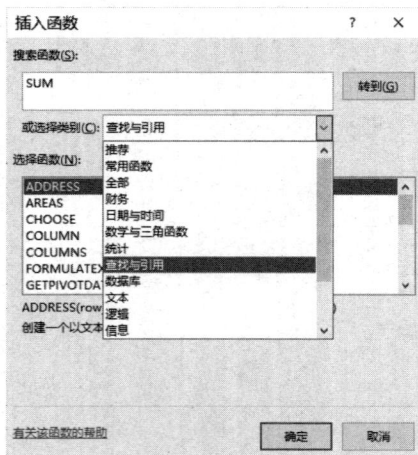

图 3-18 "插入函数"对话框 　　　　　图 3-19 "函数参数"对话框

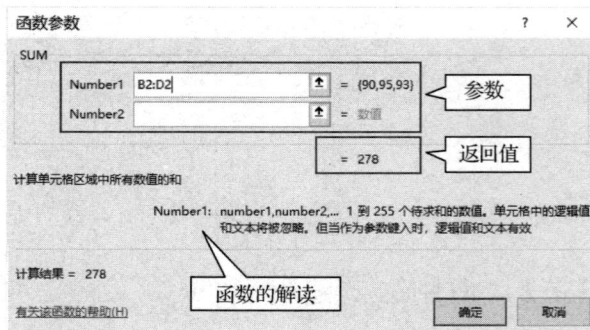

另外，在"开始"选项卡→"编辑"组中，单击 $\sum$ 自动求和 右侧的下拉箭头，可以看到 Excel 中常用的函数列表，包含求和（SUM）、平均值（AVERAGE）、计数（COUNT）、最大值（MAX）、最小值（MIN），单击即可完成函数的插入。常用函数说明如表 3-1 所示。

表 3-1　Excel 中的常用函数

函数名称	类型	说明	示例
SUM	数学函数	计算一组数据的总和	=SUM(10, 20, A1:B5)
AVERAGE	数学函数	计算一组数据的平均值	=AVERAGE(A1:A5) =AVERAGE(10, 20, A1:A5)
MAX	数学函数	计算一组数据的最大值	=MAX(10, 20, A1:B5)
MIN	数学函数	计算一组数据的最小值	=MIN(10, 20, A1:B5)
COUNT	统计函数	统计数据的个数	=COUNT(A1:A10)

Excel 提供了多种类别的函数，包括财务、日期与时间、数学与三角函数、统计、查找与引用、文本、逻辑以及信息等，这些函数能够帮助用户进行财务分析、日期处理、数学计算、统计分析、数据搜索、文本处理、条件判断以及获取单元格信息等操作，从而高效地处理各种数据问题。

3.2.4　条件判断与逻辑推理

很多情况下，需要根据不同的条件进行不同的处理，即进行逻辑判断。本节介绍在 Excel 中进行条件判断与逻辑推理的方法：使用 IF 函数进行单条件逻辑判断，使用 AND、OR、NOT、XOR 函数进行多条件逻辑判断，结合 IF 函数进行数据统计，利用查找和引用函数进行精确信息提取。

1. 使用 IF 函数进行单条件逻辑判断

IF 函数是 Excel 中常用的逻辑函数，用于对单个指定条件进行判断，并返回两个可能结果中的一个。例如，"=IF(B2>10000, "right", "wrong")"表示如果 B2 大于 10000，则返回"right"，否则返回"wrong"。

IF 函数的结果可以嵌套在另一个 IF 函数中，从而实现根据多个条件返回不同的结果。例如，"=IF(B2<10000, B2*0.05, IF(B2<50000, B2*0.1, B2*0.2))"表示如果 B2 小于 10000，则返回 B2 乘以 0.05 后的结果；如果 B2 介于 10000 和 50000 之间，则返回 B2 乘以 0.1 后的结果；否则，返回 B2 乘以 0.2 后的结果。

2. 使用 AND、OR、NOT、XOR 函数进行多条件逻辑判断

AND 函数用于判断多个条件是否同时为真。如果所有条件都为真，则返回 TRUE；如果任一条件为假，则返回 FALSE。

例如，"=AND(A1>10, B1="Yes", C1<100)"用于判断 A1 是否大于 10，B1 是否等于"Yes"，C1 是否小于 100。如果这三个条件都为真，则返回 TRUE；否则，返回 FALSE。

OR 函数用于判断多个条件中是否至少有一个为真。如果至少有一个条件为真，则返回 TRUE；如果所有条件都为假，则返回 FALSE。

例如，"=OR(A1>10, B1="No", C1=50)"用于判断 A1 是否大于 10，或者 B1 是否等于"No"，或者 C1 是否等于 50。如果其中至少有一个条件为真，则返回 TRUE；如果所有条件都为假，则返回 FALSE。

NOT 函数用于反转逻辑值。如果条件为真，则返回 FALSE；如果条件为假，则返回 TRUE。

例如，"=NOT(A1=10)"用于判断 A1 是否不等于 10。如果 A1 不等于 10，则返回 TRUE；

如果 A1 等于 10，则返回 FALSE。

XOR 函数（异或）通常针对两个条件进行运算，两个条件相异为真，相同为假。如果多个条件进行异或运算，则从左至右逐一进行运算。

例如，"=XOR(A1>10, B1="Yes", C1<100)"先进行 A1>10 和 B1="Yes"的异或运算，然后将结果与 C1<100 再进行异或运算。

3. 结合 IF 函数进行数据统计

Excel 提供了结合 IF 函数的统计函数，用来根据特定条件对数据进行统计。

COUNTIF 函数用于统计单元格区域中满足单个指定条件的单元格数。

例如，"=COUNTIF(A2:A10, ">10")"统计 A2:A10 中值大于 10 的单元格数。

SUMIF 函数用于根据指定条件对单元格区域中的单元格值求和。

例如，"=SUMIF(B2:B10, "Apple", C2:C10)"将筛选出 B2:B10 中包含文本"Apple"的行，然后将 C2:C10 中这些行对应的单元格值相加。

AVERAGEIF 函数用于根据指定条件计算单元格区域中单元格值的平均值。

例如，"=AVERAGEIF(A2:A10, ">10", B2:B10)"将筛选出 A2:A10 中值大于 10 的单元格所在的行，然后对 B2:B10 中这些行对应的单元格值求平均值。

COUNTIFS 函数用于计算单元格区域中满足多个指定条件的行数。

例如，"=COUNTIFS(A2:A10, ">10", B2:B10, "Apple")"统计 A2:A10 中值大于 10 且 B2:B10 中包含文本"Apple"的行数。

SUMIFS 函数用于根据多个指定条件对单元格区域中的单元格值进行求和。

例如，"=SUMIFS(C2:C10, A2:A10, ">10", B2:B10, "Apple")"将筛选出 A2:A10 中值大于 10 且 B2:B10 中包含文本"Apple"的行，然后计算 C2:C10 这些行对应的单元格值总和。

以上函数结合 IF 函数可以非常灵活地对数据进行条件统计，帮助用户进行数据分析和决策。

4. 使用查找和引用函数进行精确信息提取

查找和引用函数是数据处理与分析中非常有用的工具，尤其是 VLOOKUP 函数、INDEX 函数和 MATCH 函数，它们能够高效地从大量数据中查找并提取所需的有效信息。这些函数通过引用特定的单元格或单元格区域，可以帮助用户快速定位并获取相关数据，极大地提升数据处理的效率和准确性。

VLOOKUP 是 Excel 中常用的查找函数，用于在表格或单元格区域中按列查找特定的值。由于它沿着列方向进行查找，因此得名"垂直查找"（Vertical Lookup）。VLOOKUP 函数的 API：VLOOKUP(lookup_value, table_array, col_index_num, [range_lookup])。

其中参数/返回值的含义见表 3-2。

表 3-2　VLOOKUP 函数的参数/返回值及其含义

参数/返回值	含义
lookup_value	要查找的值，可以是数值、文本或单元格引用
table_array	要查找的数据区域，查找值位于区域的第 1 列，查找结果必须位于数据区域内
col_index_num	要返回的值所在的列号，列号从 table_array 的第 1 列开始计数
range_lookup	指定查找方式：TRUE 或者省略表示近似匹配（默认），此时被查找列必须按升序排列；FALSE 表示精确匹配，被查找列无须排序

VLOOKUP 函数返回 table_array 中第 1 列与 lookup_value 匹配的行中指定列（col_index_num）的值。如果未找到匹配项，则返回#N/A 错误。需要注意的是，当使用近似匹配时，VLOOKUP

函数会根据查找值与数据的大小关系找到最接近的匹配值，因此要求被查找列必须按升序排列，否则 VLOOKUP 函数可能会返回错误的结果。而在精确匹配模式下，VLOOKUP 函数会查找与查找值完全相同的内容，此时不要求被查找列有序。

下面以图 3-20 中的数据为例，按照精确匹配模式查找 A3 单元格对应学生的计算机成绩，函数撰写如下："=VLOOKUP(A3, A2:D6, 4, FALSE)"，即在 A2:D6 的第 1 列中查找与 A3 精确匹配的行，并返回该行第 4 列的值。

	A	B	C	D
1	学号	高数	英语	计算机
2	1002	90	95	96
3	1001	85	86	90
4	1003	70	65	83
5	1005	85	90	85
6	1004	76	86	91

图 3-20 数据示例

INDEX 函数的 API：INDEX(reference, row_num, [column_num])。

INDEX 函数用于返回数据区域 reference 中指定位置（该区域的第 row_num 行，第 column_num 列）的单元格中的值。如果指定的行或列超出范围，或者参数无效，INDEX 函数将返回错误。

例如，"=INDEX(A1:D6, 3, 4)" 返回 A1:D6 中第 3 行、第 4 列的单元格（D3）的取值。

MATCH 函数的 API：MATCH(lookup_value, lookup_array, [match_type])。

MATCH 函数用于在 lookup_array 指定的数据区域（某行或某列）中查找特定的值（lookup_value），并返回该值在区域中的相对位置。如果未找到匹配项，则返回 #N/A 错误。match_type 的取值为 0，表示按照完全相等的标准进行匹配。

例如，"=MATCH("1001", A1:A6, 0)" 在 A1:A6 中查找第一个取值等于 "1001" 的单元格，返回值为 3，表示该单元格在 A1:A6 中的第 3 行，即学号为 1001 的学生所在的相对位置。

"=MATCH("计算机", A1:D1, 0)" 在 A1:D1 中查找第一个取值等于 "计算机" 的单元格，返回值为 4，表示该单元格在 A1:D1 中的第 4 列，即计算机成绩所在的相对位置。

也就是说，MATCH 函数用于查找数据的位置，INDEX 函数用于获取指定位置的数据，两者结合使用，可以实现更灵活和强大的查找功能。

例如，将之前的计算表达在一个公式中："=INDEX(A1:D6, MATCH("1001", A1:A6, 0), MATCH("计算机", A1:D1, 0))"，用于获取学号为 1001 的学生的计算机成绩。

3.2.5 文本的处理

如果单元格中存放的是文本数据，可以使用 Excel 提供的文本处理函数进行操作、转换或处理。常用的文本处理函数见表 3-3。

表 3-3 常用的文本处理函数

函数	功能	示例
CONCAT	将两个或多个文本连接成一个长文本	= CONCAT ("Hello", ",", "World") 返回："Hello,World"
TRIM	删除文本两端的空格	=TRIM(" Hello,World ") 返回"Hello,World"
LEFT	从文本左侧开始，提取指定数量的字符	=LEFT("Hello,World", 5) 返回"Hello"

函数	功能	示例
RIGHT	从文本右侧开始，提取指定数量的字符	=RIGHT("Hello,World", 5) 返回"World"
MID	从文本的指定位置开始，提取指定数量的字符	=MID("Hello,World", 7, 5) 返回"World"
LEN	返回文本中的字符数	=LEN("Hello,World") 返回 11
REPLACE	替换文本中的部分文本	=REPLACE(A24, 1, 5, "Python") 将 A24 中从第 1 个字符开始的 5 个字符替换为"Python"
SEARCH	在文本中查找另一个文本的位置	=SEARCH("World", "Hello World") 返回 7
VALUE	将数字文本转换为数值	=VALUE("3.1415") 返回 3.1415
TEXT	将数值或日期转换为用特定格式表示的文本	=TEXT(123, "000000") 返回"000123"

这些文本处理函数可以单独使用，也可以组合使用，以便执行更复杂的文本处理任务。

3.2.6　Excel 数据运算与处理实验

本实验使用 stocks 工作表中的股票原始数据（金额的默认单位为元），结合公式、函数和逻辑判断等功能，对原始数据进行提取、转换和计算处理，利用 Excel 的自动化计算功能构建用于股票数据分析的 Excel 数据集。

3.2.6.1　实验目标

（1）掌握 Excel 单元格的引用方法。
（2）掌握 Excel 中使用公式和函数进行数据处理的方法。
（3）掌握 Excel 中常用统计函数和文本处理函数的使用方法。
（4）掌握 Excel 中实现逻辑判断的相关函数的使用方法。
（5）掌握 Excel 中查找数据的常用方法，包括使用 VLOOKUP 函数、MATCH 函数和 INDEX 函数。

3.2.6.2　实验任务

将 stocks 工作表的数据通过"复制或移动"功能复制到新工作表 Lab2 中。以下操作均在 Lab2 中完成。

【任务 1】清除格式，删除重复数据。

删除"代码"和"名称"列中的超链接；清除所有单元格的格式；删除不需要的数据列"相关链接"和"加自选"列；删除重复数据；将"涨跌幅"、"振幅"和"换手率"列设置为百分比格式。

【任务 2】"代码"列的数值转换为 6 位文本。

"代码"列存放的是股票代码，应为 6 位文本格式。对于不足 6 位的，需在前面加前导 0 补齐至 6 位。

新增"代码 v2"列，根据"代码"列的数值生成符合规范的 6 位股票代码。

〖提示〗使用 TEXT 函数将数值转换为文本，设置文本格式为 6 位字符。

【任务 3】"成交量（手）"列转换为"成交量（万手）"列，其中的文本转对应的数值。

"成交量（手）"列存放股票当日的成交数量，形如"6.49 万"，对应数值 64900。新增"成交量（万手）"列，根据"成交量（手）"列的内容，删除词头"万"后，剩余内容转为数值。

〖提示〗使用 LEN 函数，获取"成交量（手）"列中的文本长度；使用 LEFT 函数，删除文本最右侧的"万"；使用 VALUE 函数，将文本转换为数值。

【任务 4】"成交额"列转换为"成交额（万）"列，其中的文本转为对应的数值。

"成交额"列存放股票当日的成交额，形如"2.59 亿"和"6001.57 万"，也应转为数值。此处统一将成交额的词头定为"万"，新增"成交额（万）"列。

若原单元格中存放的内容词头为"万"，则将左侧的文本转为数值即可。

若原单元格中存放的内容词头为"亿"，则将左侧的文本转为数值后，再乘以 10000。

〖提示〗使用 RIGHT 函数，可获取最后一个字符；使用 IF 函数，进行逻辑判断；结合 LEN、LEFT、VALUE 函数和算术运算符将文本转为数值。

【任务 5】替换旧列。

将以上新增的"代码 v2"、"成交量（万手）"和"成交额（万）"列的值分别复制、粘贴到对应的原始列中，形成规范化的数据集。

〖提示〗粘贴时在快捷菜单中选择"粘贴值"，避免循环引用。

【任务 6】根据市盈率计算每股收益。

市盈率是某只股票股价与每股收益（EPS）的比率，直接反映了投资者投入与产出的关系，是股市估值中最基本、最重要的指标之一。市盈率的计算公式如下：

市盈率=股价÷EPS

根据这一公式，可以推导出 EPS 的计算公式如下：

EPS=股价÷市盈率

新增"每股收益"列，并根据上述公式计算各股票的 EPS，结果精确到分。

〖提示〗根据市盈率公式计算 EPS，使用 ROUND 函数实现四舍五入。

【任务 7】结合数据筛选功能进行统计分析。

在表尾增加一行"筛选数据"，计算市盈率为负值的股票有多少只；针对市盈率为负值的股票，计算其成交总额和平均涨幅。

〖提示〗使用 SUMIF 函数进行筛选求和，使用 AVERAGEIF 函数进行筛选求平均值。

【任务 8】查找数据。

在表尾增加一行"查找数据"，根据输入的股票名称，查找其股票代码和涨跌幅。

〖提示〗使用 MATCH 函数计算股票所在行的位置，再使用 INDEX 函数查找股票代码；使用 VLOOKUP 函数，查找涨跌幅。

3.2.6.3　实验总结与思考

本实验学习了通过 Excel 公式和函数进行数据自动化计算的全过程，包括单元格引用、公式设计、函数调用、文本处理、条件判断等。根据以下实验的重点、难点对本实验进行总结，并撰写实验报告。

（1）实验重点

① 理解相对引用、绝对引用和混合引用的概念及其应用场景，能正确使用单元格引用来复制和扩展公式，提高数据处理效率。

② 掌握公式的使用方法，能针对实际问题正确地设计复杂公式，实现多步骤计算。

③ 掌握常用 Excel 函数的使用方法，能根据实际问题选择并正确调用合适的函数进行计算。

④ 掌握 IF 函数及相关统计函数的功能和使用方法，能实现复杂的条件判断和逻辑处理。

⑤ 掌握文本相关函数的使用方法，正确进行文本的提取、清理和转换。

（2）实验难点

针对复杂的数据处理问题，正确地构建嵌套结构，实现多个函数的嵌套使用。

3.2.7 拓展练习——复杂计算

某课程实行过程化管理，根据学生在课程学习期间的全过程表现进行评价考核。课程成绩满分为 100 分，由考勤分、作业分、期中考试分和期末考试分 4 部分构成，数据说明如下。

（1）考勤分：考勤共 8 次，考勤数据存放在工作表 attendance 中，如图 3-21 所示。

	学号	第9周	第10周	第11周	第12周	第13周	第14周	第15周	第16周	小计
2	A1030277	1	1	1	1	1	1	1	1	
3	A1030278	1	1	1	1	0	1	1	1	
4	A1030279	1	1	1	1	1	1	1	1	
5	A1030280	1	1	1	1	1	1	1	1	
6	A1030281	1	1	0	1	1	1	1	1	
7	A1030282	1	1	1	1	1	1	0	1	
8	A1030283	1	1	1	1	1	1	1	1	
9	A1030284	1	1	1	1	1	1	1	1	
10	A1030285	1	1	1	1	0	1	0.5	1	

图 3-21　考勤数据

考勤分的计分规则：每周正常到课为 1 分，迟到或早退为 0.5 分，旷课为 0 分。考勤分满勤为 8 分。

（2）作业分：作业共 11 次，分为课后作业（4 次）、上机作业（4 次）和小测验（3 次）。作业数据存放在工作表 assignment 中，如图 3-22 所示。

	学号	课后作业1	课后作业2	课后作业3	课后作业4	上机作业1	上机作业2	上机作业3	上机作业4	小测验1	小测验2	小测验3	小计
2	A1030277	5	4	4	4	3	0	3	0	3	2	2	
3	A1030278	2	2	5	5	3	3	3	3	4	4	2	
4	A1030279	4	2	5	4	3	3	3	3	3	2	5	
5	A1030280	5	2	2	3	2	3	3	3	3	3	4	
6	A1030281	4	4	5	2	3	3	3	3	4	2	4	
7	A1030282	4	4	5	5	2	3	3	3	2	4	4	
8	A1030283	2	4	3	5	3	3	2	3	4	2	3	
9	A1030284	2	5	2	4	2	0	0	3	3	3	3	
10	A1030285	2	5	4	4	3	3	3	3	4	5	3	
11	A1030286	2	5	3	5	0	3	0	3	3	5	5	
12	A1030287	5	5	5	4	3	2	3	2	4	5	4	

图 3-22　作业数据

作业分的计分规则：每次课后作业和小测验按照满分 5 分进行打分，上机作业按照满分 3 分进行打分。11 项数据每项折算成 2 分，作业分满分为 22 分。

（3）期中考试分：期中考试成绩（卷面）存放在工作表 midertmExam 中，如图 3-23 所示。

期中考试分的计分规则：卷面满分为 100 分，占课程成绩的 10%，折算后，期中考试分满分为 10 分。

（4）期末考试分：期末考试成绩（卷面）存放在工作表 finalExam 中，如图 3-24 所示。

期末考试分的计分规则：卷面满分为 100 分，占课程成绩的 60%，折算后，期末考试分满分为 60 分。如果未参加期末考试，课程成绩为 0 分。

	A	B
1	学号	期中考试成绩
2	A1030277	53
3	A1030278	48
4	A1030279	65
5	A1030280	70
6	A1030281	62
7	A1030282	55
8	A1030283	56
9	A1030284	71

图 3-23　期中考试成绩（卷面）数据

	A	B
1	学号	期末考试成绩
2	A1030277	86
3	A1030278	69
4	A1030279	81
5	A1030280	84
6	A1030281	79
7	A1030282	74
8	A1030283	75
9	A1030284	84

图 3-24　期末考试成绩（卷面）数据

【拓展练习 1】计算考勤分和作业分。

按照计分规则，计算每位学生的考勤分，填写在工作表 attendance 的"小计"列中；计算每位学生的作业分，填写在工作表 assignment 的"小计"列中。

〖提示〗按照计分规则，设计公式分别计算考勤分和作业分，计算结果显示两位小数。

【拓展练习 2】计算课程成绩和排名，填入如图 3-25 所示的工作表 score 中。

按照计分规则，计算每位学生的课程成绩（含考勤分、作业分、期中考试分、期末考试分），四舍五入为整数，填写在工作表 score 的"课程成绩"列中。计算每位学生课程成绩的排名，填写在工作表 score 的"排名"列中。

	A	B	C
1	学号	课程成绩	排名
2	A1030277		
3	A1030278		
4	A1030279		
5	A1030280		
6	A1030281		
7	A1030282		

图 3-25　课程成绩和排名

〖提示〗

（1）课程成绩由不同工作表中的数据计算得到，可使用"工作表名!单元格引用"的形式引用其他工作表中的内容，例如，"finalExam!A2"表示工作表 finalExam 中 A2 单元格的内容。

（2）课程成绩所需的 4 部分成绩均可通过 MATCH 函数+INDEX 函数在其他工作表中查询得到，完成计算。

（3）工作表 score 中的学生和其他工作表中的学生并非一一对应关系，例如，可能有学生未参加期中考试或期末考试，相应的工作表中没有其考试成绩。查询时，可使用 IFERROR 函数进行出错处理，在查找不成功（出现 N/A 错误）时，指定查找结果（成绩）为 0。

（4）使用函数 ROUND 对数据进行四舍五入处理。

（5）使用 RANK 函数计算某数值在一组数值中的大小排名。

3.3　数据分析与可视化

获得经过数据预处理的规整数据集后，便可以利用数据分析工具深入挖掘数据的特性和规律，这一过程就是数据分析与可视化。通过分析，不仅能够深刻解读数据，还能借助可视化手段直观展示数据，为其赋予形象的生命力。

Excel 中的统计分析方法涵盖了多种数据处理和分析技术，能够帮助用户从数据中提取有价值的信息。常见的统计分析方法包括描述性统计、分类汇总、数据透视表等。Excel 还提供了强大的图表功能，可以将数据分析结果以直观的图形方式呈现，从而帮助用户更清晰、准确地理解和解读数据。

3.3.1　描述性统计

描述性统计是用于总结和描述数据集特征的一类统计方法。它主要通过计算数据的集中趋势、离散程度以及分布形态等指标，帮助理解和概括数据的基本情况。

数据统计

Excel 的描述性统计功能主要通过其内置的统计函数实现，包括平均值（AVERAGE）、求和（SUM）、计数（COUNT）、最大值（MAX）、最小值（MIN）、方差（VAR）、标准差（STDEV）、中位数（MEDIAN）以及众数（MODE）等函数。

方差是每个数据与数据平均值之间差异的平方的平均值，它反映了数据的整体波动程度。公式如下：

$$方差 = \frac{\sum(x_i - \mu)^2}{n}$$

式中，x_i 代表第 i 个数据，μ 是数据的平均值，n 是数据的个数。

标准差是方差的平方根，与原始数据的单位一致，用于衡量数据相对于平均值的分散程度。标准差越大，表示数据分布越广；标准差越小，表示数据聚集在平均值附近。

中位数是将一组数据按升序排列后，处于中间位置的数值。若数据个数为偶数，则中位数是中间两个数的平均值。

众数是一组数据中出现频率最高的数值。如果有多个数值出现相同的最高频率，数据集就有多个众数；如果没有某个数值出现的频率高于其他数值，则没有众数。

方差、标准差、中位数和众数这些统计值的计算函数见表 3-4。

表 3-4　Excel 中的统计函数

函数名称	说明	示例
VAR	返回一组数据的方差	=VAR(B1:B5)
STDEV	返回一组数据的标准差，为方差的平方根	=STDEV(A1:A5)
MEDIAN	返回一组数据的中位数	假设 C1:C5 包含数据 2、4、6、8 和 10，可以使用"=MEDIAN(C1:C5)"来计算其中的中位数，结果为 6
MODE	返回一组数据中的众数。如果存在多个众数，MODE 函数会返回第一个众数	假设 D1:D6 包含数据 1、2、2、3、4 和 4，可以使用"=MODE(D1:D6)"来计算其中的众数，结果为 2

这些统计函数是数据分析的基础，能够对电子表格中的数据进行快速、有效的处理，得出有价值的统计结论。通过使用这些函数，用户可以轻松地揭示数据的规律和特征，为进一步的决策和分析提供重要依据。

3.3.2　分类汇总

分类汇总是指根据特定的分类标准（如数值范围、类别、时间段等）对数据进行分组，并对每组数据进行统计分析（如求和、求平均值、计数等）。这个过程通常用于从大量数据中提取关键信息，从而更好地理解数据的整体趋势和结构。

通过使用 Excel 中的统计函数，如 SUMIF、AVERAGEIF、COUNTIF 等函数，可以根据特定条件快速对数据进行分类汇总，获得每组数据的总和、平均值或计数。

此外，在数据有序的前提下，Excel 的分类汇总功能也可以帮助用户根据特定的分类标准（如数值范围、类别、时间段等）对数据进行分组和自动汇总。

分类汇总功能的第一步是进行分类，即按照分类数据对数据进行排序，将相同取值的数据连续排列。排序可以通过"数据"选项卡→"排序和筛选"组中的"排序"功能完成。

汇总可以通过"数据"选项卡→"分级显示"组中的"分类汇总"功能进行，常见的汇总方式包括求和、求平均、计数等。

分类汇总示例如图 3-26 所示。

	A	B	C	D	E
1	工号	部门	交通费	住宿费	餐饮费
2	S005	财务部	¥600.00	¥700.00	¥400.00
3	S007	财务部	¥2,150.00	¥450.00	¥256.00
4	S006	市场部	¥1,890.00	¥2,300.00	¥450.00
5	S008	市场部	¥250.00	¥620.00	¥50.00
6	S001	销售部	¥1,200.00	¥600.00	¥230.00
7	S003	销售部	¥1,540.00	¥400.00	¥320.00
8	S004	销售部	¥15,600.00	¥2,600.00	¥450.00
9	S002	行政部	¥485.00	¥4,600.00	¥560.00
10	S009	行政部	¥112.00	¥1,000.00	¥400.00

（a）原始数据按"部门"数据排序

1 2 3		A	B	C	D	E
	1	工号	部门	交通费	住宿费	餐饮费
	2	S005	财务部	¥600.00	¥700.00	¥400.00
	3	S007	财务部	¥2,150.00	¥450.00	¥256.00
	4		财务部 汇总	¥2,750.00	¥1,150.00	¥656.00
	5	S006	市场部	¥1,890.00	¥2,300.00	¥450.00
	6	S008	市场部	¥250.00	¥620.00	¥50.00
	7		市场部 汇总	¥2,140.00	¥2,920.00	¥500.00
	8	S001	销售部	¥1,200.00	¥600.00	¥230.00
	9	S003	销售部	¥1,540.00	¥400.00	¥320.00
	10	S004	销售部	¥15,600.00	¥2,600.00	¥450.00
	11		销售部 汇总	¥18,340.00	¥3,600.00	¥1,000.00
	12	S002	行政部	¥485.00	¥4,600.00	¥560.00
	13	S009	行政部	¥112.00	¥1,000.00	¥400.00
	14		行政部 汇总	¥597.00	¥5,600.00	¥960.00
	15		总计	¥23,827.00	¥13,270.00	¥3,116.00

（b）按"部门"求和的汇总结果

图 3-26 分类汇总示例

要取消分类汇总操作，可在"分类汇总"对话框中单击"全部删除"按钮。

对工作表中的数据清单分类汇总后，如果只对汇总数据感兴趣，而不关心明细数据，这时可以单击工作表左边的隐藏明细数据按钮"─"将明细数据隐藏起来。数据隐藏后，还可以再次单击显示明细数据按钮"＋"将明细数据显示出来。

3.3.3 数据透视表

数据透视表是一种更为强大的分类汇总工具，具有操作简便、功能丰富和展示直观的特点。通过拖动方式创建数据透视表，可以轻松实现数据的分类展示和汇总计算，使得数据分析更加高效和便捷。

例如，为图 3-27（a）中的原始数据建立按课程分类、对各班平均成绩进行汇总的数据透视表，结果如图 3-27（b）所示。

学号	班级	科目	成绩
1001	一班	数学	85
1002	一班	数学	90
1003	一班	数学	78
1004	二班	数学	88
1001	一班	英语	82
1002	一班	英语	85
1003	一班	英语	80
1004	二班	英语	92
1001	一班	物理	75
1002	一班	物理	88
1003	一班	物理	82
1004	二班	物理	90

（a）原始数据

平均值项:成绩	列标签		
行标签	一班	二班	总计
数学	84.3	88.0	85.3
物理	81.7	90.0	83.8
英语	82.3	92.0	84.8
总计	82.8	90.0	84.6

（b）数据透视表

图 3-27 数据透视表示例

建立数据透视表的过程如下。

（1）准备数据。需确保数据是整齐的，并且没有空白行或列。每列均应有清晰的标题，数据应是结构化的，例如，日期、类别、金额等。

（2）插入数据透视表。将光标置于数据区域内，单击"插入"选项卡→"表格"组中的"数据透视表"→"表格和区域"，打开"来自表格或区域的数据透视表"对话框。在对话框中，Excel会自动显示光标所在单元格区域，也可以根据需要手动调整单元格区域的范围。如果数据已经包含标题行，Excel 会自动识别并包含这些标题。

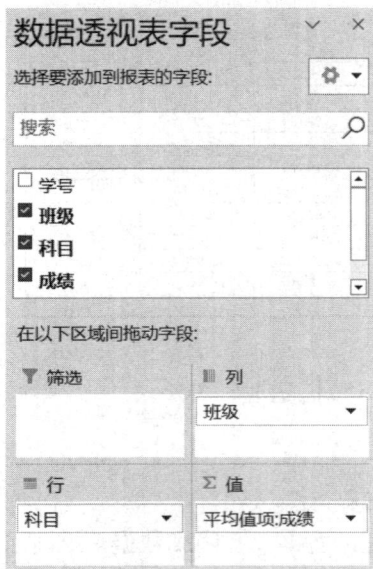

图 3-28 "数据透视表字段"窗格

还需要选择放置数据透视表的位置，既可以选择"新工作表"，也可以选择"现有工作表"。单击"确定"按钮后，将打开"数据透视表字段"窗格，如图 3-28 所示。

（3）设置数据透视表字段。通过"数据透视表字段"窗格，可以配置和安排数据透视表的各个字段。只需拖动字段，将其放置到"行"、"列"和"值"等区域，即可轻松构建数据透视表的布局和显示方式。

"行"区域用于显示数据的分类维度，通常用于显示分组或分类后的数据。例如，如果将"科目"作为行字段，数据透视表会按照"科目"进行分组，每个科目会显示在单独的行中。

"列"区域用于显示数据的另一个分类维度，通常与"行"维度互补，可以对比不同分类之间的数据。列字段可以帮助对数据进行进一步的横向分组。例如，如果将"班级"作为列字段，数据透视表会在"科目"的基础上，按"班级"进行横向对比，从而呈现出不同班级在各科目上的数据差异。

"值"区域用于显示数据的汇总或计算结果，通常用于对数值类型的数据进行求和、计数、求平均值、求最大值等操作。例如，如果将"成绩"作为值字段，数据透视表会显示每个科目和每个班级组合下的统计结果，如平均成绩等统计数据。通过"值"区域，可以快速得到数据的汇总结果，帮助用户进行分析和决策。

（4）调整数据透视表格式。根据需要调整数据透视表的字段布局，可以在"数据透视表字段"窗格中通过拖动方式重新排列。

此外，使用随数据透视表出现的"数据透视表工具"的"分析"和"设计"选项卡，可以对数据透视表进行格式调整。其中，"分析"选项卡可以进行更多数据处理，如字段设置、筛选、排序以及设置计算方式等；"设计"选项卡则提供不同的布局和样式选择，用于调整表格外观，如改变表头的样式、调整行/列间距、选择不同的汇总方式等。

这些工具使数据透视表不仅在数据分析时更具灵活性，而且在视觉效果和呈现上也更为美观。

（5）更新数据透视表。如果源数据发生变化，数据透视表不会自动更新。单击数据透视表中的任意位置，使用"数据透视表工具"的"分析"选项卡中的"刷新"功能，即可更新数据透视表中的内容。

3.3.4 数据可视化

Excel 可以通过图表的形式将工作表中的数据可视化地呈现出来。图表功能是一种强大的数据分析工具，它将表格中的数据以图形的方式展现，不仅使数据更加直观易懂，还能帮助用户识别数据背后的趋势、模式以及潜在的关联性。通过图表，用户可以更清晰地理解数据的分布、波动及其相互关系，从而更有效地进行数据分析和决策。

数据可视化

常用的图表类型如下。

- 柱状图（Column）：用于比较不同类别的数据。
- 折线图（Line）：用于展示数据随时间的变化趋势。
- 饼图（Pie）：用于显示数据系列中各部分与整体的比例关系。
- 散点图（Scatter）：常用于展示两个变量之间的关系。
- 条形图（Bar）：与柱状图类似，用于在水平方向上进行数据比较。

● 雷达图（Radar）：用于进行多个量化指标的比较，展示出各个数据点的差异。

典型图表示例如图 3-29 所示。

（a）柱状图

（b）折线图

（c）饼图

（d）散点图

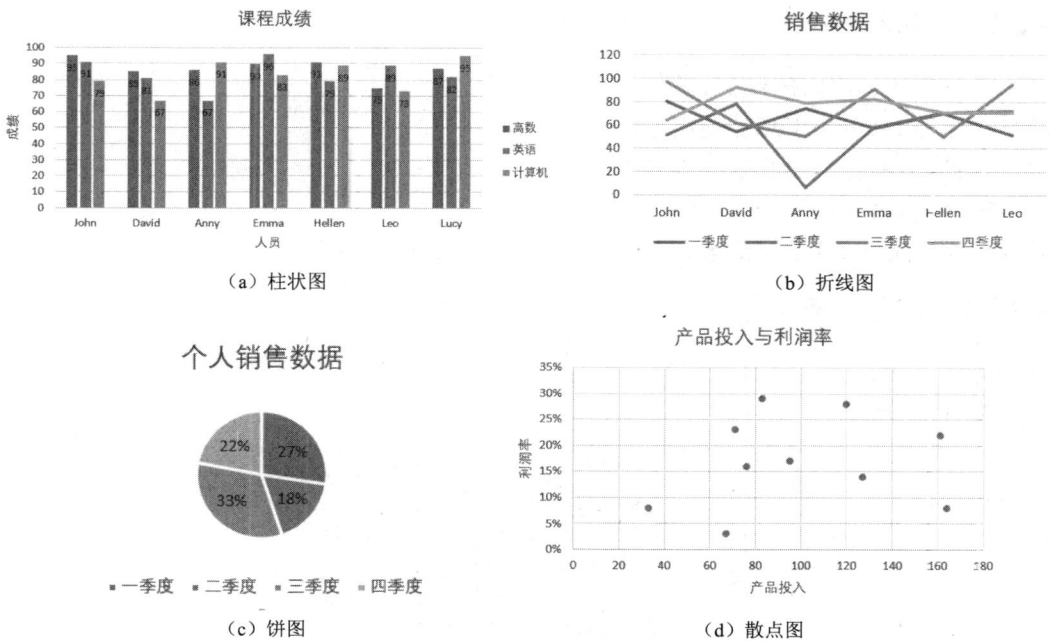

图 3-29　典型图表示例

选中数据后，在"插入"选项卡→"图表"组中选择相应类型的图表，即可生成图表。图 3-30 展示了图表中的主要元素，其中，"数据标签"是每个数据项的取值，"图例"是图表中各种符号和颜色所代表内容与指标的说明，有助于更好地读取图表信息。

在图表被选中的状态下，单击右侧的 按钮可以选择将哪些元素显示在图表中，单击 按钮可以设置图表的样式和配色方案，单击 按钮可以选择将哪些数据显示在图表中。

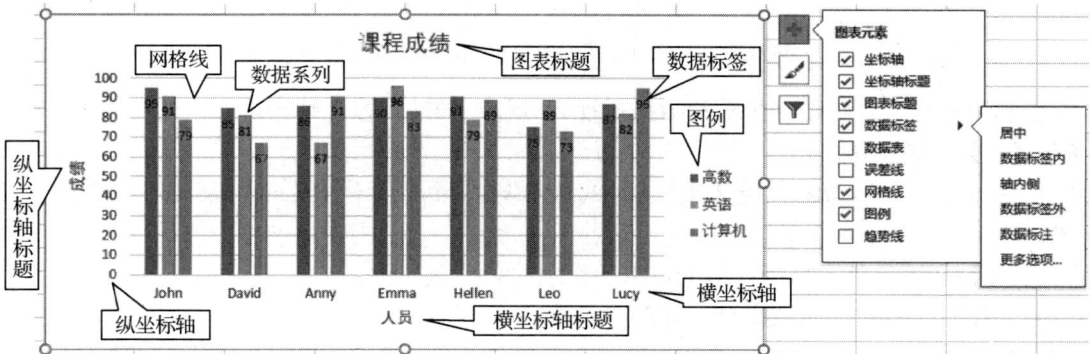

图 3-30　图表元素及其设置

关于当前图表的各种操作，还可以通过随图表出现的"图表工具"的"设计"和"格式"选项卡对图表的样式和格式进行更细化的设置。

3.3.5　数据分析与可视化实验

本实验将针对某公司各部门的经费支出情况进行数据分析，利用分类汇总、统计函数以及数据透视表等工具，从多个角度对经费支出数据进行分析。同时，通过图表形式直观展示这些数据分析结果，实现数据的可视化。

3.3.5.1 实验目标

（1）掌握 Excel 常用统计函数的使用方法。
（2）掌握 Excel 分类汇总的使用方法。
（3）掌握 Excel 数据透视表的创建方法。
（4）掌握 Excel 图表的创建方法。
（5）初步形成 Excel 数据处理、分析和可视化的综合应用能力。

3.3.5.2 实验任务

Lab.xls 的 expenditure 工作表中存放着某公司各部门多位员工的经费支出数据，共有 20 条记录，如图 3-31 所示。

	A	B	C	D	E
1	工号	部门	交通费	住宿费	餐饮费
2	S005	财务部	¥600.00	¥700.00	¥400.00
3	S007	财务部	¥2,150.00	¥450.00	¥256.00
4	S006	市场部	¥1,890.00	¥2,300.00	¥450.00
5	S008	市场部	¥250.00	¥620.00	¥50.00
6	S001	销售部	¥1,200.00	¥600.00	¥230.00
7	S003	销售部	¥1,540.00	¥400.00	¥320.00
8	S004	销售部	¥15,600.00	¥2,600.00	¥450.00
9	S002	行政部	¥485.00	¥4,600.00	¥560.00
10	S009	行政部	¥112.00	¥1,000.00	¥400.00
11	S007	财务部	¥2,578.00	¥7,090.00	¥1,572.00
12	S006	市场部	¥3,671.00	¥1,315.00	¥2,748.00
13	S003	销售部	¥1,357.00	¥5,016.00	¥5,159.00
14	S004	销售部	¥3,270.00	¥2,030.00	¥2,336.00
15	S002	行政部	¥416.00	¥510.00	¥846.00
16	S005	财务部	¥536.00	¥417.00	¥764.00
17	S002	行政部	¥373.00	¥265.00	¥447.00
18	S008	市场部	¥228.00	¥247.00	¥661.00
19	S001	销售部	¥574.00	¥803.00	¥577.00
20	S006	市场部	¥430.00	¥935.00	¥735.00

图 3-31　某公司各部门多位员工的经费支出数据

分别利用分类汇总、统计函数和数据透视表进行不同部门各类别经费支出的统计工作。

【任务 1】复制工作表。

将 expenditure 工作表的数据通过"复制或移动"复制到新工作表 Lab3 中。以下操作均在 Lab3 中完成。

【任务 2】利用分类汇总统计每位员工各类别的总经费支出。

（1）先按照工号对原始数据进行排序。

（2）单击"数据"选项卡→"分级显示"组的"分类汇总"，打开"分类汇总"对话框，按"工号"进行分类，汇总方式为"求和"，汇总项为交通费、住宿费、餐饮费，确定后即可看到汇总结果。

（3）尝试单击汇总区域左侧的 1 2 3，切换每位员工的明细、每位员工的汇总数据以及所有汇总数据。

【任务 3】利用分类汇总统计每个部门各类别的总经费支出。

【任务 4】删除分类汇总结果，恢复原始数据。

【任务 5】利用 Excel 统计函数，统计各部门的经费支出情况。

在原始数据的下方设计一个统计结果区域,如图 3-32 所示,利用统计函数得到各项统计数据。

部门	交通费	住宿费	餐饮费	部门小计
财务部				
市场部				
销售部				
行政部				
类别小计				

图 3-32　统计结果区域

〖提示〗使用 SUMIF 函数对财务部的交通费进行统计求和,并将该公式复制到其他部门和其他费用的单元格中,注意正确设置单元格的引用方式。

【任务 6】创建数据透视表,统计各部门的经费支出情况。

将创建的数据透视表放置在原始数据的右方;行设为"部门",列选择交通费、住宿费、餐饮费,值设为"求和项"。检查任务 5 和任务 6 的结果是否一致。

【任务 7】在任务 5 的统计结果区域的基础上,创建三维簇状柱状图,对比各部门的各类别经费支出情况,如图 3-33 所示。

【任务 8】在任务 5 的统计结果区域的基础上,创建二维饼图,展示各部门总经费支出的占比情况,如图 3-34 所示。

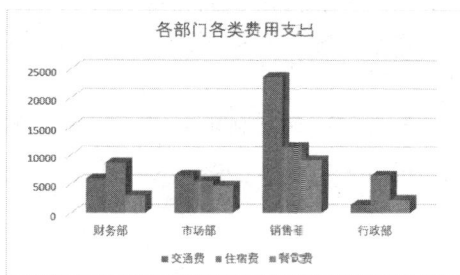

图 3-33　三维簇状图

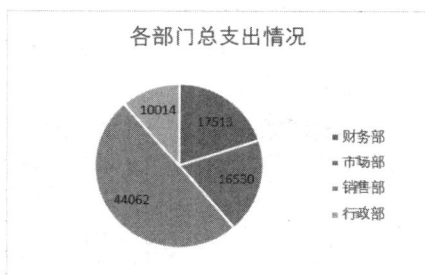

图 3-34　二维饼图

3.3.5.3　实验总结与思考

本实验围绕 Excel 的数据分析和可视化功能展开,针对特定数据进行分类汇总、统计分析以及可视化展示。根据以下实验的重点、难点对本实验进行总结,并撰写实验报告。

（1）实验重点

① 理解分类汇总的功能,掌握分类汇总功能的使用方法。

② 掌握常用统计函数的功能,能针对特定条件的数据、选择合适的统计函数进行计算。

③ 掌握数据透视表的创建方法,理解使用数据透视表的优势。

④ 掌握常见图表的创建与分析,能针对实际数据选择合理类型的图表进行展示和比较。

（2）实验难点

使用合适的统计函数进行数据的筛选、计算和统计分析,能灵活设置函数参数,正确使用单元格引用方式。

3.3.6　拓展练习——鸢尾花数据集

鸢尾花数据集（Iris Dataset）是数据科学与机器学习领域经典的数据集之一,由统计学家 Ronald Fisher 在 1936 年首次提出。该数据集内包含 3 类、共 150 条记录,每类有 50 条记录。每条记录有 5 项数据：花萼长度（Sepal Length）、花萼宽度（Sepal Width）、花瓣长度（Petal Length）、花瓣宽度（Petal Width）和鸢尾花种类（Species）。数据集中的鸢尾花种类有山鸢尾（iris-setosa）、杂色鸢尾（iris-versicolour）和维吉尼亚鸢尾（iris-virginica）三种。可以通过各种数据分析方法来分析和展示前 4 项数据与鸢尾花种类之间的关系。

Lab.xls 的 iris 工作表存放着鸢尾花数据集，部分内容如图 3-35 所示。

	A	B	C	D	E	F
1		Sepal.Length	Sepal.Width	Petal.Length	Petal.Width	Species
2	1	5.1	3.5	1.4	0.2	setosa
3	2	4.9	3	1.4	0.2	setosa
4	3	4.7	3.2	1.3	0.2	setosa
5	4	4.6	3.1	1.5	0.2	setosa
6	5	5	3.6	1.4	0.2	setosa
7	6	5.4	3.9	1.7	0.4	setosa
8	7	4.6	3.4	1.4	0.3	setosa
9	8	5	3.4	1.5	0.2	setosa
10	9	4.4	2.9	1.4	0.2	setosa

图 3-35　鸢尾花数据集部分内容

【拓展练习 1】利用分类汇总分析不同种类的鸢尾花在花萼长度、花萼宽度、花瓣长度、花瓣宽度等特征上的平均值。

【拓展练习 2】创建数据透视表，统计不同种类的鸢尾花在花萼长度、花萼宽度、花瓣长度、花瓣宽度等特征上的平均值。

拓展练习 3

【拓展练习 3】创建散点图，分别展示不同种类鸢尾花的花萼长度与花萼宽度之间的分布关系，以及花瓣长度和花瓣宽度的分布情况。要求不同种类的鸢尾花用不同颜色进行区分。

拓展练习 4

【拓展练习 4】创建箱线图，分别展示不同种类鸢尾花的花萼长度和花瓣长度的分布情况，不同种类的鸢尾花用颜色进行区分。

Excel 建模

3.4　从数据到决策

除了运用数据分析和可视化手段探究数据特性，还可以基于现有的数据挖掘潜在的数据模式与规律，构建预测模型，实现对未来趋势的预测，从而进行科学合理的决策。

Excel 提供了多种强大的功能来支持数据挖掘和预测建模。通过"数据分析"工具包，用户可以进行回归分析、方差分析等统计分析，发现数据中的潜在模式与规律。借助趋势线功能，Excel 可以自动为图表添加线性、对数、指数等回归模型，帮助可视化数据趋势。此外，FORECAST、TREND 和 GROWTH 等预测函数，能够基于现有数据建立预测模型，提供未来数据点的预测值，支持用户进行未来趋势的判断。

3.4.1　"数据分析"工具包

Excel 提供的"数据分析"工具包是一组强大的统计分析工具，帮助用户进行复杂的数据分析和统计建模。通过该工具包，用户可以方便地执行各种数据分析任务，而无须手动计算和编写公式。

1. 工具包简介

"数据分析"工具包作为可选的加载项，单击"文件"选项卡→"选项"，在"Excel 选项"对话框中单击"加载项"→"转到"，在"加载宏"对话框中勾选"分析工具库"复选框启用它。

启用之后，单击"数据"选项卡→"分析"组的"数据分析"，即可打开"数据分析"对话框，如图 3-36 所示。

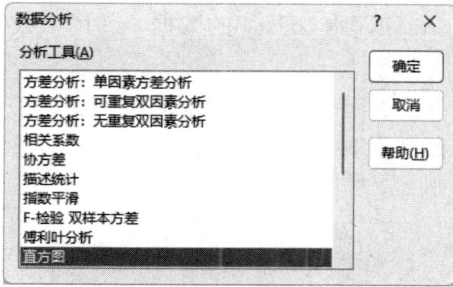 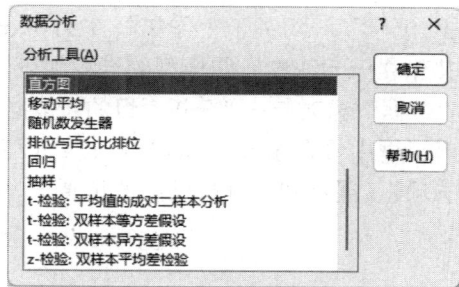

$$(a) \qquad\qquad (b)$$

图 3-36 "数据分析"对话框

以下是工具包中数据分析入门阶段常用的功能。

（1）描述统计：生成数据的汇总统计量，如平均值、标准差、最大值、最小值等，帮助用户快速了解数据的集中趋势和分散程度。

（2）回归：用于分析因变量与自变量之间的关系，并通过回归模型来预测未来数据。它支持多种回归分析，包括线性回归和非线性回归等，提供回归系数、R^2值、标准误差等统计信息。

（3）相关系数：用于计算两个或多个变量之间的相关系数，帮助分析变量之间的线性关系强度和方向。

（4）方差分析：用于比较多个数据集之间的平均值差异，检验不同组数据之间的显著性差异，可以进行单因素或双因素方差分析。

（5）随机数发生器：允许用户生成均匀分布或正态分布的随机数，广泛应用于蒙特卡洛模拟等分析中。

（6）指数平滑：用于进行时间序列数据的预测，适合基于历史数据进行趋势预测，尤其在没有显著季节性波动的情况下表现优异。

下面以回归分析和指数平滑预测为例介绍工具包的使用。

2．回归分析

回归分析（Regression Analysis）是一种预测性建模技术，用于确定多个变量之间的定量关系。例如，根据房屋面积和房间数预测房价，或根据工作年限预测薪水。这里，房价和薪水是因变量（输出），而房屋面积、房间数和工作年限是自变量（输入）。

根据自变量和因变量之间的关系类型，回归分析可分为线性回归和非线性回归。线性回归指因变量和自变量之间存在线性关系，可以用直线拟合这种关系。例如，产品促销中广告费与销售额的关系可以用图 3-37 中的直线拟合，二者呈线性关系。

根据自变量的数量，回归分析可分为一元回归和多元回归。一元回归仅涉及一个自变量，而多元回归涉及多个自变量，即因变量受到多个因素的影响。例如，房价受到房屋面积和房间数的影响，可以使用二维空间中的回归平面进行拟合。多元回归示例如图 3-38 所示。

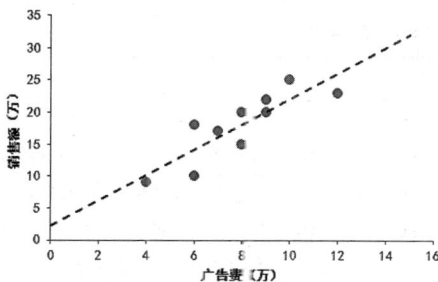 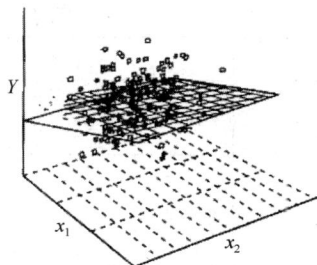

图 3-37　线性回归示例（单位：元）　　　图 3-38　多元回归示例

图 3-39 展示了一组关于工作年限 YearsExperience 和薪水 Salary 的数据，使用"数据分析"工具包为其建立一元线性回归模型的过程如下。

单击"数据"选项卡→"分析"组的"数据分析"→"回归"，打开"回归"对话框，如图 3-40 所示。在对话框中设置 Y 值输入区域（Salary 列）和 X 值输入区域（YearsExperience 列），并选择"输出选项"（展示回归分析结果的位置），单击"确定"按钮。

	A	B	C
1		YearsExperience	Salary
2	0	1.2	39344
3	1	1.4	46206
4	2	1.6	37732
5	3	2.1	43526
6	4	2.3	39892
7	5	3	56643
8	6	3.1	60151
9	7	3.3	54446
10	8	3.3	64446
11	9	3.8	57190
12	10	4	63219
13	11	4.1	55795
14	12	4.1	56958
15	13	4.2	57082
16	14	4.6	61112
17	15	5	67939

图 3-39 建模数据

图 3-40 "回归"对话框

得到的回归分析结果如图 3-41 所示。

	A	B	C	D	E	F	G	H	I
1	SUMMARY OUTPUT								
2									
3	回归统计								
4	Multiple R	0.978241618							
5	R Square	0.956956664							
6	Adjusted R Square	0.955419402							
7	标准误差	5788.315051							
8	观测值	30							
9									
10	方差分析								
11		df	SS	MS	F	Significance F			
12	回归分析	1	20856849300	20856849300	622.5072026	1.14307E-20			
13	残差	28	938128551.7	33504591.13					
14	总计	29	21794977852						
15									
16		Coefficients	标准误差	t Stat	P-value	Lower 95%	Upper 95%	下限 95.0%	上限 95.0%
17	Intercept	24848.20397	2306.653709	10.77240327	1.81653E-11	20123.23804	29573.1699	20123.23804	29573.1699
18	X Variable 1	9449.962321	378.7545742	24.95009424	1.14307E-20	8674.118747	10225.8059	8674.118747	10225.8059

图 3-41 回归分析结果

回归分析结果中的主要指标及其含义如表 3-5 所示。

表 3-5 回归分析结果的主要指标

项目	指标	含义
回归统计	R Square（R^2）	也称决定系数，表示模型对数据的拟合程度，即自变量解释因变量变异的比例，该值越接近 1，模型的解释性越强，可靠性越高
	标准误差	样本统计量（如平均值、回归系数）的标准误差，用于衡量样本统计量估计"总体参数"的"精确度"或"可靠性"。标准误差越小，样本统计量对总体参数的估计越可靠
	观测值	数据点的总数

项目	指标	含义
方差分析	df（Degress Freedom，自由度）	用于衡量数据中独立信息的数量，影响假设检验和 P 值计算
	回归分析	模型能够解释的差异（SS 为平方和，MS 为 SS/df，df 为自变量个数）
	残差	模型未能解释的差异（SS 为平方和，MS 为 SS/df，df=样本数-自变量个数-1）
	F（F 统计量）	用于检验模型是否显著
	Significance F（显著性水平）	与 F 统计量对应的 P 值，用于检验模型的显著性水平
Coefficients（回归系数）	Intercept（截距）	回归方程中的常数项
	X Variable 1（自变量系数）……	每个自变量对因变量影响的大小和方向
t 统计量与 P 值	t Stat（t 统计量）	用于检验回归系数是否显著不等于零
	P-value（P 值）	对应于 t 统计量的 P 值，用于判断各回归系数的显著性
置信区间	对每个回归系数估计值，提供一个置信区间，表示该系数的可能范围	

这些指标可以帮助用户评估回归模型的有效性和预测能力。

从图 3-41 所示的回归分析结果可以看出，回归方程：薪水= 9449.96×工作年限+24848.2，这表明薪水与工作年限之间存在线性关系，且薪水随着工作年限的增加而增加。R^2 为 0.957，表示模型能够准确拟合数据，解释了约 95.7% 的薪水变动。

3．指数平滑预测

指数平滑是一种时间序列分析预测方法，通过计算指数平滑值（下一期的预测值）对时间序列的未来值进行预测。指数平滑的原理是下一期的预测值是本期实际值和预测值的加权平均，计算公式如下：

$$s_t = a \times y_{t-1} + (1-a) \times s_{t-1}$$

式中，s_t 是第 t 期的预测值，y_{t-1} 是第 $t-1$ 期的实际值，s_{t-1} 是第 $t-1$ 期的预测值；a 为平滑因子（$1-a$ 称为阻尼系数），取值范围为[0, 1]，决定着模型对历史数据的敏感程度。a 值接近 1，表示模型对最近的实际值更敏感；a 值接近 0，则模型对历史预测值的依赖性更强。

图 3-42（a）展示了一组具有时间序列特征的数据，随着时间的推移，数据呈现逐步上升的趋势，同时也可能存在一些波动。下面使用指数平滑为其建模，捕捉长期趋势并做出未来的预测。

单击"数据"选项卡→"分析"组的"数据分析"→"指数平滑"，打开"指数平滑"对话框，如图 3-42（b）所示。在对话框中设置输入区域、阻尼系数和输出区域后，单击"确定"按钮，即可在指定位置看到预测值，如图 3-42（c）所示。

指数平滑建模需要历史数据来生成预测值，第 1 个月的数据没有之前的数据作为参考，因此无法预测。

从建模结果看，虽然预测值并不完全等于实际新增用户数，但它呈现出与实际数据类似的增长趋势，表示了新增用户数的变化趋势。在第 2～12 个月之间，预测值和实际数据大致匹配，指数平滑有效地跟踪了新增用户数的变化趋势，如图 3-42（d）所示。

因为阻尼系数为 0.2，所以平滑因子 a=0.8，因此建模的公式如下：

$$s_t = 0.8 \times y_{t-1} + 0.2 \times s_{t-1}$$

通过这个模型，可以对未来一段时间（如第 13 个月、第 14 个月等）的新增用户数进行预测，为决策提供依据。在实际应用中，如果将这些预测结果用于资源分配、计划编制等，可以帮助管理者做出更精准的决策。

预测值的准确性与选择的阻尼系数 a 密切相关。如果差距较大，可能需要调整 a，或者使用更复杂的模型（如加权平滑、趋势模型等）。

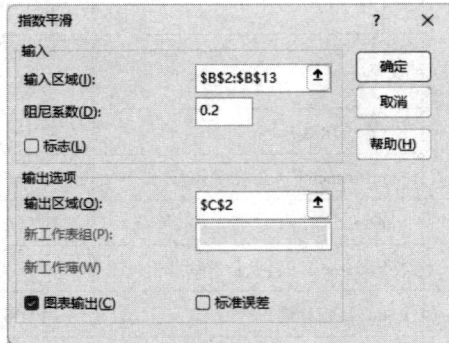

（a）原始数据　　　　　　（b）"指数平滑"对话框

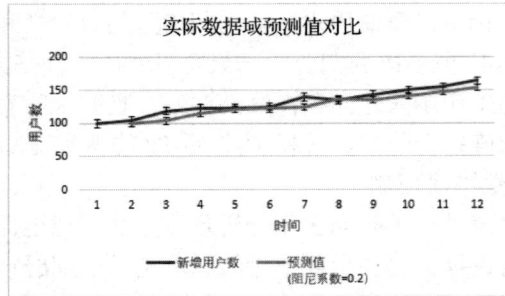

（c）建模结果　　　　　　（d）实际数据与预测值对比

图 3-42　指数平滑建模示例

3.4.2　图表中的趋势线

Excel 图表中的趋势线是一种用于显示数据变化趋势的线条，可以直观地展示数据的发展方向。趋势线通常应用于时间序列数据或有序数据，通过对数据点进行线性或非线性拟合，反映出数据的整体增长、下降或波动趋势。根据实际需求，可以选择不同的趋势线类型，如线性趋势线、指数趋势线、对数趋势线等，进行数据拟合。

添加趋势线后，Excel 会自动生成趋势线的公式和系数，用户还可以根据需要显示趋势线的预测值和置信区间。这些功能为数据预测和分析提供了有力支持，有助于做出更科学合理的决策。

例如，为图 3-42（a）中的数据绘制散点图，并添加趋势线。首先选中全部数据，插入散点图，然后单击图表右侧的 ▓ 按钮设置显示趋势线，并且设置趋势线的类型为线性。在添加的趋势线上右击，从快捷菜单中选择"设置趋势线格式"，打开的窗格如图 3-43（a）所示，在其中可以设置趋势线选项和名称、趋势预测，以及是否显示公式等，加入趋势线的散点图如图 3-43（b）所示。

"趋势线选项"提供了 6 种趋势线类型，包括指数、线性、对数、多项式、乘幂和移动平均，可以用不同类型的函数来拟合数据。图 3-44 所示为使用不同趋势线来拟合上述数据的结果，对应的 R^2 也不同。

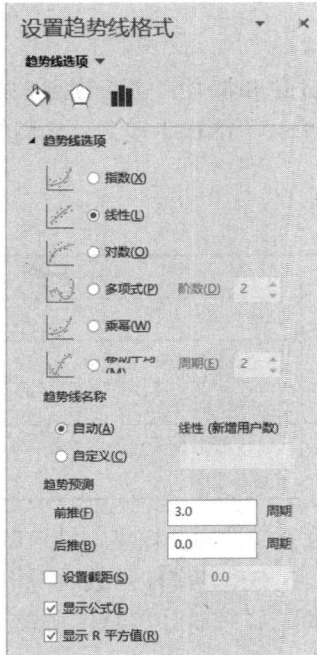

（a）"设置趋势线格式"窗格

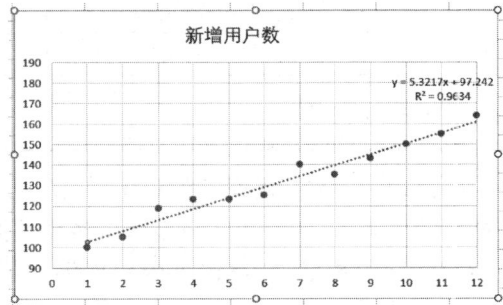

（b）加入趋势线的散点图

图 3-43　在图表中添加趋势线

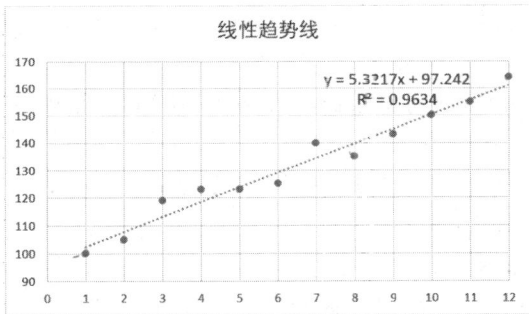

（a）线性趋势线

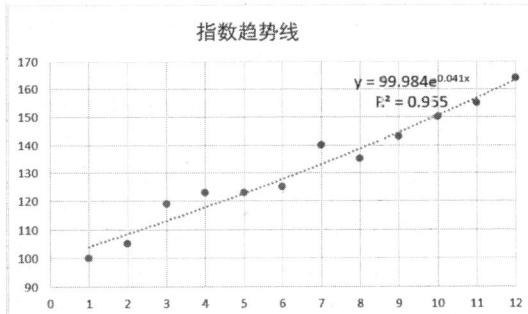

（b）指数趋势线

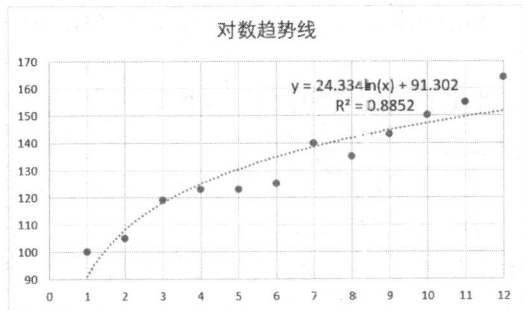

（c）对数趋势线

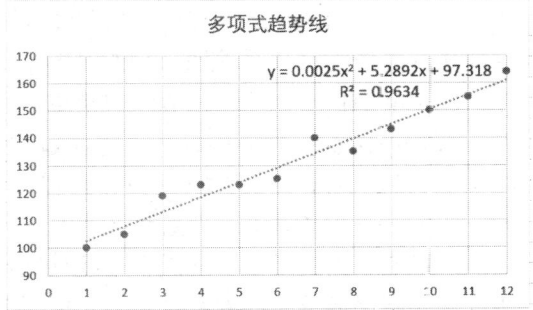

（d）多项式趋势线

图 3-44　趋势线类型示例

　　由图 3-44 可知，对于新增用户数，线性趋势线和多项式趋势线的拟合效果最好，其次是指数趋势线，对数趋势线最差。由于线性函数的计算量比多项式函数的少，此处可以选择线性趋势线对数据进行拟合，并依此公式进行后续数据的预测。

3.4.3 预测函数

Excel 提供了多个预测函数，用于对已有数据进行自动计算和拟合，进而预测未来值。常用的预测函数包括 FORECAST 系列函数以及 TREND、GROWTH、LINEST 函数，它们的功能和适用场景有所不同，见表 3-6。

表 3-6 Excel 预测函数

函数名称	预测模型	适用场景	返回值
FORECAST 系列	线性回归	简单线性预测	单个预测值
TREND	线性回归	多个预测值或拟合线性趋势	一组预测值
GROWTH	指数回归	指数增长数据的预测	一组预测值
LINEST	线性回归	线性回归分析，会获取回归方程和统计数据等详细信息	回归统计信息：回归系数、标准误差、R^2、F 统计量等

总的来讲，FORECAST 系列函数和 TREND 函数都适用于线性回归模型，FORECAST 函数用于单个数据点的预测，而 TREND 函数用于多个数据点的预测。GROWTH 函数适用于指数回归，用于预测呈指数增长的数据。LINEST 函数提供的是回归分析的详细统计信息，适合用于了解回归方程和模型的表现。

（1）FORECAST.LINEAR 函数用于按照线性关系预测单个未来值，API 如下：

> FORECAST.LINEAR(x, known_ys, known_xs)

其中，x 为要预测的值；known_ys 为已知的因变量数据（目标值）；known_xs 为已知的自变量数据（自变量）。

例如，现有过去的销售额数据（known_ys）和相应的月份（known_xs），则可以预测下一个月的销售额（x）。

（2）TREND 函数是一个线性预测函数，可以根据已知的数据点来预测趋势值。API 如下：

> TREND(known_ys, known_xs, [new_xs], [const])

其中，known_ys 是已知 y 值的数据区域；known_xs 是已知 x 值的数据区域，省略时默认 x 值为序列 {1, 2, 3, …}；new_xs 是待预测的 x 值的数据区域，省略时会返回与 known_ys 相对应的拟合值；const 是可选参数，如果设置为 TRUE 或省略，拟合线将通过原点(0, 0)。

例如，"=TREND(B2:B5, A2:A5, 5)" 表示根据已知的一组 x 值（A2:A5）和 y 值（B2:B5）建立线性关系，并依据该关系返回 x 为 5 时的 y 值。

（3）GROWTH 函数基于指数回归模型，适合预测呈指数增长的数据。API 如下：

> GROWTH(known_ys, known_xs, [new_xs], [const], [forecast])

GROWTH 的 API 与 TREND 函数的类似。最后一个参数 forecast 为可选，用于控制是否输出预测值，如果设置为 TRUE，则函数会返回预测值；否则，不返回预测值。

（4）LINEST 函数用于一元或多元线性回归分析，使用最小二乘法计算与现有数据最佳拟合的直线，并返回描述该直线的统计值。API 如下：

> LINEST(known_ys, [known_xs], [const], [stats])

其中，参数 stats 为可选，用于指定是否返回回归统计值数组，默认值为 FALSE。如果 stats 为 TRUE，则函数返回回归统计值数组，包括回归系数、标准误差、拟合优度、显著性检验等，通过分析这些统计量，可以全面评估线性回归模型的质量和可靠性。如果 stats 为 FALSE，LINEST 函数只返回系数 m 和常量 b，对应的直线方程为 $y = mx+b$。

例如，要计算图 3-45（a）中新增付费用户数和新增用户数之间的一元线性关系，可使用

"=LINEST(C2:C13, B2:B13, TRUE)"。在图 3-45（b）所示的结果区域可以看到，回归系数为 0.66977，截距为 1.45167，即：新增付费用户数= 0.66977×新增用户数+1.45167。

（a）原始数据　　　　　　　　　（b）LINEST 函数及计算结果

图 3-45　LINEST 函数示例

需要注意的是，LINEST 函数的返回值为数组。执行该函数获取数组返回值时，需要先选中准备放置数组数据的单元格区域，然后输入公式，并按快捷键 Ctrl+Shift+Enter 完成计算。

（5）FORECAST.ETS 函数是 FORECAST 系列函数中更高级的版本。它使用指数平滑时间序列预测方法，可以处理具有季节性、趋势和周期性的数据，比 FORECAST.LINEAR 函数更加灵活。API 如下：

FORECAST.ETS(x, known_ys, [time_column], [seasonality], [data_completion])

其中，x 是需要预测的时间点；known_ys 是已知 y 值的范围。其余为可选参数，time_column 是时间序列数据的范围；seasonality 是季节性模式长度，默认自动检测；data_completion 定义如何处理缺失值，默认值 1 表示将缺失值替换为差值，0 则表示将缺失值替换为 0。

在图 3-46（a）中，利用 1~12 时段的已知访客数量，对 13~16 时段的访客数量进行了预测，C14 中的单元格公式为 "=FORECAST.ETS(A14, $B$2:$B$13,$A$2:$A$13)"。

使用折线图可视化其预测的效果，如图 3-46（b）所示。可以看到，FORECAST.ETS 函数准确地捕捉了访客数量的波动趋势，其预测曲线与实际数据曲线拟合度较高。

（a）原始数据及 FORECAST.ETS 函数预测值　　　　　（b）折线图

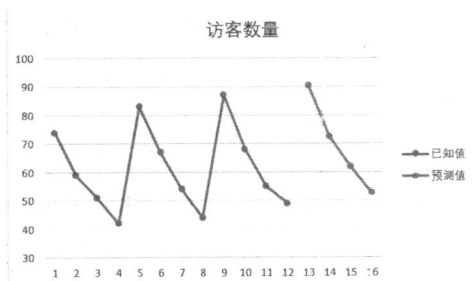

图 3-46　FORECAST.ETS 函数示例

FORECAST.ETS 系列函数在处理具有复杂时间序列特征的数据时，能够提供可靠的预测结果，为确定更有效的业务策略和资源分配提供数据支持。

3.4.4　数据预测实验

本节将综合运用"数据分析"工具包、趋势线和 Excel 内置预测函数等多种方法完成以下两个实验：针对糖尿病患者的各项指标数据进行回归分析，对某汽车品牌近三年的季度销售量进行时间序列预测。通过数据分析、预测和决策支持，提升数据的利用价值和应用效果。

Excel 回归建模

3.4.4.1　实验目标

（1）掌握 Excel "数据分析"工具包的使用方法，能够应用合理的工具或模型对实际数据进行分析和预测。

（2）掌握多元回归分析中回归系数的含义，能够分析不同因素对因变量的影响程度，找出主要影响因素。

（3）掌握时间序列数据的趋势分析、预测函数等的使用方法。

（4）掌握预测模型的评价方法，通过平均相对误差来衡量预测结果的可靠性。

3.4.4.2　实验任务

1. 回归分析实验任务

Lab.xls 的 blood_glucose 工作表中存放着 27 名糖尿病患者的血清总胆固醇（x1）、甘油三酯（x2）、空腹胰岛素（x3）、糖化血红蛋白（x4）、空腹血糖（y）的测量值，如图 3-47 所示。

编号	血清总胆固醇 (x1)	甘油三酯 (x2)	空腹胰岛素 (x3)	糖化血红蛋白 (x4)	空腹血糖 (y)
1	5.68	1.9	4.53	8.2	11.2
2	3.79	1.64	7.32	6.9	8.8
3	6.02	3.56	6.95	10.8	12.3
4	4.85	1.07	5.88	8.3	11.6
5	4.6	2.32	4.05	7.5	13.4
6	6.05	0.64	1.42	13.6	18.3
7	4.9	8.5	12.6	8.5	11.1
8	7.08	3	6.75	11.5	12.1
9	3.85	2.11	16.28	7.9	9.6
10	4.65	0.63	6.59	7.1	8.4
11	4.59	1.97	3.61	8.7	9.3
12	4.29	1.97	6.61	7.8	10.6
13	7.97	1.93	7.57	9.9	8.4
14	6.19	1.18	1.42	6.9	9.6
15	6.13	2.06	10.35	10.5	10.9
16	5.71	1.78	8.53	8	10.1
17	6.4	2.4	4.53	10.3	14.8
18	6.06	3.67	12.79	7.1	9.1
19	5.09	1.03	2.53	8.9	10.8
20	6.13	1.71	5.28	9.9	10.2
21	5.78	3.36	2.96	8	13.6
22	5.43	1.13	4.31	11.3	14.9
23	6.5	6.21	3.47	12.3	16
24	7.98	7.92	3.37	9.8	13.2
25	11.54	10.89	1.2	10.5	20
26	5.84	0.92	8.61	6.4	13.3
27	3.84	1.2	6.45	9.6	10.4

图 3-47　糖尿病患者的相关指标数据

该问题属于多元线性回归问题，用于研究一组自变量与一个因变量之间的线性关系，例如，糖尿病患者的空腹血糖与空腹胰岛素、糖化血红蛋白、血清总胆固醇和甘油三酯之间的关系。

【任务 1】利用 Excel 的数据分析工具包的"回归"工具，对空腹血糖与其他几项指标进行多元线性回归分析。

单击"数据"选项卡→"分析"组的"数据分析"→"回归"，打开"回归"对话框。

在"Y 值输入区域"中选择"空腹血糖值"列的数据，在"X 值输入区域"中选择其他指标列的数据（不包含标题行和编号列），如图 3-48 所示，单击"确定"按钮。回归分析结果如图 3-49

所示，其中，Coefficients 列为回归模型 $\hat{Y} = b_0 + b_1 X_1 + b_2 X_2 + b_3 X_3 + b_4 X_4$ 中的各指标的回归系数，Intercept 为截距 b_0。

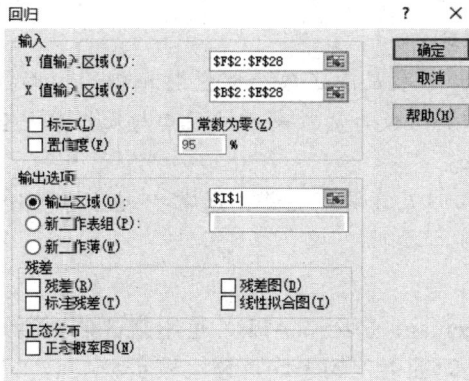

图 3-48 "回归"对话框

	I	J	K	L	M	N	O	P	Q
	SUMMARY OUTPUT								
	回归统计								
	Multiple R	0.775117337							
	R Square	0.600806886							
	Adjusted R Square	0.52822632							
	标准误差	2.009535978							
	观测值	27							
	方差分析								
		df	SS	MS	F	Significance F			
	回归分析	4	133.7106852	33.4276713	8.277792786	0.000312129			
	残差	22	88.84116667	4.038234848					
	总计	26	222.5518519						
		Coefficients	标准误差	t Stat	P-value	Lower 95%	Upper 95%	下限 95.0%	上限 95.0%
	Intercept	5.943267848	2.828589903	2.101141576	0.047307649	0.077131428	11.80940427	0.077131428	11.80940427
	X Variable 1	0.142446479	0.365652931	0.389567385	0.700602099	-0.615871411	0.90076437	-0.615871411	0.90076437
	X Variable 2	0.351465487	0.204204232	1.721146928	0.09925903	-0.072028171	0.774959145	-0.072028171	0.774959145
	X Variable 3	-0.270585271	0.121393737	-2.228987794	0.03634597	-0.522340577	-0.018829964	-0.522340577	-0.018829964
	X Variable 4	0.638201244	0.243264402	2.623488022	0.015515567	0.133701753	1.142700735	0.133701753	1.142700735

图 3-49 回归分析结果

【任务 2】在数据表中添加"预测血糖值"列，每行的预测血糖值应根据上述回归系数进行计算。例如，第 1 行的预测结果（G2 单元格）可以通过以下公式得出：

=B2*$J$18+C2*$J$19+D2*$J$20+E2*$J$21+$J$17

其中，J18、J19、J20、J21 单元格中为回归系数，J17 单元格中为截距值。

使用自动填充功能，将 G2 中的公式复制到其他行中，从而得到基于多元线性回归模型的预测结果，如图 3-50 所示。

	A	B	C	D	E	F	G
1	编号	血清总胆固醇 (x1)	甘油三酯 (x2)	空腹胰岛素 (x3)	糖化血红蛋白 (x4)	空腹血糖 (y)	预测血糖值
2	1	5.68	1.9	4.53	8.2	11.2	11.4276472
3	2	3.79	1.64	7.32	6.9	8.8	9.48244781
4	3	6.02	3.56	6.95	10.8	12.3	13.0540186
5	4	4.85	1.07	5.88	8.3	11.6	10.7162303
6	5	4.6	2.32	4.05	7.5	13.4	11.1045606
7	6	6.05	0.64	1.42	13.6	18.3	15.3253128
8	7	4.9	8.5	12.6	8.5	11.1	11.6440484
9	8	7.08	3	6.75	11.5	12.1	13.5190491

图 3-50 预测结果

【任务3】通过回归系数等数据分析哪些指标对空腹血糖的影响较大，哪些指标对空腹血糖的影响较小，得到导致糖尿病的主要因素。

〖提示〗通过实验结果分析导致糖尿病的主要因素时，可以从回归系数的以下指标进行分析，评估各个指标对血糖的影响程度。

① 回归系数的大小：回归系数反映了各个变量对血糖的影响程度，系数越大，说明该因素对血糖水平的影响越显著。如果系数为负，表示该因素与血糖水平呈负相关；如果系数为正，表示该因素与血糖水平呈正相关。

② P 值：P 值用于检验回归系数是否显著，通常 P 值小于 0.05 时，说明该因素对血糖的影响是显著的。

【任务4】计算平均相对误差。

相对误差（Absolute Percentage Error，APE）是用来评估预测结果与实际值之间差异的常用指标，它用预测值与实际值之间的误差的平均百分比表示。

$$相对误差 = \left| \frac{预测值 - 实际值}{实际值} \right| \times 100\%$$

在数据表中添加"相对误差"列，每行的相对误差值按照以上公式计算。最后计算出所有误差的平均值，即平均相对误差，如图 3-51 所示。

	A	B	C	D	E	F	G	H
1	编号	血清总胆固醇 (x1)	甘油三酯 (x2)	空腹胰岛素 (x3)	糖化血红蛋白 (x4)	空腹血糖 (y)	预测血糖值	相对误差
20	19	5.09	1.03	2.53	8.9	10.8	12.0257402	11.3494%
21	20	6.13	1.71	5.28	9.9	10.2	12.3069728	20.6566%
22	21	5.78	3.36	2.96	8	13.6	12.2522101	9.9102%
23	22	5.43	1.13	4.31	11.3	14.9	13.1593598	11.6821%
24	23	6.5	6.21	3.47	12.3	16	15.9627151	0.2330%
25	24	7.98	7.92	3.37	9.8	13.2	15.2060972	15.1977%
26	25	11.54	10.89	1.2	10.5	20	17.7909701	11.0451%
27	26	5.84	0.92	8.61	6.4	13.3	8.85325232	33.4342%
28	27	3.84	1.2	6.45	9.6	10.4	11.2934779	8.5911%
29								12.4321%

图 3-51　预测结果的相对误差

可以通过这个指标评估预测结果的准确性，相对误差越小，说明模型越准确。

2. 时间序列预测实验任务

Lab.xls 的 carsales 工作表中存放着某汽车品牌近三年的季度销售量数据，共有 12 条记录，如图 3-52 所示。

	A	B	C	D	E	F	G
1	序号	年份	季度	销售量	预测值(线性)	预测值(指数平滑)	预测值(指数平滑v2)
2	1	2022	第1季度	3315			
3	2		第2季度	6624			
4	3		第3季度	9745			
5	4		第4季度	12481			
6	5	2023	第1季度	3391			
7	6		第2季度	7405			
8	7		第3季度	8990			
9	8		第4季度	11767			
10	9	2024	第1季度	2834			
11	10		第2季度	5602			
12	11		第3季度	8522			
13	12		第4季度	12173			
14	13	2025	第1季度				
15	14		第2季度				
16	15		第3季度				
17	16		第4季度				

图 3-52　某汽车品牌的季度销售量数据

【任务 1】趋势线分析。

针对 2022—2024 年的各季度销售量，创建带有趋势线的折线图，观察不同类型（线性、指数、双周期移动平均等）的趋势线与原始数据的拟合效果，保留拟合效果最好的趋势线，并分析该趋势线效果最好的原因。

【任务 2】使用预测函数预测 2025 年各季度销售量。

使用 FORECAST.LINEAR 函数进行线性预测，填入 E14:E17 中。

使用 FORECAST.ETS 函数进行指数平滑预测，填入 F14:F17 中。

在预测结果的基础上，对比两种预测方法的预测值，并分析这两种预测函数的适用性和优缺点。

【任务 3】使用"数据分析"工具包预测 2025 年各季度销售量。

利用"指数平滑"工具预测 2025 年各季度销售量，填入 G2:G17 中，并对比 D 列和 G 列的预测结果。

3.4.4.3　实验总结与思考

本实验围绕 Excel 的数据预测功能展开，针对实际数据进行趋势分析以及数据预测。根据以下实验的重点、难点对本实验进行总结，并撰写实验报告。

（1）实验重点

① 多元线性回归：理解并掌握多元线性回归分析方法，能针对实际数据进行回归分析，实现数据预测。

② 预测模型：构建并评估预测模型，理解绝对误差、相对误差和平均误差的概念及计算。

③ 时间序列分析：掌握图表中趋势线和预测函数的使用方法。

④ 工具使用：掌握使用 Excel "数据分析"工具包进行回归分析和指数平滑预测的方法。

（2）实验难点

① 多元线性回归分析：理解多个自变量对因变量的影响，解释回归系数和统计指标。

② 预测模型构建与评估：计算预测值，评估模型准确性，理解相对误差。

③ 时间序列趋势分析与预测：选择合适趋势线类型，使用预测函数，对比不同方法结果。

④ 数据解释与决策支持：将分析结果转化为实际决策建议。

3.4.5　拓展练习——波士顿房价数据集

波士顿房价数据集（Boston Housing Dataset）是数据科学与机器学习领域经典的数据集之一，广泛用于回归分析、特征工程、数据可视化和机器学习模型评估等方面。该数据集包含 506 个波士顿地区住房价格样本，每个样本包含 14 个属性，见表 3-7。其中前 13 个是自变量，而 MEDV（自住房屋房价中位数）是目标变量。

表 3-7　波士顿房价数据集属性说明

属性	说明
CRIM	城镇人均犯罪率
ZN	占地面积超过 25000ft^2 的住宅用地比例（注：1ft^2=0.0929m^2）
INDUS	城镇中非零售商业用地的比例
CHAS	查尔斯河虚拟变量（1 表示靠近，0 表示不靠近）
NOX	一氧化氮浓度

属性	说明
RM	住宅平均房间数
AGE	1940 年以前建造的自住住房比例
DIS	到波士顿五大就业中心的加权距离
RAD	距离高速公路的便利指数
TAX	每 1 万美元全值房产税率
PIRATIO	城镇的学生与教师的比例
B	城镇的非洲裔美国人比例（注：此属性涉及社会多样性和平等问题，建议谨慎使用）
LSTAT	低社会地位人口百分比
MEDV	自住房屋房价中位数（单位：千美元）

Lab.xls 的 boston 工作表中存放着波士顿房价数据集，部分内容如图 3-53 所示。

	A	B	C	D	E	F	G	H	I	J	K	L	M	N
1	CRIM	ZN	INDUS	CHAS	NOX	RM	AGE	DIS	RAD	TAX	PIRATIO	B	LSTAT	MEDV
2	0.00632	18	2.31	0	0.538	6.575	65.2	4.09	1	296	15.3	396.9	4.98	24
3	0.02731	0	7.07	0	0.469	6.421	78.9	4.9671	2	242	17.8	396.9	9.14	21.6
4	0.02729	0	7.07	0	0.469	7.185	61.1	4.9671	2	242	17.8	392.83	4.03	34.7
5	0.03237	0	2.18	0	0.458	6.998	45.8	6.0622	3	222	18.7	394.63	2.94	33.4
6	0.06905	0	2.18	0	0.458	7.147	54.2	6.0622	3	222	18.7	396.9	5.33	36.2
7	0.02985	0	2.18	0	0.458	6.43	58.7	6.0622	3	222	18.7	394.12	5.21	28.7
8	0.08829	12.5	7.87	0	0.524	6.012	66.6	5.5605	5	311	15.2	395.6	12.43	22.9
9	0.14455	12.5	7.87	0	0.524	6.172	96.1	5.9505	5	311	15.2	396.9	19.15	27.1
10	0.21124	12.5	7.87	0	0.524	5.631	100	6.0821	5	311	15.2	386.63	29.93	16.5

图 3-53　波士顿房价数据集部分内容

【拓展练习 1】对原始数据集进行标准化，消除因各属性量纲差异大而对结果造成的影响。

〖提示〗标准化是数据预处理的重要步骤，用于消除不同属性之间因量纲（单位）差异大带来的影响，使得各属性具有相同的尺度。尝试使用 Z-Score 方法进行标准化。公式如下：

$$z = \frac{x - \mu}{\sigma}$$

式中，x 是原始数据值，μ 是该属性的平均值，σ 是该属性的标准差。

该方法适用于数据分布接近正态分布的情况。

利用 Excel 可进行如下计算。

- 计算平均值："=AVERAGE(数据范围)"。
- 计算标准差："=STDEV.P(数据范围)"。
- 标准化："=(原始数据值-平均值)/标准差"。

【拓展练习 2】使用 Excel 数据分析工具包中的回归工具，对波士顿房价数据集进行回归分析。分析哪些属性对房价的影响较大，哪些属性对房价的影响较小。

【拓展练习 3】在表中添加一列"预测房价"，根据上述回归分析结果，写出房价预测的回归公式，并计算每条记录的预测结果。

【拓展练习 4】计算每条记录的相对误差，以及整个数据集的平均相对误差。

第4章 数字图像及智能应用

图像是信息传递的重要载体，AI技术在图像识别、处理和生成方面发挥着关键作用。理解图像数据的数字化表示、处理方法和AI应用，可以直观感受AI技术的实际价值。

本章通过学习图像的基础知识（如像素、色彩、滤波）和智能工具（如图像识别、图像增强）的应用，掌握图像处理的核心概念，了解AI如何赋能图像分析、增强和生成，激发对AI技术的兴趣，培养数字化思维。

4.1 图像编辑工具 Photopea

使用 Photopea

Photopea 是一款免费的在线匧像编辑工具，类似于 Adobe Photoshop。它支持 PSD、Sketch 等格式，并能导出为 PDF、JPG、PNG 等多种格式。Photopea 能够完成常用的图像编辑任务，例如，调整颜色、形状绘制、裁剪、图层操作、滤镜等。Photopea 是基于 Web 的图像处理平台，适用于各类设备，具有直观的界面和强大的功能，无须安装任何软件，可以直接在浏览器中使用。

Photopea 与 Photoshop 的对比见表 4-1。

表 4-1 Photopea 与 Photoshop 的对比

对比项	Fhotoshop	Photopea
成本	付费	免费
学习曲线	较陡峭，适合长期学习	较简单，适合初学者
功能	功能全面，支持高级编辑和 AI 工具	功能基本齐全，但缺少部分高级功能
硬件要求	较高	较低（仅需浏览器）
网络依赖	无须联网（安装后离线使用）	需要稳定的网络
适合场景	专业设计、摄影后期、高质量图像处理	基础教学、快速实验

熟悉图像处理的界面和工具、掌握图像处理的核心概念，是学习图像编辑的关键。在掌握 Photopea 后，可以顺利过渡到 Photoshop 的使用，因为两者的界面布局和功能结构非常相似，底层概念也基本相同，均依赖于通道、图层等基础元素。除此之外，Photoshop 具有一些 Photopea 所不具备的高级功能，如特有的滤镜和特效库，这些工具提供了更丰富的图像处理效果，适合更专业的设计和创作需求。

4.1.1 Photopea 文件管理

Photopea 英文主界面如图 4-1 所示。

单击菜单栏"More"（更多）→"Language"（语言）→"中文简体"，可以将界面切换为中文。

主界面底部显示的图标展示了 Photopea 支持的文件类型。其中，".PSD"为 Adobe Photoshop 文件格式，支持图层等高级功能。

1. 创建新项目

在 Photopea 中，所创建的文牛称为项目（Project）。

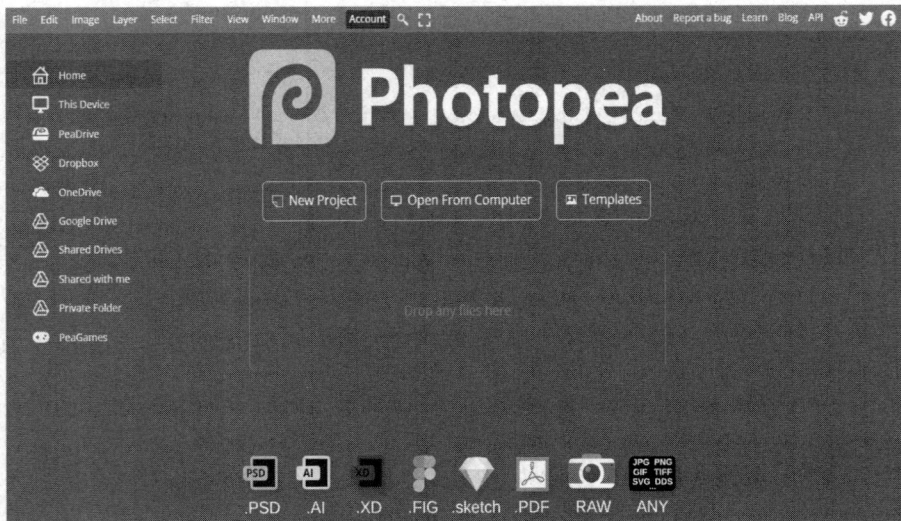

图 4-1　Photopea 英文主界面

在主界面中，单击菜单栏"文件"（File）→"新建"（New），或者直接使用快捷键 Ctrl+N（Windows）或 Cmd+N（macOS），打开如图 4-2 所示的"新建项目"（New Project）对话框。

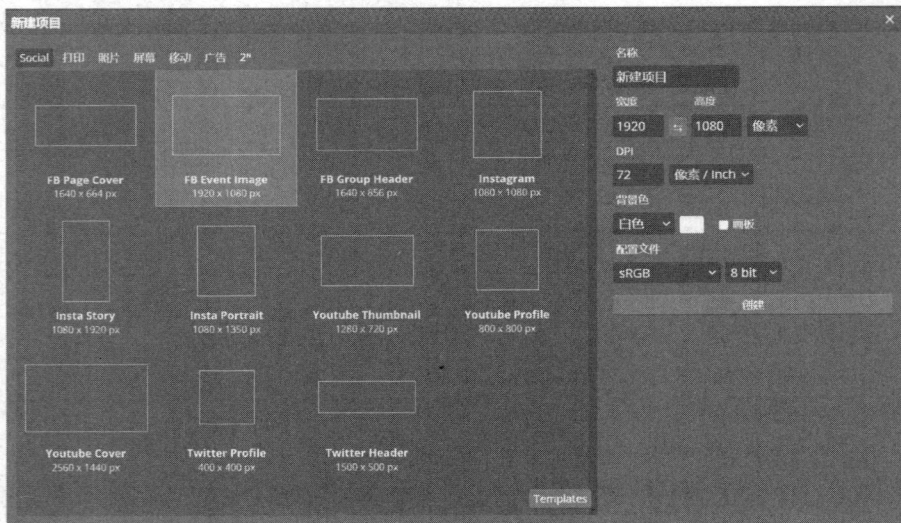

图 4-2　"新建项目"对话框

在对话框左侧会提供一些预设的画布大小，可以帮助用户快速启动符合特定用途的设计项目，包括 Social（社交）、打印（Print）、照片（Photo）、屏幕（Screen）以及移动（Mobile）等。右侧区域可以为新建项目设置以下参数。

（1）名称（Name）：为项目命名（可选）。

（2）宽度（Width）和高度（Height）：设置画布大小，可以选择像素（px）、英寸（in）、厘米（cm）等单位。

（3）DPI（分辨率）：设置图像的分辨率，单位可以选择像素/Inch（Pixels Per Inch，PPI，每英寸像素数）或像素/cm。通常，用于打印时设置为 300PPI，用于屏幕显示时设置为 72PPI。

（4）背景色（Background）：选择画布的背景色，可以是白色、透明或其他颜色。

（5）配置文件（Profile）：选择颜色模式和像素深度。

颜色模式决定了图像的颜色表示方式。RGB 模式适用于屏幕显示，而 CMYK 模式则适用于打印输出。

像素深度决定了每个颜色通道的精度。

- 8 位：每个颜色通道有 2^8=256 个不同的色彩级别（0～255）。适合大多数日常图像处理任务（图像编辑、社交媒体图片），文件较小，兼容性高。
- 16 位：每个颜色通道有 2^{16}=65536 个不同的色彩级别（0～65535），颜色过渡更加平滑，减少了色彩的失真，适合需要高精度编辑的专业任务，如摄影后期处理。
- 32 位：每个颜色通道使用 32 位单精度浮点精度，支持极其精细的色彩渐变和更广泛的色域。适合处理高动态范围的场景，如夜景或高对比度图像等。

设置好所有参数后，单击"创建"（Create）按钮，即可生成一个新的空白画布，开始进行设计或编辑。

2．其他创建项目的方式

在 Photopea 中，除了从头开始创建新项目，还可以选择使用模板。操作方法是单击主界面中的"模板"（Templates）按钮，模板页面中包含了大量预先设计好的 PSD 文件。

如果已经有设计文件（如 PSD 格式的文件），则可以单击菜单栏"文件"（File）→"打开"（Open），上传并编辑现有文件。

3．保存项目

在新建项目时，Photopea 默认创建的是 PSD 格式的文件。在保存文件时，可以选择其他格式。操作方法是单击菜单栏"文件"（File）→"导出为"（Export As），然后选择所需的格式（如 PNG、JPG 等），并将文件下载到本地。

4.1.2　Photopea 工作界面

进入绘图模式后，Photopea 工作界面如图 4-3 所示，中间是绘图区，即画布；顶部为菜单栏和工具属性栏；左侧为工具栏，右侧为面板。

1．菜单栏

菜单栏包含各种功能选项，以下是图像操作主要涉及的菜单及其功能。

- 图像（Image）：主要用于调整图像大小、画布大小、颜色模式（如 RGB、CMYK），以及变换（Transform）、裁切（Trim）、裁剪（Crop）等操作。
- 图层（Layer）：包含管理图层的所有操作，如新建（New）、向下合并（Merge Down）或合并图层（Merge Layers）、图层样式（Layer Style）等。
- 选择（Select）：提供了各种选区操作，如全部（All）、反选（Inverse）、羽化（Feather）等，用于在图像中选择特定区域进行操作。
- 滤镜（Filter）：提供多种滤镜效果，如模糊（Blur）、锐化（Sharpen）、风格化（Stylize）等，可以应用于图像创造各种艺术效果。

2．工具栏

工作界面左侧是工具栏，其中包含了各种常用工具。许多工具代表了一类操作，右击某个工具，将会弹出该类工具的选择列表，方便快速切换。

3．工具属性栏

在工具栏中单击某个工具，界面上方的工具属性栏会显示与该工具相关的操作选项。工具栏和工具属性栏是配合使用的，可以在工具属性栏中找到当前工具的更多细化功能。

4. 面板

在工作界面右侧可以根据需要显示常用的面板，如图层面板。要打开或关闭面板，只需在"窗口"（Window）菜单中勾选相应的面板项。

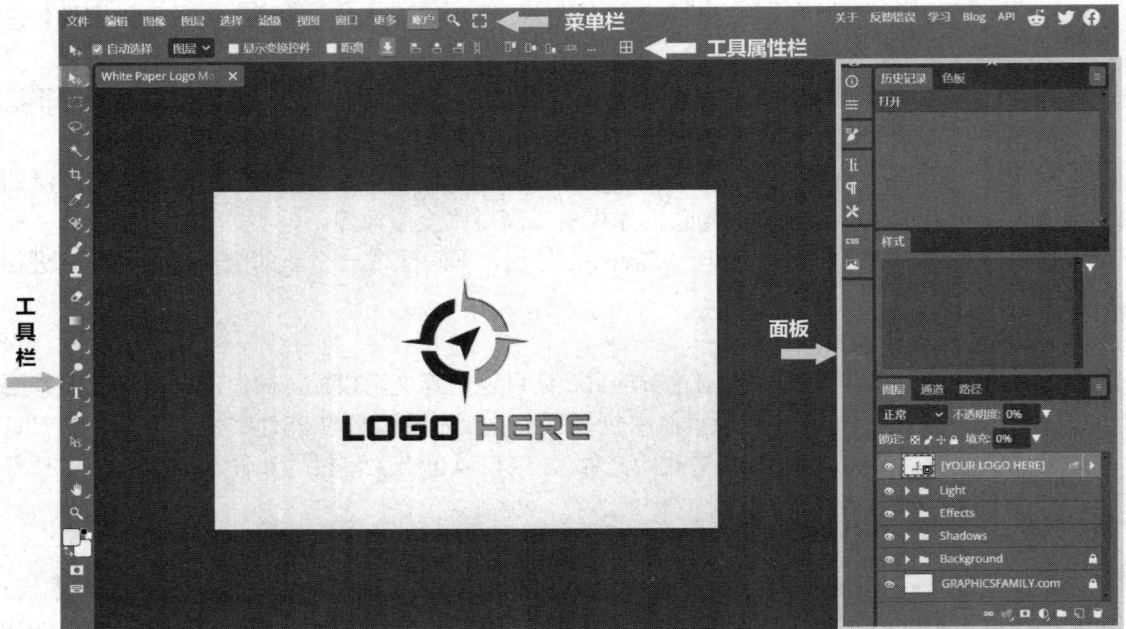

图 4-3　Photopea 工作界面

4.1.3　绘制图像的常用工具

绘制图像时，常用的工具包括图像缩放和图像平移工具以及历史记录面板，这些工具帮助用户精确地查看、移动和控制图像编辑过程，提升工作效率和灵活性。

1. 图像缩放

在 Photopea 工作界面的工具栏中，放大镜工具（Zoom Tool）🔍用于缩放图像。

选中放大镜工具后，直接在图像上单击则放大图像，按住 Alt 键（Windows）或 Option 键（macOS）+单击，则缩小图像。

〖**技巧**〗图像缩放的快捷方式：在 Windows 中，使用快捷键 Ctrl+"+"为放大，Ctrl+"–"为缩小；在 macOS 中，使用快捷键 Cmd+"+"为放大，Cmd+"–"为缩小。通过快捷键操作比鼠标单击更加高效。

2. 图像平移

图像平移主要用于处理非常大的图像。当图像大小超出可视区域时，平移工具可以帮助将需要操作的部分移入可视区。

图像平移使用抓手工具（Hand Tool）✋，选中该工具后，可以通过鼠标拖动实现图像的平移。

〖**技巧**〗如果当前正在使用其他工具（如选区工具等）并且鼠标已被占用，但仍需平移图像，可以按住空格键并拖动鼠标来平移图像；松开空格键后，会自动恢复到之前使用的工具操作。

3. 历史记录面板

Photopea 提供了"撤销"功能，使用户能够在操作失误或不满意时，迅速回退至之前的状态。在 Photopea 的历史记录面板中，会记录并显示最近的 20 步图像操作。通过直接单击历史记录项，可以快速撤销多个操作，回退到当时的状态。

4.1.4　选择和应用颜色工具

颜色的选择和应用会直接影响作品的视觉效果和表现力。下面介绍两个与颜色相关的工具。

1. 前景色/背景色工具

在 Photopea 中设置颜色，主要通过工具栏中的"前景色/背景色"工具完成。如图 4-4 所示，左上方的按钮对应前景色，右下方的按钮对应背景色，此外，还有恢复默认前景色/背景色的按钮，以及切换前景色/背景色的按钮。

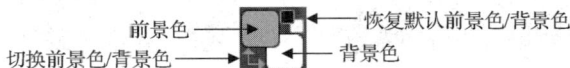

图 4-4　"前景色/背景色"工具

单击"前景色"或者"背景色"按钮，将会打开拾色器（Color Picker），如图 4-5 所示。Photopea 的拾色器是一个用于选择或调整颜色的工具，用户可以通过它精确地选择颜色并应用于设计项目中。以下是拾色器的主要组成部分。

（1）颜色面板：拾色器中最大的展示颜色的区域，显示了当前色相下所有的颜色变化。

（2）色相条：颜色面板右侧的垂直条，用于选择颜色的基本色相。色相条呈现从红色开始，经过橙色、黄色、绿色、青色、蓝色到紫色的连续渐变。

（3）色相选择器：呈圆形，位于颜色面板中。用户可以通过拖动色相选择器选择颜色面板上的颜色。色相选择器适合快速选择颜色。

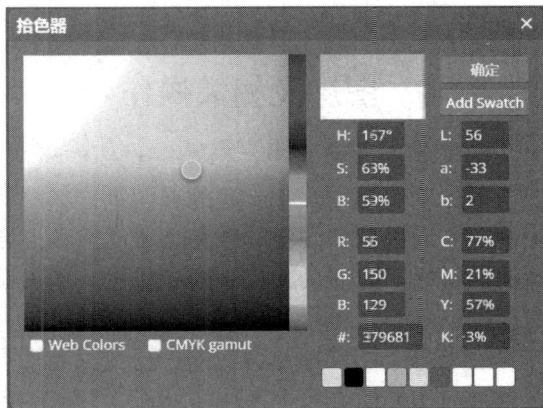

图 4-5　拾色器

（4）颜色预览：位于拾色器右侧顶部，分为上下两个部分，上方显示当前通过拾色器选定的颜色，下方为进入拾色器之前的前景色或背景色。

（5）颜色模式。

- RGB 模式：通过调整 R（红）、G（绿）、B（蓝）的值来选择颜色。
- HSB 模式：通过 H（色相）、S（饱和度）、B（亮度）的值来调整颜色。
- HEX 模式（#）：用 6 位十六进制代码表示颜色，每 2 位分别对应红、绿、蓝 3 种颜色的强度，便于精准定义和传递颜色。
- CMYK 模式：用于印刷设计，通过调整 C（青）、M（品红）、Y（黄）、K（黑）的百分比来定义颜色。

（6）色板：位于拾色器底部，提供预设的颜色库，用户可以直接选择常用颜色。

2. 吸管工具

使用工具栏中的吸管（Eyedropper）工具，可以轻松获取图像中的任何颜色。只需将包含所需颜色的图像打开，在 Photopea 中选择吸管工具，然后单击图像中的取色位置，所选颜色将自动成为前景色。这使得颜色提取变得非常直观，可帮助用户快速匹配和应用所需的颜色。无论是在设计中保持色彩的一致性，还是从图像中提取特定色调，吸管工具都非常适用。

还可以右键单击吸管工具，从列表中选择颜色采样器（Color Sampler）工具。

使用该工具后，只需在图像上单击，即可获取一个颜色采样点，每个采样点会自动编号，如图 4-6 所示。每个采样点的颜色值将根据当前 Photopea 的预设颜色模式（如 RGB、CMYK 等）

进行显示。可以通过信息（Info）面板查看每个采样点的颜色值，如图 4-7 所示，这为精确的颜色分析和匹配提供了极大的帮助。

图 4-6 用颜色采样器采样

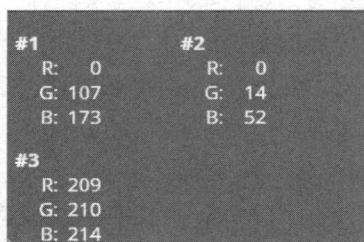

图 4-7 采样点的颜色值

〖提示〗要删除采样点，将鼠标指针移到采样点上，按住 Alt 键（Windows）或 Option 键（macOS），单击采样点即可将其删除。

4.1.5 图层及相关操作

图层是图像编辑中一个至关重要的概念，许多充满创意的作品正是通过灵活运用图层得到的。图层就像是堆叠在一起的透明纸，如图 4-8 所示，每个图层都可以独立编辑，而不会影响其他图层。通过调整图层的顺序、透明度和混合模式，用户可以实现复杂的效果，同时保留每个元素的独立性，方便后续的修改和优化。通过图层的透明区域，能够看到位于下方的图层内容，从而在同一画布上组合不同的元素，创造出独具特色的作品。

由于每个图层都是透明的，视觉上通常难以直接辨识图像中包含哪些图层，也无法通过肉眼区分当前操作的是哪个图层。然而，图层的各种操作，如调整、修改或应用效果，都是针对特定图层进行的。因此，准确选择并操作目标图层尤为重要。通过图层（Layers）面板，用户可以轻松查看并选择当前图层，确保图像的编辑与修改仅限于所选图层，从而实现精确控制和创作。

1. 选中图层的方法

选中图层的常用操作方法有两种：① 按 Ctrl 键（Windows）或 Cmd 键（macOS）的同时单击图层，此时可以通过移动图层上的元素来判断当前选中的图层；② 在图层面板中直接单击激活某个图层。图层面板显示了所有图层的列表，如图 4-9 所示，用户可以轻松选择并操作目标图层。

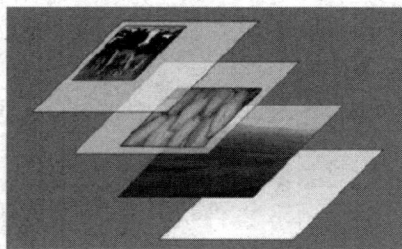

图 4-8 图层示意图

图 4-9 图层面板

每个图层前面都有一个"眼睛"图标，单击它可以快速隐藏或显示该图层。通过这种方式，用户可以轻松管理哪些图层可见，哪些图层被隐藏。

直接在图层面板中拖动图层，可以改变图层的上下顺序，从而调整图像的层叠关系，上面图层的内容会覆盖下面图层的内容。

与其他软件类似，按 Ctrl 键（或者 Cmd 键）+单击可以同时选中多个图层进行批量操作。

图层面板的最下方提供了"新建图层"（New Layer）按钮■和"删除"（Deleter）按钮■。将图层直接拖动到"删除"按钮上，即可实现删除图层的操作，简化了图层管理过程。

〖注意〗应养成良好的习惯，为每个图层命名。这不仅有助于提升图层选择的效率，还能方便后续的管理与操作。

2．图层的自由变换

如何修改图层的大小，或以图层为单位进行各种变换呢？

（1）选中目标图层，通过前面介绍的方法选择图层。

（2）单击菜单栏"编辑"（Edit）→"自由变换"（Free Transform），快捷键为 Alt+Ctrl+T（或 Option+Cmd+T）。进入自由变换模式后，图层四周会出现 8 个小方块，如图 4-10 所示。拖动这些方块，可以自由调整图层的大小。如果按住 Shift 键拖动，则可以保持等比例变换，防止图像发生形变。

〖注意〗进入图层的自由变换模式后，必须执行一个操作来确认或放弃变换，才能退出该模式。按 Enter 键表示确认变换；按 Esc 键则表示放弃修改，恢复原状。除此之外，还可以使用随自由变换出现的工具属性栏，如图 4-11 所示，单击■按钮确认变换，单击■按钮撤销变换。

图 4-10　启动"自由变换"功能后的图层

图 4-11　图层自由变换工具属性栏

3．图层的复制

图层是图像中的独立单元，可以进行图层复制。首先在右侧的图层面板中单击选中要复制的图层。

方法 1：在图层面板中选中图层后，右键单击图层，在快捷菜单中选择"复制图层"（Duplicate Layer）。

方法 2：在图层面板中选中图层后，按住 Alt 键（或 Option 键）的同时将图层拖动到空白区域或其他位置实现复制。

4．图层的混合

一个图像中多个图层的混合效果受到混合模式和透明度等多种因素的共同影响。

图层的混合模式用于控制一个图层与下面图层如何合成。通过调整混合模式，当前图层的像素与下面图层的像素进行不同方式的结合，可以产生各种视觉效果。混合模式通过影响颜色、亮度、对比度等属性来改变图像的外观。

通过图层面板的混合模式下拉列表，可以方便地查看不同模式下混合的效果。常见的混合模式如下。

正常（Normal）：默认的混合模式，当前图层的像素会完全覆盖下面的图层，不会有任何混合效果。

叠加（Overlay）：结合了"变暗"（Darken）和"变亮"（Lighten）两种效果，可以增强图像的对比度，使较亮的区域变得更亮，较暗的区域变得更暗。

柔光（Soft Light）：类似于叠加模式，但效果更为柔和。它根据下面图层中图像的亮度调整当前图层中图像的透明度，通常用于增加图像的柔和度。

强光（Hard Light）：结合了"叠加"和"正常"模式的效果，较亮的区域会变得更亮，较暗的区域则变得更暗，产生强烈的对比效果。

除了图层的混合模式，图层的透明度（Opacity）也会影响混合的效果。

图层的透明度用于控制图层内容的可见程度，从完全透明 0% 到完全不透明 100%。无论该图层的混合模式是什么，透明度都会直接影响图层上的所有像素。

图层的混合模式决定图层如何与下方图层的像素互动，产生不同的视觉效果。透明度则影响混合模式的强度，降低透明度会使混合后的效果变得柔和，透明度为 0%时图层完全透明，即不可见。两者共同作用，决定了图层在图像中的展示效果。

5．图层的合并

当图像完成制作并包含多个图层时，为了隐藏图层结构或保护创作者的知识产权，避免他人直接使用素材，可以通过图层合并操作来实现。

在图层面板中，选择多个图层，并单击菜单栏"图层"（Layer）→"合并图层"（Merge Layers）将所选图层合并。若想一次性将所有可见图层合并为一个图层，可以单击菜单栏"图层"（Layer）→"拼合图像"（Flatten Image）。

4.1.6　选区操作

所谓选区，通俗来说就是抠图。当前的选区通常以蚂蚁线的形式呈现。

1．常用选区工具

Photopea 提供的选区工具可分为两大类：一类是规则的，如矩形选框工具、椭圆选框工具等；另一类是不规则的，如套索工具和魔棒工具等。应根据要抠图区域的形状和特点，选择合适的选区工具。

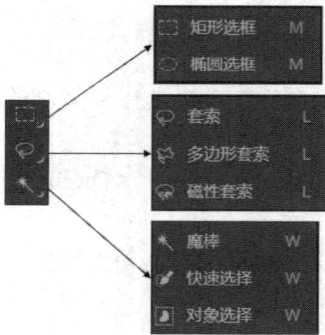

选区工具位于工具栏中，如图 4-12 所示，右击工具按钮，可以从列表中选择同类操作的选区工具。

使用规则选区工具时，按住 Shift 键可以产生正方形或正圆形的选区，例如，使用椭圆选框工具同时按住 Shift 键，可以制作出一个圆形的素材，如图 4-13（a）所示。

套索工具（Lasso Select）包括多边形套索工具和磁性套索工具。多边形套索工具可以通过直线的方式来组织选区；磁性套索工具则像磁铁一样，帮助自动定位并推测与目标选区最接近的区域。例如，可以使用多边形套索对图 4-13（b）中的货箱进行选区处理。

图 4-12　选区工具

魔棒工具（Magic Wand）则可以以最快的速度选中相同色块的区域。例如，可以使用魔棒工具从图 4-13（c）素材中抠取卡车。

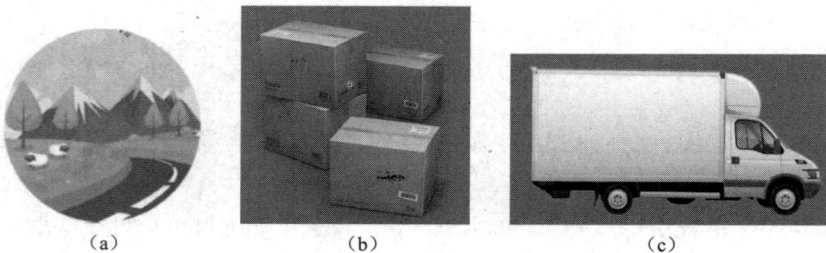

（a）　　　　　　（b）　　　　　　（c）

图 4-13　选区工具适用素材示例

2．选区操作与调整

选区可以进行移动、调整大小等操作。

要改变选区的大小，可以通过单击菜单栏"选择"（Select）→"变换选区"（Transform Selection）来实现。需要注意的是，变换选区与图层的自由变换不同。图层的自由变换作用于整个图层，而变换选区仅影响被蚂蚁线圈起来的区域，即图层中的选定部分。

要取消选区，可以使用快捷键 Ctrl+D（或 Cmd+D），否则蚂蚁线会一直显示在图像上，造成干扰。

3．选区应用

在选区上可以进行多种操作，常见的包括复制、粘贴选区内容，利用选区制作色块，对选区进行羽化等处理。

色块是图像中常见的元素，制作色块的方法是使用矩形选框工具，并结合颜色填充功能，即通过单击菜单栏"编辑"（Edit）→"填充"（Fill）来实现。

羽化可以使选区的边界变得更加柔和，避免硬边缘带来的突兀感，适合需要平滑过渡效果的场景。操作方法：单击菜单栏"选择"（Select）→"修改"（Modify）→"羽化"（Feather），在弹出的对话框中设置羽化值。

4.2　图像基础知识实验

本节学习图像的数字化表示原理以及图像处理的基本原理和操作技巧，掌握如何在实际应用中优化图像质量，为后续的图像处理工作奠定基础。

4.2.1　图像的数字化表示实验

本实验通过颜色模式、图像模式、图像类型、图像格式转换等知识，理解图像的数字化过程，并深入探讨不同格式图像的特征及其应用。

4.2.1.1　实验目标

（1）以 Photopea 为载体了解 RGB 等颜色模式，认识彩色图像中像素的颜色表达。

（2）使用 Photopea 进行图像类型及格式的转换，加深对图像量化位数的理解，以及对各种图像格式的认识。

4.2.1.2　实验任务

本实验任务的目标知识点见表 4-2。

表 4-2　实验任务的目标知识点

编号	任务	目标知识点
1	使用颜色采样器工具并观察颜色值	了解 RGB 颜色模式，建立通道的概念
2	使用吸管工具并观察颜色值	快速选择图像中的颜色，提取颜色值
3	彩色图像数字化计算	理解图像数字化过程
4	将彩色图像转换为灰度图像和黑白图像	理解灰度模式和二值模式，进行不同图像模式的转换
5	PNG 到 GIF 格式的转换	图像文件格式的转换，了解不同图像格式的特点
6	JPEG 压缩	理解 JPEG 图像压缩比与图像质量之间的关系

【任务 1】使用颜色采样器工具并观察颜色值。

（1）进入 Photopea，单击菜单栏"文件"（File）→"打开"（Open），选择一张彩色图像并加载。

（2）在工具栏中右击吸管（Eyedropper）工具，从快捷菜单中选择颜色采样器（Color Sampler）工具，然后在图像中 4 个颜色差异较大的区域单击，创建 4 个采样点，每个采样点都有一个编号。

（3）单击菜单栏"窗口"（Window）→"信息"（Info），打开信息面板。查看并记录每个采样点的 R、G、B 颜色值，观察它们之间的差异。

【任务 2】使用吸管工具并观察颜色值。

（1）打开一张彩色图像。

（2）选择吸管工具，在图像中单击想要采样的区域，将该颜色设置为前景色。

（3）单击工具栏底部的前景色方块，打开拾色器（Color Picker）。

（4）观察和记录 RGB 颜色模式下三个颜色通道（R、G、B）的颜色值及其十六进制表达（显示在"#"框中）。

〖注意〗使用吸管工具和颜色采样器工具时，颜色值是基于当前图像的像素数据。为了确保选择的颜色准确，建议放大图像，以精确地选择目标像素，避免因像素模糊或周围颜色干扰而导致选择的颜色不准确，确保获取最精确的颜色值。

【任务 3】彩色图像数字化计算。

（1）打开一张彩色图像。

（2）单击菜单栏"文件"（File）→"导出为"（Export As）→"更多"→"BMP"，打开"存储为 Web"对话框。

（3）查看图像宽度和图像高度的像素数，计算 BMP 文件的大小，公式如下：

$$文件大小=图像宽度×图像高度×每像素字节数$$

对于彩色图像，1 像素通常占 3 字节。计算完毕后，将结果与实际文件大小进行对比，理解图像大小（图像分辨率）与文件大小的关系，进一步了解图像数字化的过程。单击"保存"按钮，保存文件。

（4）调整图像大小。单击菜单栏"图像"（Image）→"图像大小（Image Size）"，在对话框中将图像大小调整为 100×100 像素，然后导出为新的 BMP 文件。

（5）使用上述公式计算调整后的新 BMP 文件的大小，并与保存后的实际文件大小进行对比，验证图像大小与文件大小之间的关系。

通过对比可知，BMP 文件大小与图像分辨率直接相关，图像分辨率越高，文件越大。调整图像分辨率可有效控制文件大小，优化存储和传输。

【任务 4】将彩色图像转换为灰度图像和黑白图像。

在 Photopea 中，图像没有灰度模式，因此需要通过色相/饱和度（Hue/Saturation）实现去色，得到灰度图像。

色相/饱和度/亮度（Hue Saturation Lightness，HSL）是调整颜色的常用工具。色相（Hue）控制颜色的基本类型，例如，色相从-180 到 180 表示不同颜色。饱和度（Saturation）控制颜色的鲜艳程度，饱和度越高，颜色越鲜艳；饱和度越低，颜色变得越灰暗或接近灰色。亮度（Lightness）控制颜色的明暗程度，亮度越高，颜色越接近白色；亮度越低，颜色越接近黑色。

在 Photopea 中，调整色相/饱和度/亮度时，会看到一个选择范围（Range）的下拉列表，包含以下颜色选项：Master、Red（红色）、Yellow（黄色）、Green（绿色）、Cyan（青色）、Blue（蓝色）和 Magenta（品红色）。其中，Master 表示对图像中的所有颜色进行整体调整，也就是说，所有颜色通道会同时受到影响，其他选项代表对不同颜色通道进行调整。

在 Photopea 中，饱和度的取值范围为-100～100（百分比），它控制了图像中颜色的鲜艳程度。具体来说，-100 表示完全去除色彩，图像将变为灰度图像，没有任何颜色，只保留亮度信息；0

表示图像的颜色没有变化，图像的色彩呈现自然状态，不偏向任何饱和度；+100 表示颜色的最大饱和度，图像中的颜色会变得非常鲜艳，达到最为纯净的色彩。

〖实验步骤〗

（1）将彩色图像转换为灰度图像并保存。

① 打开彩色图像，单击菜单栏"图像"（Image）→"调整"（Adjustments）→"色相/饱和度"（Hue/Saturation），弹出"色相/饱和度"对话框，将饱和度滑块向左拖动到-100，如图 4-14 所示，使彩色图像变成灰度图像。

图 4-14 "色相/饱和度"对话框

② 观察灰度图像的特点，图像仅由黑色、白色和不同程度的灰色组成，颜色数量减少，但保留了图像的亮度和对比度信息。

③ 单击菜单栏"文件"（File）→"导出为"（Export As）→"更多"→"BMP"，在"存储为 Web"对话框中可以查看灰度图像的像素数（宽度和高度）和文件大小。

（2）计算灰度图像的文件大小。对于灰度图像，1 像素通常占用 1 字节。按照前面的公式计算文件大小，将计算结果与"存储为 Web"对话框中显示的文件大小进行对比，理解图像数字化的过程。确认文件大小和其他设置后，单击"保存"按钮，完成图像的保存。

（3）将灰度图像转换为黑白图像。

① 打开刚才保存的灰度图像，单击菜单栏"图像"（Image）→"调整"（Adjustments）→"阈值"（Threshold），打开"阈值"对话框，调整滑块以确定二值模式的分界点。例如，将阈值设置为 128，则 0～127 的像素值会被视为黑色，128～255 的像素值会被视为白色，得到只有纯黑和纯白两种颜色的二值图像。

② 观察二值图像的特点，经过阈值化处理后，灰度图像转换为二值图像，图像的颜色数量减少到 2 种（1 位量化），灰度细节会丢失。这种二值图像适用于对比明显的处理任务，如文字识别或线条图等。

③ 保存为 BMP 文件。

（4）计算二值图像的文件大小。对于二值图像，计算文件大小的方法与灰度图像相同，但由于 1 像素只占用 1 位（黑或白），所以二值图像的文件大小将比灰度图像小得多。将计算结果与实际文件大小进行对比，理解图象数字化的过程。

【任务 5】PNG 到 GIF 格式的转换。

（1）打开 PNG 格式的图像，放大，观察图像边缘的平滑度。由于 PNG 格式支持真彩色，如果图像包含透明区域或半透明区域，边缘会显得很平滑，不会出现明显的锯齿。

（2）将图像转换为 GIF 格式并保存。单击菜单栏"文件"（File）→"导出为"（Export As）→"GIF"，在"存储为 Web"对话框中，设置为 256 种颜色（GIF 格式的限制）并保存图像。

（3）观察 GIF 格式图像的边缘。打开刚才保存的 GIF 格式图像，放大，观察图像的边缘，特别是曲线部分。由于 GIF 格式的颜色限制，曲线部分可能会出现锯齿效应，特别是原本平滑过渡的边缘可能因为颜色的减少导致像素间的渐变不再平滑。

（4）总结 PNG 格式和 GIF 格式的特点及应用场景。

【任务6】JPEG 压缩。

JPEG（Joint Photographic Experts Group）是一种广泛使用的图像压缩标准，专门设计用于压缩照片和类似图像。它采用了有损压缩算法，主要用于需要减小文件大小的场景。

JPEG 采用有损压缩算法，这意味着在压缩过程中，图像数据会有所丢失，特别是在降低质量设置时。通过舍弃对视觉效果影响较小的数据，JPEG 压缩算法显著减小了文件大小，从而节省了存储空间、加快了传输速度。

〖实验步骤〗

（1）打开 JPG 格式的图像。

（2）选择不同的压缩比例并保存。

① 单击菜单栏"文件"（File）→"导出为"（Export As）→"JPG"，打开如图 4-15 所示的"存储为 Web"对话框。

② 拖动对话框中的"质量"（Quality）滑块，可以为 JPG 图像选择压缩质量：选择高质量（如 80～100），将保持图像细节，但文件大小较大；选择中等质量（如 50～79），会适度压缩图像，减小文件的大小，但可能会略微影响图像质量；选择低质量（如 10～49），此时图像会经历较大压缩，文件大小会显著减小，但图像质量会受到较大影响，可能会出现明显的失真。设置不同的质量级别时，在"存储为 Web"对话框中可以实时查看文件大小的变化。

③ 对于每种压缩质量设置，都将文件保存到计算机中，记录、对比不同质量设置下的文件大小。

图 4-15 "存储为 Web"对话框

（3）分别打开高质量、中等质量和低质量的 JPG 图像，比较图像的视觉效果，特别是细节部分。高质量的图像会保留更多的细节，而低质量的图像可能会有明显的压缩失真，如颜色块状、模糊或出现锯齿。

4.2.1.3　实验总结与思考

本实验学习图像的数字化表示方法，包括像素、分辨率、像素深度和图像格式等概念。根据以下实验的重点、难点对本实验进行总结，并撰写实验报告。

（1）实验重点

① 理解图像的数字化过程：学习如何将模拟图像转换为数字图像，掌握像素、分辨率和像素深度的概念。

② 分辨率和像素深度的影响：通过实验观察不同分辨率和像素深度对图像质量的影响，理解其对图像清晰度和色彩表现力的作用。

③ 图像质量与文件大小的关系：探讨高分辨率和高像素深度对图像文件大小的影响，学习如何在质量和存储空间之间找到平衡。

（2）实验难点

① 分辨率和像素深度的选择：在实际操作中，如何根据具体需求选择合适的分辨率和像素深度，以达到最佳的图像质量和文件大小。

② 数字化参数的优化：理解不同数字化参数对图像质量的影响，并能够根据应用场景进行优化设置。

③ 图像质量的评估：如何客观地评估图像质量，准确判断图像在分辨率和像素深度变化时的清晰度和色彩表现。

4.2.2　图像的基本操作实验

本实验使用 Photopea 进行图像裁剪、旋转、缩放和亮度/对比度调整等操作，从而优化构图，改善视觉效果，适应不同的编辑需求和优化任务。

4.2.2.1　实验目标

（1）熟悉 Photopea 的基本操作界面。

（2）掌握使用 Photopea 对图像进行裁剪、旋转、缩放等操作。

（3）学习使用 Photopea 调整图像的亮度和对比度。

4.2.2.2　实验任务

打开 Photopea，单击菜单栏"文件"（File）→"打开"（Open），选择并加载一张图像，展开如下任务。

【任务 1】裁剪图像。

裁剪图像通过去除图像中不必要的部分优化构图、突出主体，并改善视觉效果。它可以帮助调整图像的比例，使其更适合特定的展示需求，如社交媒体、打印等，同时去除干扰元素或杂乱背景，使画面更加简洁和突出焦点。还能应用构图规则，如三分法、黄金比例等，提升图像的美感和艺术性，最终让图像更具吸引力和表现力。

〖实验步骤〗

（1）选择裁剪工具。在工具栏中，单击裁剪（Crop）工具。

（2）设置裁剪区域。用鼠标拖动裁剪区域边框，可以精确调整边框的大小、位置来选择保留区域。

（3）裁剪图像。选定保留区域后，单击工具属性栏中的✓按钮，或者按 Enter 键确认裁剪，边框外的内容将被删除。

【任务2】旋转图像。

旋转图像可以调整图像的方向和角度，使其更符合观看需求或创作意图。通过旋转，可以纠正拍摄时因角度问题导致的倾斜，使图像水平或垂直对齐，旋转还能改变图像的视角，创造出更具动态感或艺术感的视觉效果，为图像赋予新的表现力和创意空间。

〖实验步骤〗

（1）选择旋转图像功能。单击菜单栏"编辑"（Edit）→"变换"（Transform），展开级联菜单。

（2）选择旋转方式或角度。级联菜单提供了顺时针旋转 90°、逆时针旋转 90°、旋转 180°、水平翻转（Flip Horizontally）和垂直翻转（Flip Vertically）几种固定角度的旋转方式。

（3）如果要进行自定义角度的旋转，在级联菜单中选择"旋转"（Rotate），图像进入自由变换（Free Transform）状态，有以下两种方式。

方式 1：在图像的四个角上会出现小框，移动鼠标指针到这些框的外部边缘，当指针变成旋转箭头形状时，按住鼠标左键并旋转图像到想要的角度。

方式 2：在工具属性栏中，单击角度输入框，直接输入要旋转的角度数值（如 45 或 60 等），单击✓按钮。

【任务3】缩放图像。

缩放图像可以调整图像的尺寸和分辨率，使其适应不同的展示需求或使用场景。通过放大图像，可以突出细节或获得更大的显示空间；而缩小图像则有助于减少文件大小、优化加载速度，或适配特定尺寸的布局（如网页、社交媒体、打印等）。

图 4-16 "图像大小"对话框

〖实验步骤〗

（1）选择缩放图像功能。单击菜单栏"图像"（Image）→"图像大小"（Image Size），打开如图 4-16 所示的"图像大小"对话框。

（2）缩放图像。设置图像的宽度和高度；选中"约束比例"（Keep Aspect Ratio）🔗可以等比例缩放图像。

对话框底部的"重新采样"（Resample）复选框是调整图像大小时的一个重要设置，它决定了图像在缩放过程中如何处理像素信息。选中该复选框，调整图像的大小或分辨率时，图像的像素数会发生变化。

例如，放大图像时会增加像素数，缩小图像时会减少像素数。像素数的变化由对应的插值算法计算得到，Photopea 提供的插值方式如下。

- 邻近（Nearest Neighbor）：是最简单的算法，选择与目标像素距离最近的原始像素进行填充，速度快但效果较差，适合像素艺术或需要保留硬边缘的图像。
- 两次线性（Bilinear）：通过计算目标像素周围 4 个像素的线性加权平均得到目标像素，效果比邻近方式平滑，适合中等质量的缩放。
- 二次立方较锐利（Bicubic Sharper）：计算目标像素周围 16 个像素的加权平均得到目标像素，并加入锐化滤镜，适合缩小图像，能够保留更多细节。

通过合理使用重新采样选项，可以在调整图像大小时获得最佳的效果，满足不同的需求。

（3）确认缩放。单击"确定"按钮，图像将按照新的大小完成调整。

实现图像缩放还可以使用"自由变换"（Free Transform）功能，方法相似。

（1）选择"自由变换"功能。单击菜单栏"编辑"（Edit）→"自由变换"（Free Transform），或者使用快捷键 Ctrl+T（或 Cmd+T）。

（2）缩放图像。拖动图像边框的小方框来缩放图像，按住 Shift 键以保持比例不变，或者不按 Shift 键来进行不同比例的缩放。在工具属性栏中，可以选择重新采样方式。

（3）确认变换。调整到合适大小后，按 Enter 键或单击工具属性栏中的✓按钮确认变换。

【任务 4】调整亮度和对比度。

调整亮度和对比度可以优化图像的视觉效果，使画面更加清晰、生动。调整亮度可以修正曝光问题，改善过暗或过亮的区域；调整对比度则能增强明暗差异，突出细节和层次感，使图像更具表现力和吸引力。

〖实验步骤〗

（1）选择调整亮度/对比度功能。单击菜单栏"图像"（Image）→"调整"（Adjustments）→"亮度/对比度"（Brightness/Contrast），打开"亮度/对比度"对话框。

（2）调整亮度。拖动"亮度"（Brightness）滑块可以改变图像的整体亮度，向右增加亮度，向左则降低亮度。

（3）调整对比度。拖动"对比度"（Contrast）滑块可以增加或减少图像的对比度，向右增加对比度，使图像更加鲜明，向左减少对比度，图像的亮暗差异将变得较小。

在调整的过程中可以实时查看图像的变化，确保达到想要的效果。

（4）确认调整。调整完毕，单击"确定"按钮应用更改。

4.2.2.3　实验总结与思考

本实验通过图像的基本操作，加深对图像处理技术的理解。根据以下实验的重点、难点对本实验进行总结，并撰写实验报告。

（1）实验重点

① 图像裁剪和旋转：学习如何使用图像处理软件对图像进行裁剪和旋转，掌握如何通过调整构图来突出图像主体。

② 图像缩放：理解图像缩放的原理，掌握如何在缩放过程中保持图像质量，避免失真或模糊。

③ 亮度和对比度调整：学习如何通过调整亮度和对比度来改善图像的视觉效果，使图像更加清晰和生动。

（2）实验难点

① 裁剪和旋转的精确控制：在实际操作中，如何精确控制裁剪的大小和旋转的角度，以达到最佳的构图效果。

② 缩放对图像质量的影响：理解缩放操作对图像质量的影响，特别是在放大图像时如何避免像素化或模糊现象。

③ 亮度和对比度的精确调整：如何根据图像的具体情况，精确调整亮度和对比度，以达到最佳的视觉效果，特别是在复杂光照条件下的图像处理。

4.3　图像处理基础

图像处理涵盖了图像的采集、增强、去噪、滤波、锐化、边缘检测、特征提取、压缩、恢复等操作，旨在提升图像质量、提取有用信息或进行分析。

本节以图像滤波技术为切入点，学习图像处理的基础知识。使用 Photopea 软件进行实验，深入理解滤波的概念，并探讨滤波对图像效果的影响。

4.3.1　图像滤波

图像滤波（Filtering）是一种图像处理技术，通过对图像中的像素进行数学运算来改变图像的外观或提取特定信息。滤波可以改善图像质量（如去噪、平滑、锐化）、提取关键特征（如边缘检测、纹理等）、实现艺术效果（如模糊、浮雕），以及为图像分析和计算机视觉任务提供支持。它是图像处理中的核心技术之一，广泛应用于医学影像、摄影、自动驾驶等领域。

图像滤波的意义见表 4-3。

表 4-3　图像滤波的意义

滤波技术	意义	常用滤波	应用场景
去噪与平滑	图像在采集或传输过程中可能会受到噪声的干扰（如高斯噪声、椒盐噪声等），滤波可以有效地去除这些噪声，使图像更加清晰	高斯滤波、均值滤波、中值滤波	医学图像处理、卫星图像处理、摄影后期处理等
边缘检测	边缘是图像中重要的特征之一，滤波可以突出图像的边缘信息，用于目标检测、图像分割等任务	Sobel 算子、Canny 边缘检测、Laplacian 算子	计算机视觉、自动驾驶、图像识别等
锐化与细节增强	增强图像的细节，使图像看起来更加清晰和锐利	拉普拉斯锐化、非锐化掩模、高反差保留滤波	摄影后期处理、图像增强等
特征提取	提取图像中的特定特征（如纹理、形状等），用于图像分析和模式识别	Gabor 滤波器、方向滤波器等	纹理分析、指纹识别、人脸识别等
艺术效果	创建各种艺术效果，如模糊、浮雕、油画效果等	高斯模糊、运动模糊、浮雕滤镜	艺术创作、特效制作等

Photopea 支持多种滤波效果，集成在"滤镜"（Filter）菜单中。

滤波和滤镜在图像处理中密切相关，但并不是完全相同的概念，表 4-4 展示了二者之间的区别和联系。

表 4-4　滤波和滤镜的区别与联系

对比项	滤波（Filtering）	滤镜（Filter）
定义	滤波是一种数学运算，通过对图像的像素进行卷积或其他操作，改变图像的外观或提取特定信息	滤镜是图像处理软件中预定义的一组效果或操作，用户可以通过简单的单击或参数调整应用这些效果
核心	滤波通常基于"滤波器"或"卷积核"与图像中的像素进行运算	滤镜基于滤波算法实现，但滤镜更注重用户友好性和视觉效果
目的	用于去噪与平滑、边缘检测、锐化与细节增强、特征提取等	用于快速实现艺术效果、风格化处理或图像增强
示例	高斯滤波、中值滤波、Sobel 算子等	高斯模糊滤镜、锐化滤镜、油画滤镜等

总的来说，滤波是滤镜的技术基础，滤镜通常是基于滤波算法实现的。例如，高斯模糊滤镜的背后是高斯滤波算法。滤波更偏向于技术层面的操作，而滤镜则是滤波算法的封装，提供更简单的用户界面。滤波常用于计算机视觉、医学影像等专业的图像处理任务，而滤镜常用于摄影后期、艺术创作等场景。

4.3.2　图像处理实验

本节以滤波技术为核心，通过实验认识高斯模糊、图像边缘提取、图像去噪，以及图像锐化与细节增强等技术，并理解这些技术的基本原理。

4.3.2.1 实验目标

（1）掌握高斯模糊技术，学习如何使用高斯模糊对图像进行模糊处理，理解高斯模糊的原理及其在图像处理中的应用。

（2）掌握图像边缘提取技术，理解其在图像分析和计算机视觉中的重要性。

（3）掌握图像去噪技术，识别与处理图像中的高斯噪声和椒盐噪声，理解高斯滤波和中值滤波的原理及其适用场景。

（4）掌握图像锐化与细节增强技术，使用非锐化掩模和高反差保留滤波对图像进行锐化和细节增强，理解这两种技术的原理及其优缺点。

4.3.2.2 实验任务

本实验任务的目标知识点见表 4-5 所示。

表 4-5 实验任务的目标知识点

编号	任务	目标知识点
1	车牌图像的模糊处理	高斯模糊
2	图像边缘提取	查找边缘
3	图像去噪	高斯噪声和高斯滤波，椒盐噪声和中值滤波
4	图像锐化与细节增强	非锐化掩模、高反差保留滤波

【任务 1】车牌图像的模糊处理。

图像模糊处理通过减少细节和噪点，使图像变得更加平滑，帮助突出主要特征或创建柔和的视觉效果。它常用于去除图像中不必要的干扰、减轻噪声、突出焦点，并为后续的图像分析（如边缘检测、图像分割等）提供更简洁的输入。同时，模糊处理还常用于创建背景虚化效果，增强视觉焦点，或者在某些场景中隐藏图像中的敏感信息（如人脸、车牌号等）。

高斯模糊（Gaussian Blur）基于高斯函数（正态分布函数）对图像进行卷积运算，通过加权平均周围像素的值来实现平滑效果。基于高斯函数的对称性和权重分布，高斯模糊在平滑图像的同时，能够较好地保留边缘信息。高斯模糊算法中，用于控制高斯函数扩展程度的标准差、卷积运算的高斯核的大小共同影响了模糊的强度。标准差越大、高斯核越大，模糊效果越强。

下面对图 4-17 所示图像的车牌进行模糊处理，该图像为 AI 生成。操作过程如下。

（1）打开图像。在 Photopea 中，单击菜单栏"文件"（File）→"打开"（Open），选择并打开图像。

（2）选择指定区域。在工具栏中选择选区工具，如矩形选框（Rectangular Select）工具或者套索（Lasso）工具，完成区域的选择。

（3）羽化选区（可选）。为了使模糊区域与周围图像过渡自然，可以对选区进行羽化。右击选区，在快捷菜单中选择"修改"（Modify）→"羽化"（Feather），在弹出的对话框中设置羽化半径（如 10 像素），单击"确定"按钮。

（4）应用高斯模糊。单击菜单栏"滤镜"（Filter）→"模糊"（Blur）→"高斯模糊"（Gaussian Blur），在弹出的对话框中，调整半径（Radius）来控制模糊的强度。半径越大，意味着较大的高斯核和较高的标准差，模糊效果越强。单击"确定"按钮应用模糊效果。

（5）取消选区。模糊效果应用后，按快捷键 Ctrl+D（或 Cmd+D）取消选区。

（6）保存图像。单击菜单栏"文件"（File）→"导出为"（Export As），选择保存格式（如 JPG

或 PNG），保存处理后的图像。

模糊效果如图 4-18 所示，实现了隐私保护。

图 4-17　带有车牌的 AI 生成图像

图 4-18　高斯模糊处理车牌后的图像

高斯模糊在图像处理中还常用于背景虚化、降噪或创建特殊效果。应用高斯模糊时，可以尝试不同的半径值，观察不同程度的模糊效果，并思考半径值对模糊效果有何影响，在哪些场景中适合使用高斯模糊。同时，也可以尝试其他的模糊滤镜，观察不同模糊算法产生的效果。

【任务 1 拓展】基于以上方法，选择图像，进行其他高斯模糊实验。

- 自然风景图像：如山脉、湖泊、森林等，进行背景虚化以突出前景。
- 人像图像：用于人脸模糊，保护隐私。
- 医学影像：如 X 光片、MRI 图像，模拟医学图像中的隐私保护或降噪处理。

【任务 2】图像边缘提取。

图像边缘提取可以识别和突出图像中的显著边界或轮廓，帮助明确物体的形状和结构。通过提取边缘，可以有效简化图像的表示，去除不必要的细节，便于后续的图像分析与处理，如进行目标检测、图像分割和特征识别等。边缘提取是图像理解和计算机视觉中的重要步骤。

下面对图 4-17 所示图像进行边缘提取，操作过程如下。

（1）打开图像。在 Photopea 中，单击菜单栏"文件"（File）→"打开"（Open），选择并打开图像。

（2）应用"查找边缘"滤镜。单击菜单栏"滤镜"（Filter）→"风格化"（Stylize）→"查找边缘"（Find Edges），图像会自动转换为边缘提取效果，突出显示图像的轮廓和线条。

〖提示〗如果提取的边缘效果过于强烈，可以调整图像的对比度（单击菜单栏"图像"→"调整"→"亮度/对比度"）微调边缘的效果。

（3）保存图像。单击菜单栏"文件"（File）→"导出为"（Export As），选择保存格式（如 JPG 或 PNG），保存处理后的图像。

图像边缘提取效果如图 4-19 所示。

使用"查找边缘"滤镜，可以提取图像的轮廓和线条，从而强调图像中的边缘细节。这种效果常用于图像分析、边缘检测或艺术创作，帮助突出物体的结构和形状。在图像的不同部分，"查找边缘"滤镜的效果会有所不同：在高对比度区域，滤镜通常能够清晰地识别边缘并增强细节；在低对比度区域，滤镜可能会产生模糊或较弱的边缘效果。因此，"查找边缘"滤镜的效果与图像的内容密切相关，尤其是图像中物体边界的清晰度和对比度，决定了滤镜效果的强度和准确度。

【任务 2 拓展】基于以上方法，选择图像，进行其他边缘提取实验。

- 建筑图像：如城市街景等，提取建筑物的轮廓和结构。
- 医学影像：如 CT 图像，提取器官或病变区域的边缘。
- 艺术图像：如素描或绘画，提取艺术作品的线条和轮廓。

【任务 3】图像去噪。

在进行图像噪声处理实验之前，首先需要准备带有两种不同噪声类型的图像。可以使用 Photopea 生成带有噪声的图像。首先，加载要添加噪声的图像，下面以图 4-20 图像为例。

图 4-19　图像边缘提取效果

图 4-20　无噪声图像

生成高斯噪声（Gaussian Noise）：单击菜单栏"滤镜"（Filter）→"杂色"（Noise）→"添加杂色"（Noise），在"添加杂色"对话框中选择"高斯"分布，并设置噪声的数量。图像中出现符合高斯分布的随机噪声，通常表现为均匀的噪点，如图 4-21 所示，保存图像。

在"添加杂色"对话框中，选择"平均"分布方式，并设置适当的噪声数量，图像中出现椒盐噪声（Salt-and-Pepper Noise），表现为随机的黑白像素，如图 4-22 所示，保存图像。

图 4-21　带有高斯噪声的图像

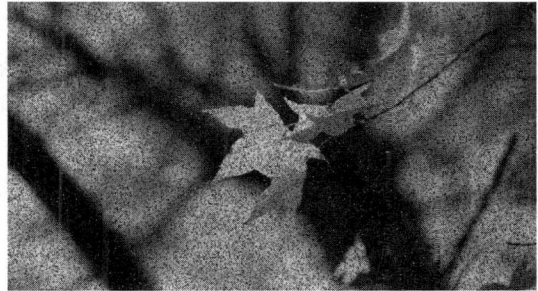

图 4-22　带有椒盐噪声的图像

高斯噪声和椒盐噪声是图像处理中常见的噪声类型，通常用来模拟和描述由传感器产生的噪声以及图像传输过程或其他外部干扰引起的噪声。

高斯噪声是一种常见的随机信号噪声，符合高斯分布（正态分布）。它的特征是噪声的幅度沿正态分布随机波动，通常会影响图像的细节和清晰度，可能导致图像模糊或细节丢失。通常应用高斯滤波算法去除这种噪声，高斯滤波基于高斯分布的特性，通过平滑图像来恢复被噪声污染的细节。

椒盐噪声是另一种常见的噪声类型，因其外观类似于在图像上随机撒上盐粒（白色噪声）和胡椒粒（黑色噪声）而得名。椒盐噪声的特点是图像中部分像素被极端化，通常表现为极亮的白色像素（盐噪声）或极暗的黑色像素（胡椒噪声）。这种噪声会严重破坏图像的细节，通常使图像看起来像是被随机撒上了黑白噪点。为了有效去除椒盐噪声，常用的方法是中值滤波。它将每个像素替换为其邻域内像素的中位数，能够有效去除极端的噪声值，同时保留图像的边缘和结构。

利用这些去噪技术，可以有效恢复图像的质量，减少噪声对视觉效果的影响。

〖实验步骤〗

（1）分别加载带有高斯噪声和椒盐噪声的图像。

（2）分别应用高斯滤波和中值滤波对图像进行去噪处理。

① 应用高斯滤波。单击菜单栏"滤镜"（Filter）→"模糊"（Blur）→"高斯模糊"（Gaussian Blur）。通过调整半径来设置高斯滤波的强度。该操作会根据高斯分布函数模糊图像，从而有效去除高斯噪声。

② 应用中值滤波。单击菜单栏"滤镜"（Filter）→"杂色"（Noise）→"中间值"（Median）。通过选择适当的窗口大小，去除椒盐噪声或类似噪声。

（3）比较两种滤波方法的效果，分析其优缺点。

在应用高斯滤波和中值滤波后，比较它们对图像质量的影响，特别关注去除噪声和保留细节两个方面的表现。

〖问题1〗高斯滤波和中值滤波分别适用于哪种类型的噪声？

高斯滤波主要适用于高斯噪声，即平均值和标准差符合正态分布的噪声。高斯滤波通过加权平均方式去除图像中的噪声，对细节和边缘较为平滑，但有时可能会导致图像模糊，尤其是在噪声较重时。

中值滤波主要适用于椒盐噪声，该噪声呈现为黑白噪点。中值滤波通过将每个像素替换为邻域内像素的中位数来去噪，这对于椒盐噪声尤其有效，能够很好地去除极端的噪点，同时能更好地保留图像的边缘信息。

〖问题2〗如何选择合适的滤波参数以达到最佳的去噪效果？

高斯滤波的主要参数是半径，即高斯核的大小。较大的半径会导致更强的模糊效果，有助于去除更强的噪声，但同时也可能使图像细节丢失。因此，半径应根据噪声的强度和图像的细节要求来确定。一般来说，噪声较重时可以选择较大的半径，噪声较轻时应选择较小的半径。

中值滤波的参数是窗口大小，即计算中值时所选取的邻域范围。较大的窗口可以更有效去除噪声，但可能会模糊图像的细节和边缘。较小的窗口则能够更好地保留图像的细节，但去噪效果可能不如大窗口明显。因此，窗口大小应根据图像噪声的性质和噪声的强度来调整。

【任务3拓展】基于以上方法，选择图像，进行其他去噪实验。

• 低光照图像：如夜间拍摄的照片，通常包含较多噪声，去噪以提升图像质量。

• 医学影像：如超声图像，通常包含斑点噪声，去噪以增强病变区域的可见性。

【任务4】图像锐化与细节增强。

图像锐化与细节增强可以提升图像中的边缘和细节，使图像更清晰、更具层次感。锐化通过增强图像中物体的边界和轮廓，帮助突出重要的结构信息，而细节增强则通过提升图像的局部对比度和纹理，使微小的细节显现出来。这两种技术广泛应用于图像处理、视觉分析和医学影像等领域，能够改善图像质量，提高其可读性和可辨识性。

〖实验步骤〗

首先在 Photopea 中，单击菜单栏"文件"（File）→"打开"（Open），选择低对比度或细节不清晰的要锐化的图像。在 Photopea 中可以使用非锐化掩模和高反差保留滤波两种方法实现图像锐化与细节增强。

方法1：使用非锐化掩模进行锐化。

非锐化掩模（Unsharp Mask）对图像进行模糊处理，生成模糊副本，然后与原图进行差异计算，并将差异加回原图，从而增强边缘细节。它通过增强高频信息来提高清晰度，但可能会增加噪点，尤其在噪声较多的区域。

（1）单击菜单栏"滤镜"（Filter）→"锐化"（Sharpen）→"非锐化掩模"（Unsharp Mask），打开"非锐化掩模"对话框。

（2）在对话框中调整参数，直到图像的细节得到增强，但不会出现过度锐化。

- 数量（Amount）：控制锐化的强度，通常设为100%~200%。
- 半径（Radius）：控制锐化的区域大小，较大的半径会影响到图像中的大区域，较小的半径会局限在细节部分。可以调整为1~2像素。
- 阈值（Threshold）：控制在锐化过程中需要变化的像素的最低差异，较高的阈值能避免在图像的平滑区域产生噪点。

（3）完成锐化处理后，保存图像。

方法2：使用高反差保留滤波进行细节增强。

高反差保留（High Pass）滤波通过提取图像的高频信息（细节和边缘）来增强图像的锐度。与非锐化掩模不同，它去除图像的低频部分（平滑区域），仅保留细节信息。接着，通过将高反差图层与原图叠加，进一步增强图像的细节。由于高反差保留滤波专注于细节和边缘，且不影响平滑区域，因此能有效避免噪点的增加，在细节增强时能够呈现更为平滑和精细的效果。

（1）选择并复制图层。右击图层面板中要复制的图层，从快捷菜单中选择"复制图层"。

（2）应用高反差保留滤波。选中复制得到的图层，单击菜单栏"滤镜"（Filter）→"其他"（Other）→"高反差保留"（High Pass），在弹出的对话框中调整半径，通常设置为1~5像素，较高的半径值将处理更大的细节区域。

（3）调整图层混合模式。高反差保留滤波的结果是一个突出细节的图层。在图层面板中将该图层的混合模式从默认的"正常"（Normal）改为"叠加"（Overlay）或"柔光"（Soft Light），以增强图像细节而不影响其他区域。

（4）微调细节增强。可以通过调整图层的透明度来控制增强细节的强度，避免过度锐化或出现噪点。

（5）完成锐化处理后，保存处理后的图像。

（6）比较应用非锐化掩模和高反差保留滤波的效果。观察两者在细节增强方面的差异，同时注意可能产生的噪点或伪影。

伪影通常是指由于过度锐化导致的边缘不自然现象，如光晕、锯齿或光斑等。非锐化掩模可能在锐化过程中产生较为明显的伪影，尤其在高对比度的边缘区域可能会导致细节过度强化，进而引发不自然的边缘效果。相比之下，高反差保留滤波通过专注于细节和边缘的增强，避免了过度锐化带来的伪影，呈现出更加平滑、精细的细节，尤其在噪点控制方面表现较好。

根据图像的细节、对比度和噪点情况，如果目标是增强细节且避免噪点，高反差保留滤波可能是更好的选择。如果图像本身细节不足并且可以容忍一定的噪点，非锐化掩模则可能带来更为明显的锐化效果。

〖问题〗在锐化图像时，如何避免过度锐化导致的伪影？

① 控制锐化强度：使用非锐化掩模时，避免使用过高的数量（Amount）或过大的半径（Radius）。过大的锐化强度会导致图像出现明显的光晕或伪影。

② 调整阈值：使用非锐化掩模时，适当提高阈值可以避免在图像的平滑区域产生不必要的噪点和伪影。

③ 分层处理：使用高反差保留滤波时，可以通过调整图层的透明度和混合模式来精细控制锐化效果，避免过度锐化。

④ 局部锐化：对于某些特定区域需要锐化的情况，可以通过选区和图层蒙版仅对需要锐化的部分进行处理，避免整体图像锐化过度。

【任务4拓展】基于以上方法，选择图像，进行其他锐化实验。

- 老旧照片：如黑白老照片，通常细节模糊，用锐化技术增强细节恢复清晰度。
- 医学影像：如 X 光片，通常需要增强细节以突出病变区域。

4.3.2.3　实验总结与思考

本实验以滤波技术为核心，应用高斯模糊、边缘提取、去噪与平滑、锐化与细节增强等方法处理图像。根据以下实验的重点、难点对本实验进行总结，并撰写实验报告。

（1）实验重点

① 理解高斯模糊的原理及应用，掌握其在不同场景中的实际运用。

② 掌握边缘提取的基本原理及应用，了解其在实际场景中的应用价值。

③ 理解高斯噪声和椒盐噪声的特点，掌握高斯滤波和中值滤波的原理，并根据噪声类型选择合适的去噪方法。

④ 理解非锐化掩模和高反差保留滤波的原理及应用。

⑤ 了解不同参数（如高斯模糊的半径、中值滤波的窗口、锐化强度与半径等）对处理效果的影响，并能够根据图像特性选择最佳参数。

（2）实验难点

① 参数选择优化：根据图像的具体特点，如何精确选择合适的参数以达到最佳的处理效果。

② 噪声类型与滤波方法选择：根据噪声类型的不同，如何合理选择高斯滤波或中值滤波方法。

③ 锐化强度控制：如何调节锐化强度，以避免出现光晕、锯齿等伪影。

④ 边缘提取优化：如何在低对比度或噪声较多的图像中准确提取出清晰的边缘。

4.3.3　拓展练习——复杂图像的处理与增强

给定一张复杂图像（如包含噪声、模糊、低对比度等问题的图像），完成以下任务。

（1）图像预处理：对图像进行去噪和模糊处理，去除不必要的干扰。

（2）边缘提取：提取图像中的显著边缘，明确物体的轮廓和结构。

（3）细节增强：对图像进行锐化处理，增强细节和边缘。

〖示例〗

- 低光照图像：包含高斯噪声和模糊，适合去噪和锐化处理。
- 医学影像：如 X 光片或 CT 图像，包含噪声和低对比度，适合去噪、边缘提取和锐化处理。
- 卫星图像：如高分辨率遥感图像，包含高斯噪声和椒盐噪声，适合去噪与细节增强。
- 老旧照片：如黑白老照片，包含模糊和低对比度，适合锐化与细节增强。

〖要求〗

（1）综合运用高斯模糊、边缘提取、去噪和锐化等技术，处理复杂图像。

（2）设计一个完整的图像处理流程，提升图像质量并突出关键信息。

（3）分析不同技术的组合效果，理解每种技术在图像处理中的作用。

4.4　图像 AI 应用

百度 AI 开放平台和腾讯 AI 开放平台是国内领先的 AI 服务平台，提供了丰富的图像处理和分析功能。本节通过百度/腾讯 AI 开放平台的体验中心，体验 AI 技术在图像处理中的智能化应用，感受其高效、精准的处理能力。

4.4.1　AI 开放平台体验中心

百度 AI 开放平台的体验中心和腾讯 AI 开放平台的体验中心都提供了丰富的 AI 技术演示和在线体验功能，涵盖图像识别、语音合成、自然语言处理等多个领域。用户可以通过上传图像、输入文本或语音等方式，实时体验 AI 技术的智能化应用，直观感受其高效、精准的处理能力。

体验中心提供的服务和功能依托于百度或腾讯强大的 AI 技术栈，包括大数据平台、深度学习框架、云计算平台等。百度 AI 开放平台体验中心提供的图像类体验产品见表 4-5。

表 4-6　百度 AI 开放平台体验中心提供的图像类体验产品

人脸与人体识别	图像识别	图像增强与特效
人脸检测与属性分析	通用物体和场景识别	黑白图像上色
人脸对比	植物识别	图像风格转换
人脸搜索	动物识别	人像动漫化
人体关键识别	菜品识别	图像去雾
人体检测与属性识别	地标识别	图像对比度增强
人流量统计	果蔬识别	图像无损放大
手势识别	红酒识别	拉伸图像恢复
手部关键点识别	货币识别	图像修复
驾驶行为分析	图像主体检测	图像清晰度增强
人脸融合	车辆识别	图像色彩增强
人像分割	车辆检测	
人脸属性编辑		

以图像清晰度增强功能为例，该功能对模糊图像实现智能快速去噪，优化图像纹理细节，使画面更加自然清晰。如图 4-23 所示，上传一张图像后，可以通过拖动的方式对比优化前后的图像。

图 4-23　百度 AI 开放平台体验中心图像清晰度增强功能

腾讯 AI 开放平台体验中心提供的图像类体验产品见表 4-7。

表 4-7　腾讯 AI 开放平台体验中心提供的图像类体验产品

人脸识别	人脸特效
人脸检测与分析	人脸融合
五官定位	人脸试妆（人脸美颜、试唇色、图片滤镜）
人脸比对	人像变换（人脸年龄变化、人脸性别转换、人像动漫化、人像渐变）
人脸搜索	

以人脸检测与分析功能为例，该功能对给定的人脸图片，检测人脸位置、人脸面部属性（包括性别、年龄、表情、魅力、眼镜、发型、口罩、姿态）、人脸质量信息（包括整体质量分、模糊分、光照分、五官遮挡分）等，效果如图 4-24 所示。

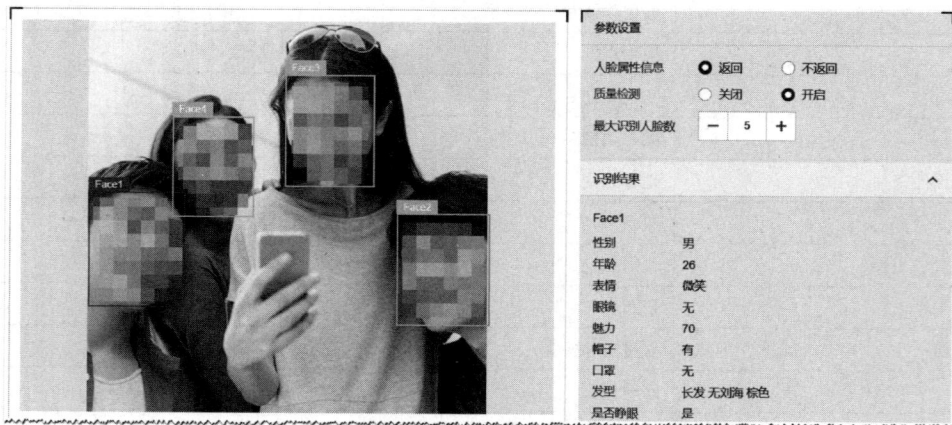

图 4-24　腾讯 AI 开放平台体验中心人脸检测与分析功能

除了列表中可以直接上传图片进行体验，百度和腾讯 AI 开放平台还提供了多种以 API 形式提供的服务。用户可以通过调用这些功能来实现更加个性化和定制化的应用。关于如何使用这些 API，具体的调用方法将在第 9 章中详细讲解。

4.4.2　图像 AI 应用实验

本实验通过在线 AI 开放平台，体验并了解图像处理中的各种 AI 应用，感受 AI 技术在实际应用中的巨大潜力与价值。

4.4.2.1　实验目标

（1）通过在线 AI 开放平台（如百度 AI 开放平台、腾讯 AI 开放平台）体验中心上传图像，使用平台提供的 AI 功能进行多种图像处理操作。

（2）了解 AI 开放平台体验中心提供的图像处理功能（如图像识别、图像增强等），并分析其效果。

4.4.2.2　实验任务

【任务】在线 AI 开放平台体验。

（1）注册并登录百度/腾讯 AI 开放平台。

（2）根据个人兴趣和实际需求，选择 5 个不同类型的 AI 实验（如图像增强、图像识别、人脸识别、人体识别等）。将图像上传至 AI 开放平台体验中心，利用平台提供的 AI 功能进行图像处理，保存并记录处理结果。

4.4.2.3　实验总结与思考

实验结果按照表 4-8 所示的样例填写。

表 4-8　在线 AI 开放平台体验

实验平台	实验图像	AI 功能	处理结果描述	结果分析
百度 AI 开放平台	低光照图像	图像去噪	图像噪声减少，细节更清晰，但部分暗部细节丢失	去噪效果明显，整体噪声减少，但暗部细节有所丢失，适用于低光照图像的快速处理
……	……	……	……	……

总结通过百度/腾讯 AI 开放平台体验中心认识了图像处理和 AI 技术哪些方面的内容。

第 5 章 从计算到算法

计算就是通过一系列操作对数据进行处理的过程，它是解决问题的基础。在计算中，数据被输入、转换并输出，形成一个完整的处理链。计算可以是简单的算术运算，也可以是复杂的逻辑推理，涉及多种数据类型和结构。

算法则是实现计算的具体步骤和规则。它是一种系统化的方法，用于描述如何从输入到达输出的过程。每个算法都有明确的起始条件、步骤和结束条件，确保在有限的时间内解决特定问题。算法可以根据问题的不同而变化，选择合适的算法对于提高计算效率至关重要。

计算与算法之间的关系密切，计算通过算法获得执行的结果，而算法则是实现计算的具体途径。

本章通过实验任务掌握基本的输入/输出操作、条件语句和循环语句，解决实际数学问题。同时，通过迭代法和穷举法等算法思想，强调不同场景下选择合适算法的重要性。通过这些内容，更好地理解计算的本质以及如何利用算法有效地解决问题。

5.1 VSCode 的安装和配置

编程环境　　Github Copilot

5.1.1 VSCode 简介

Visual Studio Code（以下简称 VSCode），是由微软开发的一款开源、免费的轻量级代码编辑器。

VSCode 集成了丰富的功能，如智能代码补全、内建调试等，并且支持多种编程语言和框架。通过插件系统，VSCode 可以扩展到几乎任何开发场景，满足前端、后端、数据科学、机器学习等各种开发需求。

VSCode 具备许多编程优势，使它成为开发者的首选编辑器。

（1）高效的编码体验。

代码智能补全：基于代码上下文，VSCode 提供智能代码提示。通过对语言的静态分析，能够自动补全变量、函数、类名等，帮助减少输入错误。

语法高亮与代码格式化：通过此功能，VSCode 能够帮助开发者更快速地理解和编写代码。对于不同语言，VSCode 可以自动应用合适的语法高亮方案。

实时错误检查：VSCode 能够自动检查代码中的语法错误、警告和潜在问题，并即时反馈，帮助开发者尽早发现和修复问题。

（2）集成调试工具。

集成调试：VSCode 提供了内建的调试功能，可以直接在编辑器内进行调试。无论是前端 JavaScript、后端 Python，还是 C/C++ 程序，VSCode 都支持单步执行、断点调试、变量监视等功能。其调试功能极大提高了开发效率，无须频繁地切换到其他调试工具中。

集成终端：VSCode 提供了内置终端，开发者可以直接在编辑器内执行命令、运行脚本，减少了上下文切换。

（3）丰富的扩展和插件。

VSCode 的插件市场非常丰富，几乎所有主流的编程语言、框架和工具都可以通过插件进行集成与支持。开发者可以根据需求安装插件。

Python：用于 Python 开发的插件，提供代码补全、格式化、调试等功能。

C/C++：为 C 和 C++提供智能补全、代码调试、代码导航等功能。

Java Extension Pack：常用的 Java 开发插件。

Prettier：自动格式化代码，使代码符合统一的风格。

（4）灵活的配置和自定义。

VSCode 提供了高度的可定制性，可以根据个人需求修改其配置文件。开发者可以调整主题、快捷键、插件、代码片段等，使得 VSCode 更加符合自己的工作习惯。

用户设置和工作区设置：VSCode 允许针对不同的项目设置不同的配置，使开发者在不同项目中拥有定制化的开发环境。

键盘快捷键自定义：可以自由配置键盘快捷键，提升开发效率。

（5）高性能与轻量化。

与传统的集成开发环境相比，VSCode 更加轻量，启动速度非常快。它不会像大型 IDE（如 Visual Studio 或 IntelliJ 等）那样占用过多的内存和系统资源，适合快速编码工作。

（6）多平台支持。

VSCode 是跨平台的，可以在 Windows、macOS 和 Linux 上运行，保证了开发者在不同操作系统上的一致体验。如果在多个操作系统上工作，则可以轻松迁移设置和插件。

5.1.2　VSCode 的安装及启动

VSCode 支持多种操作系统，用户可以根据自己使用的操作系统和硬件架构选择合适的安装包。首先访问 VSCode 的官方网站，页面如图 5-1 所示。

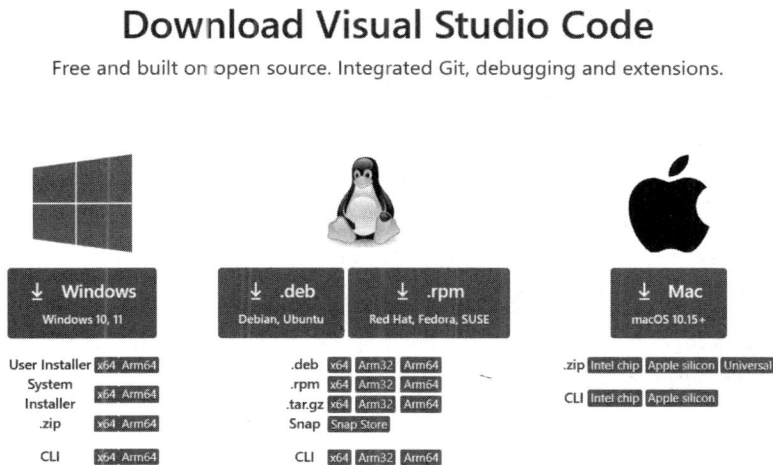

图 5-1　VSCode 官网下载

1．Windows 安装包的下载和安装

在图 5-1 中，下载 Windows 版本的安装包，VSCode 将自动为用户选择合适的安装包（.exe 文件）。如果需要手动选择安装包，可以选择以下几种格式。

（1）User Installer：适合一般用户，安装包会将 VSCode 安装到当前用户的个人目录中（而不是系统目录），并且只有该用户能够使用安装的 VSCode 实例。User Installer 不会对其他用户的系统设置产生影响，也不会修改系统级别的环境变量。

（2）System Installer：是一个用于系统级安装的安装程序，它适用于大多数 Windows 用户，包含如下特点。

多用户支持：计算机上的所有用户都能够使用这个程序安装的 VSCode 实例。

安装到系统目录：它将 VSCode 安装到计算机的全局目录（通常是 Program Files 文件夹），而不是仅仅安装到当前用户的个人目录中。

环境变量：自动将 code 命令添加到系统的环境变量中，即可以通过命令行窗口在任何目录下输入 code 命令来启动 VSCode。

自动更新：可以利用自动更新功能，确保 VSCode 在后台自动获取最新版本。

如果计算机中有多个用户，并且希望为所有用户提供 VSCode，或者希望能够通过命令行方式在任何地方启动 VSCode，那么使用 System Installer 是最合适的选择。

〖提示〗安装包分为 x64 和 ARM64 两个版本。

x64 是 x86_64 架构的缩写，适用于基于 Intel 或 AMD 处理器的设备。这些处理器通常用于台式机、笔记本电脑和大部分服务器。

ARM64 是 ARM 架构的 64 位版本，适用于基于 ARM 处理器的设备。ARM 处理器广泛用于移动设备、低功耗嵌入式设备以及一些新兴的高性能计算平台。

下载.exe 文件后，双击运行，并按照提示进行安装，在安装过程中可以选择安装路径、是否在系统路径中添加 VSCode、是否创建桌面快捷方式等。安装完成后，可以从"开始"菜单或桌面快捷方式启动 VSCode。

2．macOS 安装包的下载和安装

在图 5-1 中，下载 macOS 版本的安装包，VSCode 将自动下载适合用户操作系统的.dmg 文件。.dmg 是一种磁盘映像文件，通常用于存储和分发应用程序、文件或整个文件系统。它类似于一个虚拟的硬盘，可以挂载到系统中，展示其中的内容。

下载.dmg 文件后，双击运行，它会挂载一个虚拟磁盘。将 VSCode 图标拖动到 Applications 文件夹中，即可在 Launchpad 中找到 VSCode，单击启动它。

5.1.3 VSCode 的配置及插件安装

VSCode 安装完成后，用户可以根据自己的需求进行一些常见配置，如主题、插件、快捷键等。

首先，VSCode 会根据用户操作系统的语言设置选择界面语言。例如，如果操作系统是中文的，则 VSCode 会自动将界面语言设置为中文。

在 VSCode 中，扩展视图（Extensions View）和命令面板（Command Palette）是两个重要的功能，它们都是增强 VSCode 使用体验的工具，但针对的功能和场景有所不同。二者的区别见表 5-1。

表 5-1　扩展视图与命令面板的区别

功能/特点	扩展视图	命令面板
主要用途	安装、管理和搜索插件	快速执行命令、配置和访问功能
访问方式	单击左侧活动栏中的扩展图标，或者按快捷键 Ctrl+Shift+X	单击左下角的齿轮图标，选择"查看"→"命令面板"，或按快捷键 Ctrl+Shift+P
功能类型	管理和浏览、安装/更新/删除插件	执行内置和扩展命令，快速搜索和配置
常用操作	搜索、安装/删除、启用/禁用插件	打开文件、切换主题、查看设置、运行命令
使用场景	增加、删除或管理 VSCode 的插件	查找和执行 VSCode 内置命令

1．配置主题

在 VSCode 中，主题是用于定义编辑器外观的一种配置，能够改变背景色、文本色、语法高

亮、UI 元素等的颜色和样式。VSCode 提供了多种主题选项，允许用户根据自己的工作环境、视觉需求、编程习惯和美学喜好进行定制。配置合适的主题可以有效地提高编程效率、减轻眼睛疲劳、增强代码可读性和改善开发体验。

配置主题使用命令面板完成：在搜索框中输入"颜色主题"（Color Theme），然后选择喜欢的主题（如 Light、Dark、Monokai 等）。

2．安装扩展插件

VSCode 的插件能够显著提升开发效率和体验。VSCode 拥有一个庞大的插件市场，覆盖了几乎所有开发语言和工具。

安装插件使用扩展视图完成：在搜索框中输入需要安装的插件名称，在搜索结果中选择所需的插件，单击"安装"（Install）按钮。安装完成后，插件通常会自动配置相关功能，根据需要提示进行一些设置。

以下是一些常用且受欢迎的 VSCode 插件，它们能够为多种编程语言提供语法高亮、代码补全、自动格式化等功能。

（1）Prettier：通用格式化工具，支持多种编程语言。通过 Prettier，代码可以保持一致的风格，帮助提高代码的可读性。在扩展视图中搜索 Prettier-Code Formatter 并安装该插件。

（2）Python：为 Python 开发提供一系列工具，包括智能代码补全、代码高亮、调试支持、linting、格式化等。在扩展视图中搜索 Python（由 Microsoft 提供）并安装该插件。

（3）Jupyter：如果从事数据科学或机器学习工作，这个插件能够在 VSCode 中运行 Jupyter Notebook，支持 Python、R 和 Julia 等语言。在扩展视图中搜索 Jupyter 并安装该插件。

（4）C/C++：为 C 和 C++提供智能补全、代码调试、代码导航等功能。在扩展视图中搜索 C/C++并安装该插件。

5.1.4　Python 编程环境配置

在 VSCode 中配置 Python 编程环境时，有全局配置和虚拟环境配置两种方式，它们各有用途和优势。

全局配置指的是在整个系统范围内安装与管理的 Python 库和工具，这些库会对所有项目生效，通常位于系统的全局 Python 环境中。使用全局配置的优势在于可以共享某些常用库和工具，减少重复安装，但它的缺点是可能导致不同项目之间的依赖冲突或版本不一致，尤其是在项目需要不同版本的库时。

相对而言，虚拟环境配置通过为每个项目创建独立的隔离环境，使得项目能够使用特定版本的库而不受全局环境影响。虚拟环境为每个项目提供了更高的灵活性和可控性，避免了依赖冲突的问题，同时保证了项目在不同开发者或部署环境中保持一致性。虚拟环境配置可以确保项目的依赖管理更加清晰和独立，是大多数开发实践中推荐的做法。

1．全局配置

在 VSCode 中配置 Python 编程环境按照如下步骤进行。

（1）安装 Python 解释器。首先，确保计算机已安装 Python 解释器（本教材使用 Python 3.8.10 版本）。

检查 Python 是否已安装的方法：在终端窗口中运行命令"python --version"（Windows）或者"python3 --version"（macOS），如果输出包含 Python 3.x.x 或类似的内容，说明已安装。

（2）安装 Python 插件。VSCode 本身不支持 Python，因此需要安装专门的 Python 插件。在扩展视图的搜索框中输入"Python"，找到并安装 Python 插件。

（3）选择 Python 解释器。安装 Python 插件后，需要选择 Python 解释器：打开命令面板，输入并选择"Python 选择解释器"（Python: Select Interpreter），在弹出的下拉列表中选择需要使用的 Python 解释器版本。如果没有看到期望的版本，可以单击"输入解释器路径"（Enter Interpreter Path）手动设置解释器的路径。

2. 虚拟环境配置

在 VSCode 中创建并使用 Python 虚拟环境是管理 Python 项目依赖库的推荐做法。虚拟环境帮助隔离不同项目的依赖库，避免不同项目之间的相互干扰。对于以下情况，建议在 VSCode 中创建虚拟环境。

① 项目有独立的依赖库，并需要管理这些依赖库。

② 项目在不同计算机或开发环境中需保持一致性。

③ 项目需要特定的 Python 版本，或者与全局环境隔离。

④ 避免修改全局 Python 环境，并防止与其他项目发生冲突。

在 VSCode 中创建和使用虚拟环境步骤如下。

（1）创建虚拟环境。

① 单击菜单栏"文件"→"打开文件夹"，从磁盘上选择一个文件夹作为项目文件夹，单击"选择文件夹"按钮确认。

② 单击菜单栏"终端"→"新建终端"，打开终端窗口。

③ 在终端窗口中运行命令"python -m venv .venv"，如图 5-2 所示，这将在当前文件夹下创建一个名为.venv 的虚拟环境文件夹（名称可以更换）。

图 5-2　创建虚拟环境

（2）激活虚拟环境。在终端窗口中运行命令".venv\Scripts\activate"（Windows）或"source. venv/bin/activate"（macOS），激活虚拟环境。

激活虚拟环境后，命令行提示符前面会显示"(.venv)"，如图 5-3 所示，这是创建虚拟环境时指定的名称。

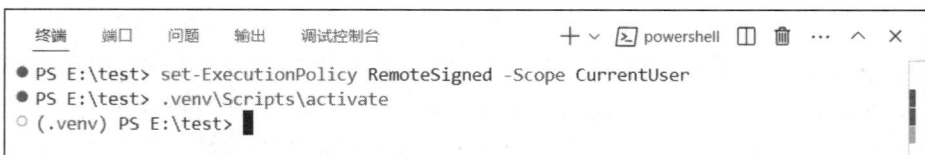

图 5-3　激活虚拟环境

〖提示〗在 Windows 下如果激活命令被禁止运行，则先在终端窗口中执行命令 "set-ExecutionPolicy RemoteSigned -Scope CurrentUser"，这是 Windows 的 PowerShell 中的一个命令，用于设置当前用户的脚本执行策略。

PowerShell 在默认情况下可能会限制脚本的执行，以防止恶意脚本自动运行。执行策略分为以下不同的级别。

- Restricted：不允许任何脚本执行（默认策略）。
- AllSigned：所有脚本必须有数字签名才能运行。
- RemoteSigned：本地脚本可以运行，远程脚本必须有数字签名。
- Unrestricted：不对脚本执行进行任何限制。

（3）为虚拟环境选择 Python 解释器。打开命令面板，输入并选择 "Python 选择解释器"（Python：Select Interpreter），然后从下拉列表中选择创建的虚拟环境作为当前工作区的 Python 解释器，如图 5-4 所示。

图 5-4　选择解释器

（4）安装依赖库。虚拟环境创建并激活后，即可在其中安装项目的依赖库。在终端窗口中，即使命令提示符前面未显示 "(.venv)"，安装的依赖库也会被存储在虚拟环境中。可以通过 pip 命令安装依赖库到虚拟环境中：

```
pip install <package-name>
```

（5）保存依赖。通过以下命令可以将当前虚拟环境的依赖保存到文件中：

```
pip freeze > requirements.txt
```

其中，requirements.txt 为指定的文件名。

其他用户可以通过以下命令安装所有依赖：

```
pip install -r requirements.txt
```

通过以上步骤，用户可以轻松地在 VSCode 中创建、使用并管理 Python 虚拟环境，有效地管理项目的依赖库和开发环境。

5.1.5　使用 VSCode 编写和运行 Python 程序及相关技巧

1. 编写和运行 Python 程序

设置好 Python 编程环境后，即可使用该环境编写和运行 Python 程序。

（1）在 VSCode 中，打开存储 Python 程序的文件夹。

（2）在文件夹内创建一个新的 Python 文件（扩展名为.py），如 main.py。

（3）在文件中编写如下 Python 代码：

```
print("Hello,VSCode!")
```

（4）运行 Python 程序，有两种常见的方式。

① 通过 VSCode 运行：在打开的 Python 文件中直接单击右上角的运行按钮 " ▷ " 来运行该程序；

右击该文件，在快捷菜单中选择"运行 Python"→"在终端中运行 Python 文件"（Run Python File in Terminal）。

②使用终端窗口运行：打开 VSCode 的终端窗口，如图 5-5 所示，可以通过内置终端直接运行 Python 程序。

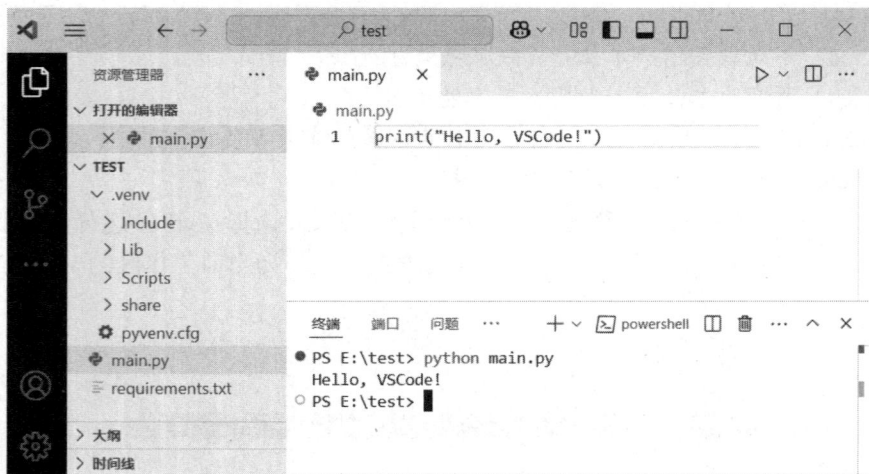

图 5-5　使用终端窗口运行 Python 程序

2．快捷键

快捷键是操作系统或应用程序中用于执行特定命令或功能的单个键或组合键。组合键通过键盘上的多个按键同时按下或按顺序按下的方式来触发操作。应用快捷键可以减少鼠标的使用、简化操作流程、提高操作效率，使得用户在使用计算机时更加高效、便捷、专注，且减少了操作的复杂性。使用 VSCode 时，有一些常用的快捷键，见表 5-2。

表 5-2　VSCode 常用的快捷键

功能	快捷键（Windows）	快捷键（macOS）
打开命令面板	Ctrl+Shift+P	Cmd+Shift+P
打开侧边栏	Ctrl+B	Cmd+B
打开终端窗口	Ctrl+ "`"	Cmd+ "`"
打开文件	Ctrl+P	Cmd+P
新建文件	Ctrl+N	Cmd+N
撤销操作	Ctrl+Z	Cmd+Z
删除行	Ctrl+Shift+K	Cmd+Shift+K
查找	Ctrl+F	Cmd+F
查找并替换	Ctrl+H	Cmd+H
切换注释	Ctrl+ "/"	Cmd+ "/"
格式化代码	Shift+Alt+F	Shift+Option+F

3．代码格式化

代码格式化是指按照一定的规则和约定对代码的排版进行整理和规范化。良好的代码格式化能够显著提高代码的可读性、可维护性，并增强团队协作。虽然代码格式化本身不会直接影响程序的功能或逻辑，但它在软件开发和维护中具有非常重要的意义。

Python 官方的编码风格指南，即 PEP 8 规范，主要内容如下。

（1）缩进和空格：使用 4 个空格进行缩进，不使用制表符（Tab）。

（2）行长：代码行最长 79 个字符，避免过长的代码行。

（3）函数和变量命名：函数和变量名应该使用小写英文字母和下画线（snake_case），类名应该使用首字母大写的驼峰（Camel Case）命名法。

（4）空行：函数之间应留有空行，类之间也应有空行。

（5）导入语句的顺序：标准库导入→第三方库导入→自定义模块导入，并且每部分之间应有空行。

autopep8 是一个自动化工具，它会根据 PEP 8 编码风格标准自动格式化 Python 代码。这意味着用户无须手动调整代码格式，通过一个命令就能使代码符合统一的格式规范。其功能如下。

（1）自动对齐代码：修复代码中的缩进问题，使代码更加清晰。

（2）修复空格问题：去除不必要的空格或确保运算符两边有适当的空格等。

（3）行长调整：自动将超过最大行长的代码换行。

（4）代码规范化：标准化字符串的引号，确保使用一致的格式等。

（5）整理导入：整理 import 语句，使其按规范排序。

（6）注释格式：确保注释和文档字符串符合规定的格式。

autopep8 可以作为插件安装：打开扩展视图，在搜索框中输入 autopep8，找到并安装该插件后，将自动可用。

需要自动格式化功能时，在代码窗口中右击，在快捷菜单中选择"格式化文档"（Format Document），或者使用快捷键 Shift+Alt+F（Windows）或 Shift+Option+F（macOS）。

同时，也可以配置在保存文件时自动格式化代码，设置方法如下。

（1）打开命令面板，输入并选择"首选项：打开工作区设置"（Preferences: Open Settings (JSON)）。

（2）在 settings.json 文件中添加以下配置：

```
{
    "editor.formatOnSave": true
}
```

这将使每次保存文件时自动应用 autopep8 进行代码格式化。

5.2　turtle 绘图与程序设计

Python 内置的 turtle 库为编程初学者提供了一个非常直观、有趣且富有创意的学习平台。它不仅可以帮助学生理解编程基础（如顺序执行、条件判断、循环等结构），还可以激发学习者的创造力和逻辑思维能力。

5.2.1　turtle 库基础

使用 turtle 库绘图的步骤如下。

（1）使用 import 语句导入 turtle 库，由此获得一支默认的画笔：

```
import turtle
```

（2）使用"turtle.函数名"的形式调用 turtle 库中的函数，编写程序控制画笔的运动。这部分为 turtle 绘图的主体部分，体现了绘图逻辑。

（3）结束绘图。使用 turtle.done() 结束绘图，并保持绘图窗口显示；或者使用 turtle.bye() 标识绘图结束，绘图窗口自动关闭；或者使用 turtle.exitonclick() 标识绘图结束，在单击时关闭绘图窗口。

turtle 库中进行画笔控制的函数见表 5-3。

表 5-3　画笔控制函数

函数	缩写	说明
setheading(angle)	seth	设置当前朝向为 angle 角度
pendown()	pd 或 down	移动时绘制图形，为画笔默认状态

函数	缩写	说明
penup()	pu 或 up	提起画笔移动，不绘制图形，用于另起一个地方绘制
pensize(width)	—	设置画笔的粗细为 width（单位为像素），与 width() 函数功能相同
speed(n)	—	设置画笔的动画速度。n 为 1，最慢；10 最快。 若 n 设置为 0，则不显示动画，直接跳到目标位置
showturtle()	—	显示画笔图标（箭头）
hideturtle()	—	隐藏画笔图标（箭头）

画笔绘制状态和运动相关函数见表 5-4。

表 5-4　画笔绘制状态和运动相关函数

命令	缩写	说明
home()	—	设置当前画笔位置为原点，朝向东
goto(x,y)	—	将画笔移动到坐标为(x,y)的位置
forward(distance)	fd	向当前画笔方向移动 distance 长度，单位为像素
backward(distance)	bd	向当前画笔相反方向移动 distance 长度，单位为像素
right(angle)	rt	顺时针移动 degree 角度
left(angle)	lt	逆时针移动 degree 角度
circle(r, angle)	—	画圆，半径为正（负），表示圆心在画笔的左边（右边）

颜色相关函数见表 5-5。

表 5-5　颜色相关函数

命令	说明
pencolor(color)	设置画笔的颜色
fillcolor(color)	设置填充颜色
color(color1, color2)	同时设置画笔颜色和填充颜色，color1 为画笔颜色，color2 为填充颜色
begin_fill()	设置封闭图形的填充起始位置
end_fill()	设置封闭图形的填充结束位置
bgcolor()	设置画布背景颜色

5.2.2　turtle 绘图与程序设计的流程控制实验

本节从绘制颜色渐变的螺旋线案例出发，学习如何使用 turtle 库中的常用方法来绘制有规律的图形，并通过合理的循环控制来实现图形的逐步绘制。

【例 5-1】绘制如图 5-6 所示的颜色渐变的螺旋线。

〖编程思路〗

绘制颜色渐变的螺旋线时，有两个关键点。

（1）螺旋形状的形成。螺旋形状的关键在于画笔的前进与旋转。具体来说，画笔每次应向前移动一定的距离（前进步长），并且在每次移动后按固定的角度进行旋转，这样，前进步长逐渐增大，而旋转角度保持不变，就能够形成一个不断扩展的螺旋形状。控制前进步长和旋转角度是形成螺旋形状的基础。

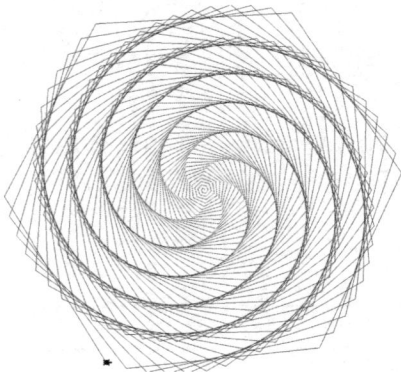

图 5-6　颜色渐变的螺旋线

前进步长：在每次迭代时，步长应该逐渐增大，这样才能使螺旋线看起来越走越远，最终形成开口逐渐增大的形态。

旋转角度：每次旋转固定的角度（如 59°），会使得螺旋线不断转弯，并保持一定的形状。通过调整这个角度，可以改变螺旋线的紧密程度和弯曲的方向。

（2）颜色渐变的实现。颜色渐变的关键是随着螺旋线的绘制，画笔的颜色应逐渐变化，形成平滑的颜色过渡效果。通常，通过调整 R、G、B 三个颜色通道来实现渐变。

红色（R）：可以从 255 开始，逐渐减小，形成颜色的过渡。

绿色（G）：可以固定为某个值，也可以随情况进行渐变。如果保持为 255，则可以营造更强烈的对比效果。

蓝色（B）：可以从 0 开始，逐渐增大，进一步影响颜色的变化。

通过在每次螺旋线绘制中更新颜色值，使得颜色随着螺旋线的绘制而变化，形成从红色到紫色，再到蓝色，甚至到绿色的渐变效果。

〖知识点〗

（1）turtle 库的基本使用。

turtle.Screen()：创建一个新的绘图窗口（画布），可以控制绘图窗口的属性，如背景色等。

pen = turtle.Turtle()：创建一个 Turtle 对象，这个对象代表了绘图的"画笔"，可以通过它控制画笔的形状、速度、颜色等属性，即用画笔绘图。

用画笔绘图和 turtle 直接绘图是两种不同的写法，它们在功能上有一些区别，见表 5-6。

表 5-6　用画笔绘图与 turtle 直接绘图之间的区别

	用画笔绘图	turtle 直接绘图
创建多个画笔	可以创建多个 Turtle 对象，独立控制每个画笔的行为	只能使用默认的全局画笔
灵活性	灵活性高，能够分别控制每个画笔的属性和行为	灵活性低，所有操作都影响默认的全局画笔
绘制多个图形	支持同时使用多个画笔绘制不同的图形	只能绘制一个图形，必须控制画笔的状态变化
性能	除非创建大量的画笔和进行复杂操作，否则无明显影响	对于简单任务非常高效

pen.shape("turtle")：设置画笔为"海龟"形状，这是 turtle 库提供的一种形状，也可以设置为其他形状，如 arrow、square、circle 等。

pen.speed(0)：设置画笔的动画速度，不显示动画，直接跳到目标位置。

turtle.done()：结束绘图，保持绘图窗口显示。

（2）设置背景和颜色。

screen.bgcolor("black")：如果将画布背景色设置为黑色，则可以增强渐变色的视觉效果。

turtle.colormode(255)：设置颜色模式为 RGB 模式，取值范围是 0～255。这样可以在函数 pencolor() 中使用 0～255 之间的整数表示颜色的红、绿、蓝分量。

（3）颜色动态变化。

pen.pencolor(red, green, blue)：设置画笔颜色。green 始终为 0，red 从 255 减小到 0，blue 从 0 增大到 255。这样随着绘制的进行，颜色从红色逐渐过渡到蓝色。

（4）绘制螺旋线。

pen.forward(i*3/2)：每次绘制时，画笔的前进步长逐渐增大。i 是迭代次数，每次迭代都会增大前进步长，形成螺旋形状。

pen.left(59)：每次绘制后，海龟会向左转 59°，这个旋转角度决定了螺旋的形状。可以通过调整旋转角度来改变螺旋线的密集度。

（5）循环控制和渐变。

for i in range(360)：循环 360 次，绘制出完整的螺旋线图形。每次循环，i 逐渐增大，控制颜色的变化和绘制的步长。

〖Python 代码〗

```python
import turtle

# 设置画布
screen = turtle.Screen()
screen.bgcolor("black")  # 设置背景色为黑色

# 创建 Turtle 对象
pen = turtle.Turtle()
pen.shape("turtle")  # 设置画笔形状为海龟
pen.speed(0)  # 不显示动画

# 设置颜色模式为 RGB 模式
turtle.colormode(255)

# 绘制颜色变化的螺旋线
for i in range(360):  # 绘制 360 次
    # 计算颜色值，随着 i 的增大，红色减小，蓝色增大
    red = int(255 - (i / 360) * 255)  # 红色从 255 减小到 0
    blue = int((i / 360) * 255)  # 蓝色从 0 增大到 255

    # 设置当前颜色
    pen.pencolor(red, 0, blue)  # 设置画笔颜色，绿色固定为 0

    # 绘制螺旋
    pen.forward(i * 3 / 2)  # 每次的前进步长逐渐增大
    pen.left(59)  # 每次左转 59 度

# 结束绘图
turtle.done()
```

〖问题 1〗可调参数对效果的影响。

如果在绘制渐变颜色螺旋线时提供可调参数（如颜色变化速率、前进步长、旋转角度等），如何自定义这些参数，并使得绘制效果多样化？

〖提示〗尝试将程序中的字面量转换为变量，使这些参数可以灵活调整，从而生成具有多样化视觉效果的渐变颜色螺旋线。

〖问题 2〗渐变方式的选择。

在实现渐变颜色螺旋线时，除了线性渐变，还可以考虑哪些其他类型的渐变方式（如环形渐变、指数渐变等）？这些不同的渐变方式会如何影响螺旋线的视觉效果？

〖**提示**〗线性渐变是常见的方式，可以思考如何通过修改每圈的颜色变化方式，或者改变渐变的速率，使得渐变效果更加独特。

5.2.2.1 实验目标

（1）通过体验 turtle 绘图过程，建立程序的概念。

（2）掌握 turtle 库中的常用绘图方法。

（3）理解程序的控制结构，熟练使用 for 循环绘制有规律的图形。

5.2.2.2 实验任务

本实验任务的目标知识点见表 5-7。

表 5-7　实验任务的目标知识点

编号	任务	目标知识点
1	绘制正三角形	顺序、循环结构
2	绘制实心正五边形	顺序、循环结构
3	绘制实心长方形	顺序、循环结构
4	绘制三角星	循环结构
5	绘制三色树叶	分支、循环结构，曲线的绘制
6	绘制彩虹圆	分支、循环结构

【**任务 1**】绘制正三角形。要求：边长为 150 像素，蓝色。

（1）新建扩展名为.py 的文件，输入图 5-7 左侧的代码，运行程序，体会、观察 turtle 绘图的过程。

```
1    import turtle
2
3    # 创建一个 turtle 对象
4    t = turtle.Turtle()
5    t.speed(3)  # 设置绘制速度（0:最快，10:最慢）
6
7    # 设置颜色
8    t.color("blue")  # 设置画笔颜色
9
10   # 绘制正三角形
11   t.forward(150)  # 向前移动 150 像素
12   t.left(120)  # 向左转 120 度
13   t.forward(150)  # 向前移动 150 像素
14   t.left(120)  # 向左转 120 度
15   t.forward(150)  # 向前移动 150 像素
16   t.left(120)  # 向左转 120 度
17
18   # 完成绘制
19   turtle.done()
```

```
for _ in range(3):
    t.forward(150)  # 向前移动 150 像素
    t.left(120)  # 向左转 120 度
```

图 5-7　代码

（2）另存代码，将其中的第 11～16 行改为图 5-7 右侧的循环结构，运行程序，体会循环结构的作用。

【**任务 2**】绘制实心正五边形。要求：输入颜色字符串，用循环结构绘制一个实心的正五边形，并总结绘制正多边形的规律。

〖**提示**〗注意填充开始 begin_fill()和填充结束 end_fill()的语句位置，体会顺序的重要性。

【**任务 3**】绘制实心长方形。要求：长为 200 像素、宽为 100 像素。

【**任务 4**】绘制五角星。如图 5-8（a）所示，每个角的角度为 144°。

【任务 5】绘制三色树叶。如图 5-8（b）所示，树叶颜色分为黄色（yellow）、绿色（green）和紫色（purple）。

【任务 6】绘制彩虹圆。如图 5-8（c）所示，7 个圆组成彩虹圆。

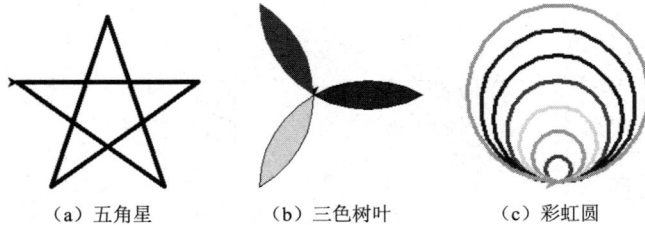

（a）五角星　　　　　（b）三色树叶　　　　　（c）彩虹圆

图 5-8　效果图

5.2.2.3　实验总结与思考

本实验通过 turtle 绘图深入理解并掌握流程控制的基本原理和应用。根据以下实验的重点、难点对本实验进行总结，并撰写实验报告。

（1）实验重点

① 使用 for 循环结构和顺序结构绘制有规律的图形，理解程序的控制结构，掌握如何通过循环实现重复图形的绘制。

② 理解图形绘制的规律，掌握如何通过参数控制图形的形状、大小和颜色。

（2）实验难点

① 如何通过动态调整颜色值实现平滑的颜色过渡，确保渐变效果的流畅性和美观性。

② 如何通过分支和循环结构的结合，实现复杂图形的绘制，确保图形的准确性和美观性。

5.2.3　turtle 绘图与函数模块化实验

函数模块化是指将复杂任务拆分成小而独立的功能单元，从而提高代码的重用性、可维护性和可读性。它便于调试、测试和团队协作，能够促进程序的扩展与改进，是开发高质量、易维护程序的重要方法。

本实验通过使用 turtle 库绘制图形，探索如何将复杂的绘图任务拆解为多个功能模块。通过函数模块化的设计，提高代码的重用性、可维护性和可读性，同时培养将实际问题分解为小任务并逐步实现的能力。

【例 5-2】绘制 5 个正方形，如图 5-9 所示。要求：

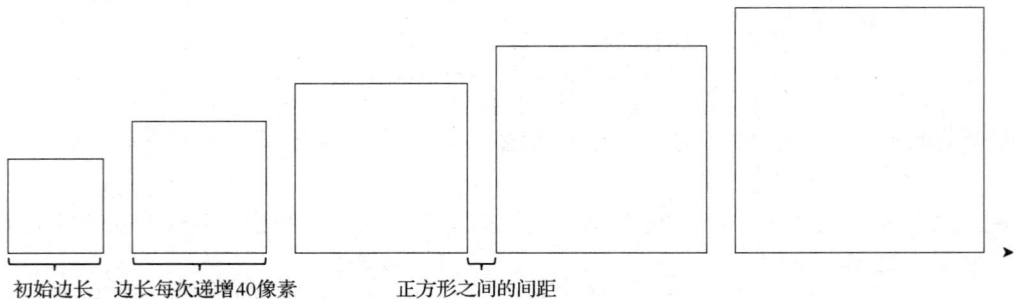

初始边长　边长每次递增40像素　　　正方形之间的间距

图 5-9　效果图

① 各正方形的边长依次递增；

② 各正方形并排排列；

③ 相邻正方形之间保持固定间距。

〖编程思路〗

本例的关键点有两个。

（1）模块化设计思想

本例可以从以下几个方面实践模块化设计的思想。

- 分解问题：将问题拆分为多个子任务，每个子任务由一个独立的模块（函数）完成。

- 提高重用性：将通用的代码提取为函数，避免重复编写相同的代码。

- 提高可维护性：每个函数完成一个独立功能，代码需要修改时可以只集中修改相关函数，减少错误和复杂度。

为此，将绘制一个正方形的功能和绘制多个正方形的功能拆分为两个独立的模块，增强代码的重用性和可维护性。

模块 1：draw_square(size)——绘制一个正方形。

功能：该函数负责绘制一个指定边长的正方形。

参数（输入）：size，正方形的边长。

返回值（输出）：没有返回值，函数通过 turtle 绘图来实现输出。

函数体实现：使用 for 循环控制 4 条边的绘制，每条边的长度由参数 size 指定，并在每条边之间旋转 90°。

模块化优势：该函数只负责单一任务——绘制一个正方形，逻辑清晰、易于重用。如果以后需要绘制不同边长的正方形，只需调用该函数并改变参数即可。

模块 2：draw_multiple_squares(initial_size, gap)——绘制 5 个正方形。

功能：该函数负责绘制 5 个正方形，每个正方形的边长递增。

参数（输入）：initial_size，用于控制第一个正方形的初始边长；gap，用于控制正方形之间的间距。

返回值（输出）：没有返回值，函数通过 turtle 绘图来实现输出。

函数体实现：该函数通过循环调用 draw_square(size)来绘制多个正方形。每次绘制完一个正方形后，通过调整画笔位置和增大边长实现多个正方形的绘制。

模块化优势：该函数负责管理多个正方形的绘制过程。通过调用 draw_square(size)，可以轻松实现绘制多个正方形的效果（如改变正方形的数量或间距）。

（2）多正方形的位置控制

在绘制多个正方形时，每个正方形的起始位置由前一个正方形的边长和间距决定。在循环绘制过程中，首先需要根据循环的变化计算当前正方形的边长 size。然后，通过 turtle.forward(size+gap)更新画笔位置。为了避免在移动过程中留下不必要的痕迹，必须在移动前调用 turtle.penup()抬起画笔，移动后再通过 turtle.pendown()放下画笔开始新的绘制。

〖知识点〗函数的形参和实参。

形参是函数定义时指定的变量，它们用于接收调用函数时传递的值。形参在函数的函数体内作为局部变量使用。形参的作用是让函数能够接收外部传入的不同数据，从而提高函数的通用性和灵活性。例如，函数 draw_square(size)中的参数 size，draw_multiple_squares(initial_size, gap)中的参数 initial_size 和 gap。

实参是调用函数时传递给形参的具体值。实参可以是字面量、变量、表达式或者其他类型的数据。当函数被调用时，实参的值会被传递到形参中，形参则用这些值进行计算或操作。

例如：

```python
for i in range(5):
    side_length = initial_size + i * 40  # 计算每个正方形的边长（递增40）
    draw_square(side_length)
```

其中，变量 side_length 为实参。

例如，在函数调用 draw_multiple_squares(100, 30)中，字面量 100、30 为实参，它们按位置传递给形参 initial_size 和 gap。

〖Python 代码〗

```python
import turtle

turtle.speed(0)

def draw_square(size):
    """绘制一个正方形
    参数：正方形边长
    """
for _ in range(4):
    turtle.forward(size)  # 绘制一条边
    turtle.left(90)  # 旋转 90 度

def draw_multiple_squares(initial_size, gap):
    """绘制 5 个不同大小的正方形
    参数:
    initial_size: 第一个正方形的边长
    gap: 正方形之间的间距
    """
    for i in range(5):
        side_length = initial_size + i * 40  # 计算每个正方形的边长（递增40像素）
        draw_square(side_length)

        turtle.penup()  # 提起画笔，移动到下一个正方形的位置
        turtle.forward(side_length+gap)  # 移动到下一个正方形的位置，考虑间距
        turtle.pendown()  # 放下画笔

# 设置画笔初始位置
turtle.penup()
turtle.goto(-300, 0)
turtle.pendown()

# 指定初始边长和间距，绘制 5 个正方形
draw_multiple_squares(100, 30)
```

```
# 完成绘制
turtle.done()
```

〖**问题 1**〗按照相同的规则，在垂直方向上绘制多个正方形。

〖**问题 2**〗增加正方形的个数、颜色、绘制方向等参数，令程序可以适应更多的绘制需求，提高函数的通用性。

例如，实参 horizontal 代表在水平方向上绘制，vertical 代表在垂直方向上绘制。

〖**问题 3**〗图形的自适应与动态调整。

在现实中，绘制的图形往往需要根据画布的大小或其他图形的大小进行自适应调整。例如，如果图形绘制的区域大小被限制，如何让正方形的边长自适应地缩小，以确保所有正方形都能够在画布中显示。

〖**提示**〗可以通过计算，根据画布的大小或用户输入的参数动态调整每个正方形的边长。使用如下方式可以获取画布大小，然后通过计算调整绘制区域。

```
import turtle

# 创建屏幕对象
screen = turtle.Screen()

# 获取画布的宽度和高度
width = screen.window_width()
height = screen.window_height()
```

5.2.3.1　实验目标

（1）应用函数模块化的思想，拆分任务，提高代码的重用性和可维护性。

（2）掌握如何通过函数封装重复逻辑，减少代码的冗余。

（3）理解形参和实参的关系。

5.2.3.2　实验任务

本实验任务的目标知识点见表 5-8。

表 5-8　实验任务的目标知识点

编号	任务	目标知识点
1	绘制正多边形	函数的设计，形参和实参
2	绘制同心圆	函数的设计，形参和实参，画圆
3	绘制多个旋转三角形	函数的设计

【**任务 1**】绘制正多边形。

编写一个 draw_polygon 函数，使用 turtle 库绘制一个正多边形。该函数至少包含两个参数。

• sides：多边形的边数（例如，3 表示三角形，4 表示四边形，6 表示六边形等）。

• length：每条边的长度。

调用函数并根据传入的参数，自动计算并绘制出指定的正多边形。

【**任务 2**】绘制同心圆。

编写一个 draw_concentric_circles 函数，使用 turtle 库绘制多个同心圆。该函数包含以下参数。

- initial_radius：初始圆的半径（单位为像素）。
- increment：每个圆半径的递增量（单位为像素）。
- num_circles：绘制的同心圆数量。

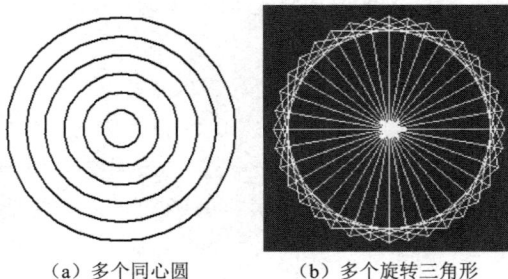

（a）多个同心圆　　　（b）多个旋转三角形

图 5-10　效果图

该函数将绘制多个同心圆，初始圆的半径为 initial_radius，后续每个圆的半径都将按照 increment 递增。所有圆的圆心应始终位于画布的中心，即原点(0, 0)处。

调用函数并根据传入的参数，自动绘制出指定的同心圆，如图 5-10（a）所示。

【任务 3】绘制多个旋转三角形。编写一个程序，使用 turtle 库绘制多个旋转的三角形，如图 5-10（b）所示。该程序应具备以下功能。

- 背景设置：设置画布的背景颜色为黑色。
- 绘制三角形：编写一个 draw_triangle 函数，用于绘制边长为 100 像素的正三角形。
- 旋转效果：使用 for 循环绘制 36 个三角形，每次绘制后旋转 10°，形成一个旋转效果。

5.2.3.3　实验总结与思考

本实验通过 turtle 绘图深入理解并掌握函数模块化设计。根据以下实验的重点、难点对本实验进行总结，并撰写实验报告。

（1）实验重点

① 利用 turtle 库绘制图形，理解如何将复杂任务拆分为多个功能模块，提高代码的可读性、可维护性和重用性。

② 掌握函数中形参和实参的使用，理解如何通过参数传递实现函数的通用性。

③ 掌握如何将循环结构与函数相结合，实现重复图形的绘制和动态效果。

（2）实验难点

① 如何合理拆分任务为多个函数，确保每个函数的独立性和重用性。

② 如何利用参数的传递和计算，设计通用性强的函数，使函数适应不同的需求。

5.2.4　turtle 绘图与动画效果实验

本节探讨如何通过控制绘图过程中的运动与旋转，制作动态的动画效果。通过这些基本技能，设计富有创意和动感的图形，提升编程和设计能力。

【例 5-3】利用 turtle 库模拟星空效果，其中包含星星的随机生成和闪烁效果，如图 5-11 所示。具体要求如下。

① 设置一个黑色背景的画布，模拟夜空，使得星星更加醒目。

② 随机选择星星的颜色。

③ 随机设置星星的位置和大小。

④ 利用延时功能模拟星星的闪烁效果。

⑤ 通过无限循环（while True）实现持续的闪烁效果。

图 5-11　夜空中随机闪烁的星星

〖编程思路〗

程序的目的是模拟星空效果，其中星星会随机生成，并且会闪烁。程序分为以下几个主要部分。

（1）设置画布和画笔：首先，设置一个黑色背景的画布，并创建一个画笔来进行绘制。通过设置 pen.hideturtle()隐藏画笔的形状，可以只看到绘制的图形，而不会看到画笔。

（2）绘制星形函数：定义函数 draw_star(size)，用于绘制五角星形。

（3）随机绘制星星函数：函数 random_star()生成随机的星星属性，包括颜色、大小、位置等。通过 random.choice()随机选择颜色，random.randint()随机选择大小和位置，并在指定位置绘制星星。

（4）模拟星星闪烁效果：使用无限循环（while True）模拟星星的闪烁效果。在每次循环中，使用 pen.clear()先清除之前绘制的星星，然后随机绘制 10 颗星星。通过 time.sleep(0.5)控制闪烁的间隔时间，产生类似星星在夜空中闪烁的效果。

〖知识点〗

1．随机数生成

Python 的 random 模块是标准库的一部分，用于生成伪随机数，并提供了一系列的函数来执行随机化操作。

（1）函数 random.choice()用于从给定的序列（如列表、元组、字符串等）中随机选择一个元素，并返回该元素，每个元素被选择的概率是相同的。

假设希望星星的颜色从一组预定义的颜色中随机选择，使用 random.choice()实现如下：

```python
import random

# 定义星星的颜色列表
star_colors = ["white", "yellow", "lightblue", "lightgreen", "pink"]
# 随机选择一种颜色
chosen_color = random.choice(star_colors)
print("随机选中的星星颜色是:", chosen_color)
```

（2）函数 random.randint(a, b)用于随机生成一个 a 和 b 之间的整数。假设我们需要在一个图形界面中绘制一些星星，并使它们的大小和位置都随机变化，可以利用 random.randint(a, b)来实现这一效果。

```python
# 生成随机位置
x = random.randint(-350, 350)
y = random.randint(-250, 250)
# 生成随机大小
size = random.randint(20, 100)
# 绘制星星
pen.penup()
pen.goto(x, y)   # 随机定位
pen.pendown()
for _ in range(5):
    pen.forward(size)   # 绘制随机大小的星星
    pen.right(144)
```

2．星星闪烁效果的呈现

time.sleep(seconds)是 Python 标准库 time 中的一个函数，用于暂停程序的执行指定的时间（单

位为秒）。time.sleep()没有返回值，它的作用是让程序进入"睡眠状态"，在指定的时间内不执行任何代码。

在本场景中，它被用来模拟星星的闪烁效果，即通过暂停一定的时间，改变星星的状态（如显示或隐藏），从而让它们呈现闪烁的效果。

time.sleep()通常用于以下几种情况。

① 动画或游戏中的延时效果：为了模拟动画帧之间的延时效果，可以使用 time.sleep() 控制每帧之间的间隔时间。

② 模拟延时或等待：如等待某些资源的加载。

③ 控制程序运行速度：避免程序过快运行，特别是在图形界面或命令行中，用于防止出现不自然的视觉效果。

④ 定时任务：通过设置合适的延时来定时执行某些任务。

〖Python 代码〗

```python
import turtle
import random
import time

# 设置画布
screen = turtle.Screen()
screen.bgcolor("black")  # 设置背景为黑色，这样星星会更加醒目

# 创建 Turtle 对象
pen = turtle.Turtle()
pen.hideturtle()  # 隐藏画笔形状
pen.speed(0)  # 直接跳到目标位置

# 定义绘制星星的函数
def draw_star(size):
    for _ in range(5):
        pen.forward(size)
        pen.right(144)

# 定义随机绘制星星的函数
def random_star():
    # 随机选择星星的颜色
    colors = ["white", "yellow", "lightblue", "lightgreen", "pink"]
    pen.color(random.choice(colors))

    # 随机选择星星的大小和位置
    size = random.randint(20, 100)  # 随机星星大小
    x = random.randint(-300, 300)  # 随机横坐标
    y = random.randint(-300, 300)  # 随机纵坐标
```

```
        # 移动到随机位置
        pen.penup()
        pen.goto(x, y)
        pen.pendown()

        # 绘制星星
        draw_star(size)

# 模拟星星闪烁的效果
while True:
        # 清除之前的星星
        pen.clear()

        # 随机绘制 20 颗星星
        for _ in range(20):
            random_star()

        # 暂停一段时间，模拟星星的闪烁效果
        time.sleep(0.5)  # 每 0.5 秒闪烁一次
```

〖拓展思路〗阻塞式与非阻塞式行为。

time.sleep()是阻塞式的，即它会停止当前线程的执行，直到指定的时间过去。这在简单的程序中是有效的，但在一些需要并发操作的程序中可能会导致效率问题。例如，如果在一个游戏或者实时交互的应用中使用 time.sleep()，可能会造成程序在等待时无法响应用户输入或更新界面。

与 time.sleep()不同，turtle.ontimer()不会阻塞程序的执行。它只是设置一个延时任务，在指定时间后调用某个函数。turtle.ontimer()是 turtle 库提供的一个定时器函数，它通过设置定时器在未来的某个时刻执行指定的函数，而不会暂停主程序的执行。

例如，上述代码中的"while True:"及其以下的部分可以替换为如下代码：

```
def update_stars():
        """每隔一段时间刷新一次星星，模拟闪烁效果"""
        pen.clear()  # 清除之前的星星

        # 绘制随机星星
        for _ in range(20):
            random_star()

        # 设置定时器每 500 毫秒触发一次 update_stars()调用
        turtle.ontimer(update_stars, 500)

# 启动定时器，开始刷新星星
update_stars()
```

# 保持绘图窗口开启，直到用户关闭绘图窗口
turtle.mainloop()

5.2.4.1 实验目标

（1）通过程序设计和动画效果的实现，提升编程的创造力和动手实践能力。
（2）学会将随机函数、图形绘制和延时技术结合，实现动态的视觉效果。

5.2.4.2 实验任务

本实验任务的目标知识点如表 5-9 所示。

表 5-9 实验任务的目标知识点

编号	任务	目标知识点
1	绘制跳动的圆	random 库，用 time.sleep()制作动画效果
2	绘制跳动的小球	用 time.sleep()制作动画效果，循环变量的迭代

【任务 1】绘制跳动的圆。

要求：使用 turtle 库和 random 库，绘制一个黄色的圆在屏幕上不断"由远及近、由近及远"随机变化的效果。

〖提示〗圆的大小在一定范围内随机变化，且绘制圆后，令程序暂停若干秒（如 0.2 秒），通过反复绘制不同大小的圆，产生动态变化的视觉效果。

【任务 2】绘制跳动的小球。

要求：小球从画布的下方开始沿垂直方向反复跳跃，且随着重力的作用，小球的跳跃高度逐渐减小，最终停下来。

〖提示〗使用 turtle.setpos()控制显示小球的位置。它的作用与 goto()类似，但 setpos()主要通过直接设置坐标来实现位置的改变，避免在移动过程中留下绘制的轨迹。

使用 time.sleep()控制小球跳跃的间隔时间，形成动画效果。

使用 pen.clear()清除之前的轨迹。

5.2.4.3 实验总结与思考

本实验深入理解并掌握 turtle 绘图与动画效果的基本原理和应用。根据以下实验的重点、难点对本实验进行总结，并撰写实验报告。

（1）实验重点

① 掌握如何使用 turtle 库进行图形绘制和动画效果的实现。

② 掌握标准库 random 模块的使用，理解随机数在图形绘制和动画效果中的应用。

③ 通过 time.sleep()控制动画的闪烁和跳动效果，理解延时在动画制作中的作用。

④ 通过 time.sleep()和 turtle.ontimer()的对比，理解阻塞式和非阻塞式延时行为的区别及其在动画效果中的应用。

（2）实验难点

① 如何合理使用随机数，确保动画效果的随机性和自然性。

② 如何控制小球的跳跃高度和间隔时间，确保动画效果的流畅性和逼真性。

③ 如何精确控制延时，避免动画过快或过慢，影响视觉效果。

5.3　Python 编程与计算

本节介绍 Python 编程中的基本输入/输出操作，并通过具体的编程案例，增强对数学运算、条件结构、循环结构的理解与应用。通过实现各种计算任务，学习如何在 Python 中使用条件结构来处理不同情况，使用循环结构来处理重复的计算任务。

5.3.1　案例讲解：绩点计算

【例 5-4】绩点计算。

绩点（Grade Point Average，GPA）是衡量学生学习成绩的一种标准化指标。它通常用于反映学生在某个学术阶段或某个学期内的学习成绩水平，在大学中广泛使用。

要计算绩点，需要将学生的成绩（如字母成绩）转换为一个数值。不同学校和国家的绩点计算方式可能有所不同，但最常见的是采用 4.0 分制，例如，字母成绩中的 A 对应绩点 4.0，B 对应绩点 3.0，C 对应绩点 2.0，D 对应绩点 1.0，F 对应绩点 0。

总绩点的计算方法：将各门课程的成绩转换为相应的课程绩点，然后按照课程学分进行加权计算获得加权绩点，即课程学分×课程绩点，最后求和。

GPA 的计算公式如下：

$$GPA = \frac{总绩点}{总学分} = \frac{\sum(课程学分 \times 课程绩点)}{\sum 课程学分}$$

假设某学生三门课程的学分和成绩如下。

课程 1：学分 3，成绩 B（对应课程绩点 3.0）。

课程 2：学分 4，成绩 A（对应课程绩点 4.0）。

课程 3：学分 2，成绩 C（对应课程绩点 2.0）。

那么，计算 GPA 的过程如下。

分别计算三门课程的加权绩点：

课程 1 的加权绩点：3×3.0=9.0。

课程 2 的加权绩点：4×4.0=16.0。

课程 3 的加权绩点：2×2.0=4.0。

总绩点=9.0+16.0+4.0=29.0。

总学分=3+4+2=9。

GPA=29.0÷9=3.22。

所以，该学生的 GPA 为 3.22。

〖编程思路〗

设绩点转换规则如前所示。程序设计的步骤如下。

（1）输入课程数量。

（2）输入每门课程的学分和成绩。对每门课程，首先输入其课程学分，然后输入其成绩（字母成绩），并使用 if 语句将字母成绩转换为课程绩点。

（3）计算加权绩点。按照课程的数量组织 for 循环计算每门课程的加权绩点，加权绩点=课程学分×课程绩点。将所有课程的加权绩点相加，得到总绩点。将所有课程的学分相加，得到总学分。

（4）计算并输出 GPA。GPA=总绩点÷总学分。

〖Python 代码〗

```
# 获取课程数量
num_courses = int(input("输入课程数量:"))


total_credits = 0   # 总学分
total_points = 0   # 总绩点


# 获取每门课程的学分和成绩
for i in range(num_courses):
    print(f"\n 请输入第{i+1}门课程信息:")
    credits = float(input("学分: "))   # 课程学分
    grade = input("成绩 (A, B, C, D, E): ").upper()   # 课程成绩，转为大写英文字母

    # 根据课程成绩计算课程绩点
    if grade == 'A':
        grade_point = 4.0
    elif grade == 'B':
        grade_point = 3.0
    elif grade == 'C':
        grade_point = 2.0
    elif grade == 'D':
        grade_point = 1.0
    elif grade == 'F':
        grade_point = 0.0
    else:
        print("无效成绩输入!")
        grade_point = 0.0   # 如果输入的课程成绩无效，直接赋值为 0

    # 计算该课程的加权绩点
    total_credits += credits
    total_points += credits * grade_point

# 计算 GPA
gpa = total_points / total_credits
print(f'GPA：{gpa:.2f}")
```

程序运行过程如下。

```
输入课程数量:3
请输入第 1 门课程信息:
学分: 3
成绩 (A, B, C, D, E): B
请输入第 2 门课程信息:
```

学分: 4

成绩 (A, B, C, D, E): A

请输入第 3 门课程信息:

学分: 2

成绩 (A, B, C, D, E): C

GPA: 3.22

【拓展练习】

（1）尝试输入的课程成绩无效时，提示和组织用户重新输入。

（2）支持更多的成绩等级，如 A+、A−、B+、B−等。

（3）在程序中加入学期的概念，计算每个学期的 GPA 或累计 GPA。

5.3.2　Python 编程与计算实验

5.3.2.1　实验目标

（1）掌握基本的输入/输出操作，增强对用户交互的理解。

（2）理解和应用条件语句（if）、循环语句（while 和 for）解决数学问题。

5.3.2.2　实验任务

本实验任务的目标知识点见表 5-10。

表 5-10　实验任务的目标知识点

编号	任务	目标知识点
1	组织算术运算	程序设计的 IPO 结构
2	计算 BMI 指标	算术运算和分支
3	求 1−3+5−7+9−…+101	for 语句，正负交替方法
4	猜数游戏	while 语句、break 语句、else 语句
5	九九乘法表	循环的嵌套

【任务 1】 组织算术运算。要求：从键盘输入两个整数 a 和 b，求它们的和、差、积、商，计算 a 和 b 的余数、a 的 b 次方。程序运行形式如下：

input the first number: 21

input the second number:3

21 + 3 = 24

21 − 3 = 18

21 * 3 = 63

21 / 3 = 7.0

21 % 3 = 0

21 ^ 3 = 9261

【任务 2】 计算 BMI 指标。

BMI（Body Mass Index，身体质量指数）是一种常用于评估个体体重是否在健康范围内的指标。它通过体重（kg）和身高（m）的关系估算体脂的百分比。BMI 指标是评估健康风险的重要工具，能够帮助识别与体重相关的健康问题。例如，肥胖可能导致糖尿病、高血压、心血管疾病等慢性病，而偏瘦则可能与免疫力低下、营养不良等问题相关。

表5-11　BMI 与体质类型对照表

分类	BMI 指标范围
偏瘦	BMI < 18.5
正常	18.5 ≤ BMI < 24
过重	24 ≤ BMI < 28
肥胖	BMI ≥ 28

BMI 计算公式如下：

$$BMI=体重÷身高^2$$

BMI 与体质类型对照表见表 5-11。

程序运行形式如下：

```
input the weight(kg):  52
input the height(m):  1.68
BMI = 18.42  偏瘦
```

【任务 3】求 1-3+5-7+9-…+101。

【任务 4】猜数游戏。要求：由计算机给出一个 1～100 范围内的整数作为被猜数，当用户猜了一个数后，通过比较给出"大了"、"小了"或"猜对了"的提示，在猜对的情况下输出用户猜数的次数。要求最多允许用户猜 8 次。

〖提示〗

（1）使用 random.randint(a, b)函数可以随机生成一个 a 和 b 之间的整数，例如：

```
import random
# 生成 1 和 100 之间的随机整数
secret_number = random.randint(1, 100)
```

（2）控制游戏流程的方法：可以使用 for 语句来限制猜数次数（最多 8 次）。

在每次猜数后，如果用户猜中，则立即使用 break 语句结束循环。如果猜数次数用尽，则游戏结束。

使用 else 语句与 for 语句配合。else 语句只会在循环正常结束时执行（没有遇到 break 语句），可作为用户未在指定次数内完成正确猜数的情况判断。

【任务 5】九九乘法表。

〖提示〗输出九九乘法表时要注意上下对齐，如图 5-12 所示。在每个表达式结束时输出一个 "\t"，将光标跳到下一个制表位。制表位与 "\t" 的关系如图 5-13 所示。

```
1*1=1
1*2=2    2*2=4
1*3=3    2*3=6    3*3=9
1*4=4    2*4=8    3*4=12   4*4=16
1*5=5    2*5=10   3*5=15   4*5=20   5*5=25
1*6=6    2*6=12   3*6=18   4*6=24   5*6=30   6*6=36
1*7=7    2*7=14   3*7=21   4*7=28   5*7=35   6*7=42   7*7=49
1*8=8    2*8=16   3*8=24   4*8=32   5*8=40   6*8=48   7*8=56   8*8=64
1*9=9    2*9=18   3*9=27   4*9=36   5*9=45   6*9=54   7*9=63   8*9=72   9*9=81
```

图 5-12　九九乘法表

图 5-13　制表位示意图

5.3.2.3　实验总结与思考

本实验帮助深入理解并掌握 Python 基本的输入/输出操作、条件语句和循环语句的应用。根据以下实验的重点、难点对本实验进行总结，并撰写实验报告。

（1）实验重点

① 掌握 Python 基本的输入/输出操作，增强对用户交互的理解。

② 理解和应用条件语句与循环语句，并能解决数学问题。

③ 掌握循环语句的嵌套使用以及 break 和 else 语句对流程的控制。

（2）实验难点

① 正确处理复杂的条件判断逻辑，确保程序的准确性和鲁棒性。

② 循环结构的优化与控制。

③ 输出格式的控制，确保结果的对齐和美观呈现。

5.4　迭代法

迭代算法是一种通过重复计算逐步逼近解的算法，广泛应用于优化、数值计算和机器学习等领域。

5.4.1　案例讲解：二分法和牛顿法求解非线性方程

求解非线性方程是数学、工程、物理和计算机科学等领域的一个非常重要的问题。例如，在人工智能和机器学习中，神经网络的训练实际上就是通过求解大量的非线性方程来优化模型参数的。非线性方程的根（或解）是指满足某个非线性方程的 x 值，也就是使方程 $f(x)=0$ 的解，其中 $f(x)$ 是一个非线性函数。

由于大多数非线性方程没有解析解（不能通过简单的代数运算得到解），因此通常依赖于数值方法来求解这些方程。二分法和牛顿法是常用解法。

【例5-5】二分法求解非线性方程。

二分法（也称二分查找法）是一种通过不断缩小区间，从而逐步逼近方程解的数值计算方法。它适用于求解连续函数的零点（$f(x)=0$）问题。二分法原理如图5-14所示。求解步骤如下。

（1）选择区间。首先选择一个闭区间 $[a,b]$，并且保证 $f(a)$ 和 $f(b)$ 的符号不同，即 $f(a)\cdot f(b)<0$。根据连续性理论，这意味着在区间内必定存在解能够令 $f(x)=0$。

（2）计算中点。计算区间的中点（半宽度） $m=\dfrac{a+b}{2}$。

图5-14　二分法原理

（3）判断符号。

如果 $f(m)=0$，那么 m 就是方程的解；

如果 $f(a)\cdot f(m)<0$，那么解在区间 $[a,m]$ 内，更新右端点 $b=m$；

如果 $f(b)\cdot f(m)<0$，那么解在区间 $[m,b]$ 内，更新左端点 $a=m$。

重复以上步骤，继续缩小区间，直到函数值足够接近0，或者区间的中点小于设定的精度阈值。

在数值计算的过程中，求解的目的是找到一个足够精确的近似值。即使在理论上通过迭代找到的解不一定会使 $f(x)=0$ 精确成立，也可以认为其是方程解的一个良好近似。因此，当区间长度阈值 $\dfrac{b-a}{2}$ 小于某个预设的精度阈值时，意味着其已经近似真实值了，可以认为 $\dfrac{a+b}{2}$ 是一个足够精确的解。

二分法虽然收敛速度较慢，但只要方程的解在区间内存在，则保证能够找到解，其适用于已知区间并且函数连续的情况。

〖编程思路〗

在二分法求解过程中，需要多次计算函数值。从避免重复、提高可维护性的角度，将求解方

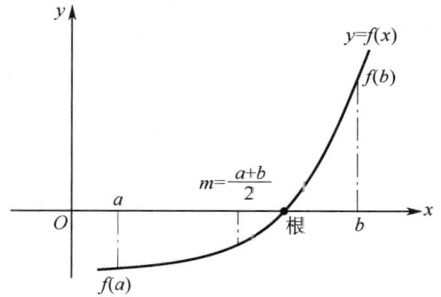

程 $f(x)$ 定义为函数。

按照二分法原理，首先设置初始区间 $[a, b]$，并确保 $f(a)$ 和 $f(b)$ 的符号不同，因此二分法开始时应首先检测区间的合理性。

在区间合理的情况下，设置一个小的精度阈值（如 10^{-6}），将其作为停止的条件，执行二分法，即通过循环迭代，逐渐缩小区间，直到找到解。

〖Python 代码〗

```python
def f(x):
    # 示例方程: x^3 - x - 2 = 0
    return x**3 - x - 2


# 设置区间 [a, b]
a = 1  # 区间左端点
b = 2  # 区间右端点
epsilon= 1e-6  # 精度阈值


# 检查区间端点符号是否不同
if f(a) * f(b) > 0:
    print("f(a) 和 f(b) 必须符号不同，否则无法继续计算")
else:
    # 二分法求解
    while (b - a)/2 > epsilon:  # 半区间长度不够小，继续迭代
        # 计算中点
        m = (a+b) / 2
        f_m = f(m)

        # 在中点是解的情况下结束二分法
        if abs(f_m) < epsilon:
            break

        # 根据符号选择新的区间
        if f(a) * f_m < 0:
            b = m
        else:
            a = m


    # 返回最终的中点作为方程的解
    solution = (a+b) / 2
    print(f"方程的解为: {solution}")
```

运行程序，输出结果如下。

方程的解为: 1.5213804244995117。

〖拓展思路〗

二分法可以保证收敛，但收敛的速度慢，尝试以下方法提升算法的性能。

① 通过设置最大迭代次数来防止算法进入死循环，避免计算时间过长，使二分法的性能得到优化。

② 如果方程很复杂，可以对目标函数进行优化，如使用数值微分等。

【例 5-6】牛顿法求解非线性方程。

牛顿法（也称牛顿迭代法）也是一种用于求解方程 $f(x)=0$ 的数值方法，它通过从一个初始猜测点出发，逐步迭代来逼近方程的解。牛顿法原理如图 5-15 所示。求解步骤如下。

（1）从初始猜测值出发。牛顿法从一个初始猜测值 x_0 开始，这个值通常是方程解的大致估计，通过不断更新当前的猜测值，逐步逼近实际的解。

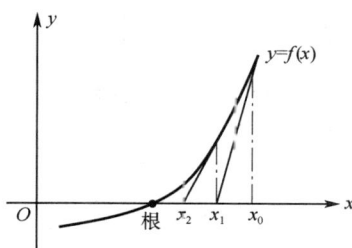

图 5-15　牛顿法原理

（2）用切线代替函数。牛顿法的核心思想是利用函数在当前猜测点的切线来近似函数本身。具体来说，假设已经知道某一点 x_i 处的函数值 $f(x_i)$ 和导数 $f'(x_i)$，通过该点的切线找到下一个猜测点 x_{i+1}。

设函数 $f(x)$ 在点 x_i 处的切线方程如下：

$$y - f(x_i) = f'(x_i)(x - x_i)$$

为了得到切线与 x 轴的交点（x 的取值），令 $y=0$，解该方程，得

$$x_{i+1} = x_i - \frac{f(x_i)}{f'(x_i)}$$

这就是牛顿法的迭代公式。

（3）不断更新猜测值。在每次迭代中，计算出新的点 x_{i+1}，并将其作为下一次迭代的起点。随着迭代次数的增加，新的猜测值逐渐逼近实际的解。

如果初始猜测值 x_0 足够接近解，且函数 $f(x)$ 在求解区域内有导数，牛顿法通常会迅速逼近方程的解。初始猜测值 x_0 的选择对收敛性至关重要，选择不当可能导致迭代发散或停留在错误的解上。

〖编程思路〗

在牛顿法求解方程的过程中，首先将目标函数值 $f(x)$ 和它的导数 $f'(x)$ 的计算定义为函数。

然后，选定一个初始猜测值 x_0，并设定一个误差阈值（如 10^{-6}）作为精度要求。同时，设定一个最大迭代次数，防止无法收敛时陷入死循环。

接下来，在迭代的过程中，根据牛顿法的迭代公式不断更新当前的猜测值。如果在某次迭代中，更新后的猜测值与前一次的猜测值之间的差距小于设定的误差阈值，或者 $f(x_{i+1})$ 的值非常接近 0，则认为迭代已经收敛，找到了方程的近似解。

如果在设定的最大迭代次数内未能达到精度要求，则可能意味着初始猜测值选择不当，或者该方程不适合使用牛顿法求解。

〖Python 代码〗

```python
# 需要求解的方程  f(x) = 0
def f(x):
    # 示例方程: x^3 - x - 2 = 0
    return x**3 - x - 2

# f(x)的导数
def f_prime(x):
    # f'(x) = 3*x^2 - 1
```

```
        return 3*x**2 - 1

    x0 = 1.5  # 初始猜测值
    epsilon = 1e-6   # 精度要求
    max_iter = 100  # 最大迭代次数（防止死循环）

    x = x0  # 猜测值
    for iter_count in range(max_iter) :
        fx = f(x)
        f_prime_x = f_prime(x)

        # 计算新的解
        x_new = x - fx / f_prime_x

        # 检查是否满足精度要求
        if abs(x_new - x) < epsilon or abs(f(x_new)) < epsilon:
            print(f"方程的解为: {x_new}")
            break

        # 更新 x 为新的近似值
        x = x_new
    else:
        # 不是通过 break 语句离开循环，达到最大迭代次数仍未收敛
        print("牛顿法未能收敛，无法找到解.")
```
运行程序，输出结果如下：

    方程的解为: 1.5213797063864203

〖拓展思路〗

牛顿法是一种非常高效的数值求解方法，但其收敛性依赖于初始猜测值的选择，同时，在迭代过程中，如果导数为 0（公式中的分母为 0），将导致牛顿法无法继续。尝试改进程序，在导数为 0 时及时结束迭代。

测试用例可以使用方程：$f(x) = x^3 - 3x + 2$，初始猜测值 x_0 设置为 1。

5.4.2　迭代法实验

5.4.2.1　实验目标

（1）理解迭代的基本概念，理解迭代算法如何通过不断重复计算步骤逼近问题的解。

（2）通过编程实现经典的迭代算法，强化对迭代结构的理解和应用。

5.4.2.2　实验任务

本实验任务的目标知识点见表 5-12。

表 5-12 实验任务的目标知识点

编号	任务	目标知识点
1	求平方根	牛顿法
2	求最大公约数	辗转相除法，变量的迭代方法
3	Fibonacci（斐波那契）数列	变量的迭代方法
4	求数字根	变量的迭代方法
5	求逆序数	变量的迭代方法

【任务 1】求平方根。

程序运行形式如下：

> 输入一个数字:25
>
> 25 的平方根是:5.00

〖提示〗使用牛顿法求 n 的平方根，可以将问题转换为求解方程 $f(x) = x^2 - n = 0$。

【任务 2】求最大公约数。

最大公约数（Greatest Common Divisor，GCD）指两个或多个整数的公共约数中最大的一个。欧几里得算法，也称为辗转相除法，是一种高效的求最大公约数的方法，其原理如下。

对于两个整数 a 和 b，如果 $a>b$，则有 GCD(a, b) = GCD$(b, a \bmod b)$，即两个数的最大公约数等于其中较小的数与较大数对较小数求余后的最大公约数。

其迭代过程可以表示为：用较大的数除以较小的数，计算余数，然后将上一次计算的除数变为被除数，余数变为除数继续进行除法运算，直到余数为 0，此时的除数即为最大公约数。

程序运行形式如下：

> 输入两个正整数：48 18
>
> 最大公约数 GCD(48, 18) = 6

【任务 3】Fibonacci（斐波那契）数列。

这是一个意大利商人编写的养兔子模型，如图 5-16 所示。假定一个月大小的一对兔子（雄的和雌的），对于繁殖还太年轻，且两个月大小的兔子便足够成熟。又假定从第二个月开始，每月它们都繁殖一对新的兔子（雄的和雌的）。如果每对兔子都按前面同样的方式繁殖。试问，两年后，意大利商人有多少对兔子？

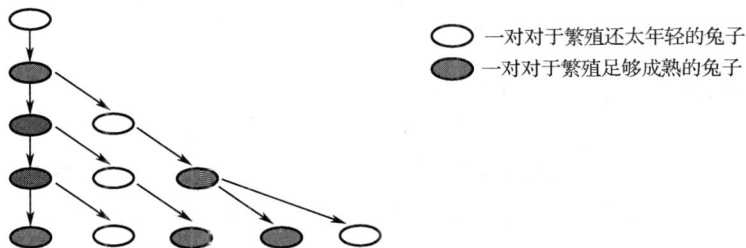

图 5-16 Fibonacci 数列与养兔子模型

【任务 3 拓展】数学是一个奇妙的世界，例如，Fibonacci 列中两个相邻数的比值随着其序号的增大逐渐趋于黄金分割比（近似值为 0.618），即 $f(n)/f(n+1) \to 0.618$，试计算从数列的第几项开始与黄金分割比非常接近（设误差小于 0.0001）。

【任务 4】求数字根。

数字根是一个通过将数字的各个位置上的数字相加，直到得到一个单一数字的过程。简单来说，就是将一个正整数的所有位数相加，然后重复这个过程，直到结果是个位数为止。

例如，对于数字 9876 的数字根计算过程如下：

9+8+7+6=30

3+0=3

所以，9876 的数字根为 3。

可以发现，数字根与模 9（对 9 求余）关系密切。任何一个整数的数字根都等于该整数对 9 取模的结果，除非这个数字本身是 0 或者是 9 的倍数。

例如，9876 % 9 = 3，而 9876 的数字根也是 3。

数字根有一些有趣的数学性质，经常被应用于数字签名、数字校验等领域。

程序运行形式如下：

> 输入一个整数：**9876**
>
> 计算数字根的过程：**9876 -> 30 -> 3**

【任务 5】求逆序数。

逆序数是将一个整数的数字顺序反转得到的数字。例如，将 12345 数字顺序反转得到 54321，它就是 12345 的逆序数。又如，67890 的逆序数是 09876，通常去掉前导 0，即逆序数为 9876。

逆序数的概念在回文数判断、加密算法或校验和的计算等场景中都有所应用。

【任务 5 拓展】检查一个数字是否是回文数。回文数指正着读和反着读都一样的数字，例如 121 是回文数，123 不是回文数。通过计算一个数的逆序数，可以进而判断该数字是否是回文数。

5.4.2.3　实验总结与思考

本实验深入理解并掌握迭代算法的基本原理和应用。根据以下实验的重点、难点对本实验进行总结，并撰写实验报告。

（1）实验重点

① 掌握迭代算法的基本原理，理解如何通过不断重复计算步骤来逼近问题的解。

② 通过经典迭代算法，强化对迭代结构的理解和应用。

（2）实验难点

① 迭代算法的收敛性与效率：确保迭代过程的收敛性，避免发散或陷入局部最优解，同时优化计算效率。

② 正确处理复杂的迭代逻辑，避免重复计算或遗漏关键步骤。

5.5　穷举法

穷举法是一种通过列举所有可能的解并逐一进行验证的算法，适用于解空间较小或没有明显规律可依赖的场景。它的实现简单直观，通过遍历所有解来确保不会漏掉任何一个可能的解，但效率较低，特别是解空间较大时，可能导致高昂的计算成本。

穷举法适用于小规模问题、验证性问题或组合优化问题的简化版。在解空间有限的情况下，穷举法能够确保找到最优解或所有符合要求的解，但是其时间复杂度较高，通常为指数级别。

5.5.1　案例讲解：组合问题

【例 5-7】一个不透明的袋子中装有若干个红、橙、黄、绿、蓝 5 种颜色的小球，每次随意摸出 3 个小球，输出 3 个小球颜色都不一样的所有可能的方案。

摸小球问题属于组合问题，在循环嵌套实现时，要特别注意避免相同的组合，例如，"红、黄、蓝"和"黄、红、蓝"是相同的组合。为了实现这一点，可以使用嵌套循环的方式，在每层循环中限制下一个小球颜色的选择范围，确保每次选出的颜色是不同的，并且每次都能生成唯一的组合。

〖编程思路〗

（1）定义颜色列表：将颜色存储在一个列表中，列表中包含 5 种颜色，分别为红、橙、黄、绿、蓝。

```
colors = ['红', '橙', '黄', '绿', '蓝']
```

（2）嵌套循环。

外层循环（i）：从第 1 种颜色（i=1）开始，i 用于控制颜色的下标。

中层循环（j）：从 i+1 开始，确保第 2 种颜色在第 1 种颜色之后，避免重复。

内层循环（k）：从 j+1 开始，确保第 3 种颜色在第 2 种颜色之后。

通过这样的嵌套循环结构，确保每次选出的 3 种颜色互不重复且没有相同的组合。

〖Python 代码〗

```
# 定义 5 种颜色
colors = ['红', '橙', '黄', '绿', '蓝']

# 使用 3 层嵌套循环生成所有 3 种不同颜色的组合
for i in range(len(colors)):  # 第 1 层循环，选择第 1 种颜色
    for j in range(i+1, len(colors)):  # 第 2 层循环，选择第 2 种颜色
        for k in range(j+1, len(colors)):  # 第 3 层循环，选择第 3 种颜色
            # 输出每个符合条件的组合
            print(colors[i], colors[j], colors[k])
```

程序的运行结果如下：

```
红 橙 黄
红 橙 绿
红 橙 蓝
红 黄 绿
红 黄 蓝
红 绿 蓝
橙 黄 绿
橙 黄 蓝
橙 绿 蓝
黄 绿 蓝
```

〖拓展思路〗

该方法简单易懂，适合小规模的组合问题。通过嵌套循环的范围限制，避免了生成重复组合的情况。但是代码的可扩展性差，当颜色种类或者选择的个数增多时，嵌套循环的层数和代码的复杂度都会显著增加。当问题规模较大时，可以考虑使用递归或回溯等更高效的算法来生成组合。

5.5.2 穷举法实验

5.5.2.1 实验目标

（1）理解并应用穷举法的基本原理，在具体问题中通过遍历所有可能的组合或情况来找到符合条件的解。

（2）分析问题的解空间，设计出有效的穷举方法，避免不必要的重复计算或不符合条件的解，从而提高算法效率。

（3）解决实际问题中的逻辑推理与优化，培养逻辑推理与约束分析能力，能够在复杂条件下推导出正确的解。

5.5.2.2 实验任务

本实验任务的目标知识点见表 5-13。

表 5-13 实验任务的目标知识点

编号	任务	目标知识点
1	FizzBuzz 问题	条件判断
2	求最大公约数	穷举中的条件判断
3	绳子和三角形	穷举中的条件判断
4	从数字 1～5 中选择 3 个数字的组合	数字组合问题
5	生成由数字 1～9 组成的所有 2 位数	排列问题，允许重复
6	生成数字 1、2、3 的所有排列	排列问题，不允许重复
7	白帽子和红帽子问题	逻辑约束推理
8	旅行规划问题	复杂逻辑推理问题

【任务 1】FizzBuzz 问题。

FizzBuzz 问题是一个经典的编程面试题目，题目要求输出 1～100 之间的所有数字，对于每个数字：

- 如果数字能被 3 整除，则输出"Fizz"。
- 如果数字能被 5 整除，则输出"Buzz"。
- 如果数字能同时被 3 和 5 整除，则输出"FizzBuzz"。
- 如果数字既不能被 3 也不能被 5 整除，则输出该数字本身。

【任务 2】求最大公约数。

要求：使用穷举法求两个数的最大公约数。

【任务 3】绳子和三角形。

要求：输入绳子的长度 n，将该绳子分成 3 段，每段的长度为正整数，输出由该 3 段绳子能够组成三角形的个数。

【任务 4】从数字 1～5 中选择 3 个数字的组合。

【任务 5】生成由数字 1～9 组成的所有 2 位数。

【任务 6】生成数字 1、2、3 的所有排列。

【任务 7】白帽子和红帽子问题。

大厅内有 5 个人，他们都戴着白帽子或者红帽子，且每个人都看不到自己的帽子。已知戴白帽子的人说真话，戴红帽子的人说假话。编写程序，从他们各自提供的线索中辨别谁戴白帽子，谁戴红帽子。

甲：我看见一个戴白帽子的。

乙：我没有看见戴红帽子的。

丙：我看见一个戴白帽子的，但不是甲。

丁：我没有看见戴白帽子的。

戊：我的帽子和丙一样。

【任务 8】 旅行规划问题。

某旅行团计划在 A、B、C、D 这 4 个地方中选择若干个地方，选择时要满足以下条件：

① 如果去 A 地，则必须去 B 地；

② B、C 两地只能去一地；

③ C、D 两地都去或者都不云。

编写程序，输出所有符合上述条件的选择方案及数量。

5.5.2.3　实验总结与思考

本实验以穷举法为核心进行实践。根据以下实验的重点、难点对本实验进行总结，并撰写实验报告。

（1）实验重点

① 掌握条件判断的基本原理和应用。

② 理解并应用穷举法解决实际问题。

③ 掌握组合和排列的基本原理。

④ 掌握逻辑推理的基本方法，并能够编写程序解决复杂逻辑问题。

（2）实验难点

① 如何正确处理多个条件的嵌套和优先级。

② 如何优化穷举法的效率，避免不必要的计算。

③ 在组合和排列问题中，如何正确生成所有可能的组合和排列，并避免重复或遗漏。

④ 如何正确理解和应用逻辑约束，编写出正确的逻辑推理程序。

第 6 章　从数据到智能

在信息技术迅猛发展的今天，数据已成为推动智能化变革的核心驱动力。随着数据量的激增，如何高效地收集、存储、处理和分析这些数据，成为智能决策和自动化的关键。数据清洗和预处理是确保数据质量与可靠性的首要步骤。

本章从"数据到智能"的视角出发，深入探讨数据结构，特别是列表和字典在数据组织和管理中的关键作用。同时，通过数据清洗、预处理和统计分析的实践，培养运用数据结构解决复杂问题的能力。除此之外，图像预处理作为数据增强的一部分，在图像数据处理中起着至关重要的作用，本章还将介绍如何使用 OpenCV 等工具高效提升图像质量，为后续智能应用的开发奠定坚实基础。

6.1　数据结构探索

选择合适的数据结构对于程序的性能和可维护性至关重要。列表、字典和字符串在 Python 中各有其独特的设计意义和应用场景。合理使用这些数据结构，开发者能够更高效地组织和管理数据，提升程序的整体质量。理解这些数据结构的特性和适用场景，有助于在开发过程中做出更明智的选择。

6.1.1　列表的应用

列表（list）是 Python 中最基本的数据结构之一，用于存储有序的元素集合，"位序"是其核心特征。位序是指列表中元素的排列顺序，每个元素都拥有一个专属的索引位置。因此，在需要按位置访问和操作数据的场景中，列表尤为重要。它不仅便于组织和管理数据，还能高效地进行查找和修改操作。

Python 为列表提供了按位序进行的索引访问，可以通过索引直接访问列表中的元素，例如，xx[0]可以获取第一个元素，xx[-1]可以获取最后一个元素。

也可以使用按位序组织的切片获取列表中的一部分元素，例如，xx[:3]可以获取列表中的前 3 个元素，而 xx[3:] 则可以获取从索引 3 开始的所有后续元素。切片操作基于元素的位序，能够便捷地提取和处理数据的子集。

此外，列表的排序方法 sort()（或 sorted()）允许根据元素的值对列表进行排序，从而改变元素的位序。例如，xx.sort()（或 sorted(xx)）会对列表进行就地排序，改变元素的排列顺序。

列表对象的 insert(index, value)方法可以在指定索引位置插入新元素，而 pop(index)方法可以删除指定位置的元素，这些操作将会直接影响元素的位序。

另外，列表对象的 index(value)方法可以返回指定元素的第一个索引位置，即元素在列表中的位序。

【例 6-1】使用 turtle 库绘制彩色正方形。

如图 6-1 所示，正方形的 4 条边依次是 red、yellow、blue、green 这 4 种颜色。

图 6-1　彩色正方形

〖编程思路〗

使用 turtle 库的默认画笔，绘制一个正方形的代码如下：

```
import turtle


for i in range(4):
    turtle.forward(100)
    turtle.right(90)
turtle.done()
```

如果绘制彩色正方形，则需要在 turtle.forward(100) 之前为画笔指定颜色。

在已知循环变量 i（取值为 0、1、2、3）的基础上，可以使用 if 语句将 i 与 4 种颜色（red、yellow、blue、green）依次对应起来，修改代码如下：

```
for i in range(4):
    if i==0:
        turtle.pencolor("red")
    elif i==1:
        turtle.pencolor("yellow")
    elif i==2:
        turtle.pencolor("blue")
    else:
        turtle.pencolor("green")
    turtle.forward(100)
    turtle.right(90)
```

但是，这段代码是有缺陷的，它存在大量的重复操作。如果能够直接建立数字 0、1、2、3 与 4 种颜色的对应关系，程序将得到简化。

列表中的每个元素都有位序，且位序从 0 开始，可以将 4 种颜色依次保存在列表中，如图 6-2 所示。

"red"	"yellow"	"blue"	"green"
0	1	2	3

因此，索引与颜色字符串的关系自动成立，修改代码 如下：

图 6-2　颜色列表

```
colorlist = ["red", "yellow", "blue", "green"]
for i in range(4):
    turtle.pencolor(colorlist[i])  # 从列表获取一种颜色
    turtle.forward(100)
    turtle.left(90)
```

这个案例体现了"数据结构"在程序设计经典公式"程序=数据结构+算法"的重要性。

（1）组织和存储数据：数据结构是用于组织和存储数据的方式。使用合适的数据结构，可以高效地管理和访问数据。在本例中，使用列表 colorlist 存储颜色字符串，使得颜色的管理变得简单明了，提高了代码的可读性。

（2）简化代码：使用列表可以减少重复操作，避免了大量的条件判断（如 if 和 elif 语句），从而使代码更加简洁和易于维护。

按照相同的思路，当绘制彩色长方形时，可以预先将长方形的长、宽数据存储在列表中，然后根据循环变量的奇偶性从列表中获取数据。代码如下：

```
colorlist = ["red", "yellow", "blue", "green"]
length_list = [200, 100]   # 长方形的边长:长和宽
for i in range(4):
    turtle.pencolor(colorlist[i])
    # 按照 i 的奇偶性获取边长
    turtle.forward(length_list[i % 2])
    turtle.right(90)
```

在程序设计中合理选择数据结构和设计高效的算法非常重要。通过有效的数据管理和逻辑实现,可以构建出更高效、可维护且易于理解的程序。

6.1.2 列表的应用实验

6.1.2.1 实验目标

(1)掌握列表的基本操作:通过对列表的索引、遍历和修改操作,增强对列表数据结构的理解和应用能力。

(2)学习列表方法的使用:掌握列表的常用方法,如 append()、reverse()、index() 和 sort(),并能够在实际问题中灵活应用。

(3)理解数据结构和算法:通过组织和管理数据,提升对数据结构和算法的理解。

6.1.2.2 实验任务

本实验任务的目标知识点见表 6-1。

【任务 1】用循环结构绘制三色树叶。

三色树叶如图 6-3 所示。

表 6-1 实验任务的目标知识点

编号	任务	目标知识点
1	用循环结构绘制三色树叶	列表索引
2	检测车辆识别码的校验位	字符处理、列表遍历
3	石头剪刀布游戏	数据组织、列表 in 运算
4	构建爬虫程序的目标网址列表	append()方法
5	诗歌反转	reverse()方法
6	匹配花名	index()方法
7	销售数据排序与分析	sort()方法

图 6-3 三色树叶

【任务 2】检测车辆识别码的校验位。

车辆识别码(Vehicle Identification Number,VIN)是一个由 17 位字符组成的唯一标识符,用于识别每辆机动车。VIN 包含了车辆的制造商、品牌、车型、发动机类型、年份、生产地等信息。VIN 的最后一位是检验位,用于验证整个 VIN 的有效性。

VIN 的校验包含以下几个步骤。

(1)VIN 格式验证。

① 确保 VIN 的长度为 17 位。

② 验证 VIN 是否只包含有效字符(字母和数字),并排除字母 O、I、Q 等,以避免与数字 0、

1、9 混淆。

（2）计算 VIN 前 16 位字符的加权和。

将 VIN 每个字符转换为对应的数值，然后乘以相应的权重并求和。每个字符对应的数值如下。

对于数字 0~9，直接使用其本身的数值。例如，0 对应 0，1 对应 1，……，9 对应 9。

对于字母 A~Z，按照以下规则映射为数值：

A = 1, B = 2, C = 3, D = 4, E = 5, F = 6, G = 7, H = 8

J = 1, K = 2, L = 3, M = 4, N = 5, P = 7, R = 9

S = 2, T = 3, U = 4, V = 5, W = 6, X = 7, Y = 8, Z = 9

VIN 第 1~16 位字符有固定的权重：8, 7, 6, 5, 4, 3, 2, 10, 0, 9, 8, 7, 6, 5, 4, 3。

假设某 VIN 的前 16 位字符为 1HGCM82633A12345，则每位字符对应的数值和权重见表 6-2。

表 6-2　每位字符对应的数值和权重

某 VIN 中的字符	1	H	G	C	M	8	2	6	3	3	A	1	2	3	4	5
对应的数值	1	8	7	3	4	8	2	6	3	3	1	1	2	3	4	5
权重	8	7	6	5	4	3	2	10	0	9	8	7	6	5	4	3

加权和=8+56+42+15+16+24+4+60+0+27+8+7+12+15+16+15=325

（3）计算检验位。将加权和对 11 取模，得到的余数即为检验位。如果余数为 10，则检验位应为字符"X"，否则直接使用余数作为检验位。

（4）比较检验位。将计算得到的检验位与 VIN 的最后一位字符进行比较。如果两者相等，则 VIN 有效；否则无效。

输入一个车辆的识别码，如 1HGCM82633A12345X，检测其校验位是否正确。

【任务 3】石头剪刀布游戏。

要求：控制台运行。用户每次输入 0 代表石头、1 代表剪刀、2 代表布，计算机则随机出手；游戏三局两胜，如果遇到平局则不计入。

程序某次的运行结果如下：

```
(0)石头/(1)剪刀/(2)布
your choice:0
玩家:石头,计算机:石头
本次平局,本局不计入
玩家-计算机 比分为 0:0
----------------------------
(0)石头/(1)剪刀/(2)布
your choice:0
玩家:石头,计算机:布
本局计算机胜
玩家-计算机 比分为 0:1
----------------------------
(0)石头/(1)剪刀/(2)布
your choice:1
玩家:剪刀,计算机:布
本局玩家胜
```

```
玩家-计算机 比分为 1:1
-----------------------------
(0)石头/(1)剪刀/(2)布
your choice:2
玩家:布,计算机:石头
本局玩家胜
玩家-计算机 比分为 2:1
玩家胜,游戏结束
```

〖提示〗建议将玩家与计算机的出手表示为一个列表，格式为 [玩家, 计算机]。同时，可以预先定义一个列表来存储玩家获胜的所有出手组合，例如，[['剪刀', '布'], ['布', '石头'], ['石头', '剪刀']]。在每轮出手后，使用 in 运算判断当前的出手组合是否在这个列表中。如果存在，说明该局玩家获胜；否则，该局计算机获胜。这样的设计使得胜负判定更加简单明了。

【任务4】构建爬虫程序的目标网址列表。

假设需要编写一个 Python 程序来爬取特定网页中的数据。目标网址格式为 https://www.网站.com/posts/pN，其中 N 为 2～20 范围内的整数。为爬虫程序做准备，将这些目标网址存储在一个列表中，并输出该列表。

【任务5】诗歌反转。

编写一个程序，接收一句英文诗作为输入，并将诗句中的每个单词反转，最后输出反转后的诗句。

〖提示〗可以使用列表对象的 reverse()方法来实现对列表元素的反转。本任务可以按照以下步骤完成：首先输入字符串，然后将字符串分词为列表，接着对列表中的元素进行反转，最后将反转后的列表组合成一个字符串。

【任务6】匹配花名。

编写一个程序，根据用户输入的颜色输出对应的花名。

设有两个列表：一个存储花的颜色，另一个存储花名。

颜色列表 color_list 包含以下颜色：red（红色）、blue（蓝色）、green（绿色）、yellow（黄色）。

花名列表 flower_list 包含以下花名：rose（玫瑰）、forget-me-not（勿忘我）、chrysanthemum（菊花）、sunflower（向日葵）。

程序应提示用户输入一种颜色，并检查该颜色是否存在于 color_list 中。如果存在，则输出对应的花名；如果不存在，则给出提示信息。

【任务7】销售数据排序与分析。

在一家零售公司，销售经理需要分析不同产品的销售数据，以便确定市场策略。产品信息包括名称、销售额和销售数量。经理希望按照销售额对产品进行排序，并找出销售额最好的产品。

例如，产品销售数据列表如下：

```
sales_data = [
    {"product": "Laptop", "sales": 120000, "quantity": 30},
    {"product": "Smartphone", "sales": 80000, "quantity": 50},
    {"product": "Tablet", "sales": 60000, "quantity": 20},
    {"product": "Headphones", "sales": 30000, "quantity": 100},
    {"product": "Smartwatch", "sales": 50000, "quantity": 40}
]
```

程序输出形式如下：

> 按销售额排序的产品：
>
> Laptop: Sales = 120000, Quantity = 30
>
> Smartphone: Sales = 80000, Quantity = 50
>
> Tablet: Sales = 60000, Quantity = 20
>
> Smartwatch: Sales = 50000, Quantity = 40
>
> Headphones: Sales = 30000, Quantity = 100
>
>
> 销售最好的产品是: Laptop,销售额为 120000.

〖提示〗使用列表对象的 sort() 方法对数据进行排序，并利用 lambda 函数定义排序的依据。如果指定 reverse=True，则排序后仅输出索引为 0 的元素。

6.1.2.3　实验总结与思考

根据以下实验的重点、难点对本实验进行总结，并撰写实验报告。

（1）实验重点

① 掌握列表的基本操作和常用方法。

② 熟练使用列表进行数据管理和操作。

（2）实验难点

① 在复杂数据处理中正确访问和修改列表元素。

② 列表方法的灵活应用与理解。

6.1.3　字典的应用

字典（dict）以键值对的形式存储数据，使数据的意义更加明确，易于理解和使用。

键值对结构通过唯一的键来快速访问对应的值，避免了遍历整个数据结构的时间开销，从而显著提高了查找、插入和删除操作的效率。

字典中按照键查找的常用方法包括以下两种。

① 通过 dict[key] 访问字典对象时，如果指定的键 key 存在，则返回对应的值；如果该键不存在，则引发 KeyError 异常。

② 使用字典对象的 get(key, defaultValue) 方法可以安全地查找指定键对应的值。如果该键不存在，则返回指定的默认值 defaultValue；如果未提供该参数，则默认返回 None，总之不抛出异常。

向字典中插入键值对的常用方法包括以下两种。

① 通过直接赋值的方式，可以使用 dict[key] = value 来插入键值对。如果指定的键不存在，字典将会创建一个新的键值对。

② 使用字典对象的 setdefault(key, value) 方法可以插入键值对。如果指定的键已经存在，setdefault() 将返回该键的当前值；如果键不存在，则会插入该键值对并返回提供的默认值。

【例 6-2】电话号码段归属运营商数据汇总。

设有电话号码段及其所属运营商的数据如下：

```
phone_location = {
    '130': '中国移动',    '131': '中国移动',    '132': '中国移动',    '133': '中国电信',
    '134': '中国移动',    '135': '中国移动',    '136': '中国移动',    '137': '中国移动',
    '138': '中国移动',    '139': '中国移动',    '150': '中国联通',    '151': '中国联通',
```

```
        '152': '中国联通',    '153': '中国联通',    '154': '中国移动',    '155': '中国联通',
        '156': '中国联通',    '157': '中国移动',    '158': '中国移动',    '159': '中国移动',
    }
```

编写一个程序，将每个运营商的电话号码段汇总至一个列表中，组织为新的字典，形式如下：

```
{ '中国移动': ['130', '131', '132', '134', '135', '136', '137', '138', '139', '154', '157', '158', '159'],
  '中国电信': ['133'],
  '中国联通': ['150', '151', '152', '153', '155', '156']
}
```

输入运营商名称，输出其对应的电话号码段。

〖编程思路〗

（1）创建一个空字典 phone_segments，用于存储每个运营商名称及其对应的电话号码段：

```
phone_segments = {}
```

（2）遍历原始字典并存储新的键值对信息。

首先，使用 items()方法获取原始字典 phone_location 中的所有键值对。通过循环遍历每个键值对，可以分别获取电话号码段（phone，键）和对应的运营商名称（location，值）。代码如下：

```
for phone, location in phone_location.items():
    #  对 phone, location 数据进行汇总
```

在循环内部，需要检查运营商名称 location 是否已经存在于新字典 phone_segments 中：如果 location 已经存在，将直接获取其对应的列表，并将当前的电话号码段 phone 添加到该列表中；如果 location 不存在，则需要为该 location 创建一个新的键值对，并将其值初始化为一个空列表 []，然后再将当前的电话号码段 phone 添加到这个新创建的列表中。代码如下：

```
for phone, location in phone_location.items():
    if location in phone_segments:   # 键值对已存在
        phone_segments[location].append(phone)   # 获取键值对,并向列表添加数据
    else:
        phone_segments[location] = []    # 创建新的键值对
        phone_segments[location].append(phone)   # 获取该键值对,添加数据
```

以上根据 location 是否存在于新字典中的处理逻辑，可以使用 setdefault()方法进行统一处理。统一处理的出发点是将选择结构中相同的部分，即对列表进行的 append()操作进行抽取。在执行 append()操作之前，通过 setdefault()方法将默认返回值设置为空列表[]。这样，当键值对不存在时，它会自动创建一个新的键值对（location: []）；当键值对已存在时，则返回其对应的列表。代码如下：

```
for phone, location in phone_location.items():
    phone_segments.setdefault(location, []).append(phone)
```

这段代码使用 setdefault()方法简化了字典操作，避免了重复代码，提高了性能和可读性。它允许在一行中检查键是否存在并初始化空列表，从而减少对字典的多次访问，增强了代码的灵活性，使得处理不同 location 值时更加高效且易于理解。

（3）输出结果。遍历 phone_segments 字典，输出每个运营商名称及其对应的电话号码段列表。

〖Python 代码〗

```
phone_location = {
    '130': '中国移动',  '131': '中国移动',  '132': '中国移动',  '133': '中国电信',
    '134': '中国移动',  '135': '中国移动',  '136': '中国移动',  '137': '中国移动',
```

```
        '138': '中国移动', '139': '中国移动', '150': '中国联通', '151': '中国联通',
        '152': '中国联通', '153': '中国联通', '154': '中国移动', '155': '中国联通',
        '156': '中国联通', '157': '中国移动', '158': '中国移动', '159': '中国移动',
    }
phone_segments = {}
for phone, location in phone_location.items():
    phone_segments.setdefault(location, []).append(phone)
name = input("输入运营商名称:")
print(phone_segments.get(name, "输入有误"))
```

6.1.4　字典的应用实验

6.1.4.1　实验目标

（1）理解字典的概念及其在数据存储中的应用。
（2）掌握字典的添加、查询、删除、遍历等基本操作。
（3）应用嵌套字典、字典列表进行复杂数据管理，提升数据统计与分析能力。

6.1.4.2　实验任务

本实验任务的目标知识点见表 6-3 所示。

表 6-3　实验任务的目标知识点

编号	任务	目标知识点
1	分数段统计	字典的添加
2	学生成绩管理系统	字典的添加、查询、删除、遍历
3	平均成绩统计	嵌套字典的遍历、添加
4	产品销量统计	字典列表的遍历、添加
5	客户订单统计	字典列表的遍历、嵌套字典的创建

【任务 1】分数段统计。

编写程序，输入一组学生成绩（用空格分隔的整数），统计每个分数段内学生的人数，将结果保存至字典中。分数段定义如下。

- 0～59：不及格
- 60～69：及格
- 70～79：良好
- 80～89：优秀
- 90～100：优秀+

运行形式如下：

```
请输入学生成绩(用空格分隔):100 90 95 85 70 60 75
不及格:0 人
及格:1 人
良好:2 人
优秀:1 人
```

优秀+: 3 人

【任务 2】学生成绩管理系统。

在一个学校中，需要管理学生的成绩信息，每个学生有唯一的学号。希望能够快速查询、添加和修改学生的成绩。编写程序，要求使用字典存储学生的成绩信息，实现如下功能。

① 添加学生成绩：能够添加新学生的学号及其成绩。

② 查询学生成绩：能够通过学号查询某个学生的成绩。

③ 修改学生成绩：能够修改已存在学生的成绩。

④ 删除学生成绩：能够删除某个学生的成绩记录。

⑤ 显示所有学生成绩：能够显示所有学生的成绩信息。

运行形式如下：

```
学生成绩管理系统

1. 添加学生成绩

2. 查询学生成绩

3. 修改学生成绩

4. 删除学生成绩

5. 显示所有学生成绩

6. 退出
请选择操作(1-6): 1
请输入学生学号: 2021001
请输入学生成绩: 85.5
已添加学生 2021001 的成绩为 85.5


请选择操作(1-6): 1
请输入学生学号: 2021002
请输入学生成绩: 90.0
已添加学生 2021002 的成绩为 90.0


请选择操作(1-6): 5
所有学生成绩如下：
学号: 2021001, 成绩: 85.5
学号: 2021002, 成绩: 90.0


请选择操作(1-6): 2
请输入学生学号: 2021001
学生 2021001 的成绩为 85.5


请选择操作(1-6): 3
请输入学生学号: 2021001
请输入新的成绩: 88.0
学生 2021001 的成绩已更新为 88.0
```

请选择操作(1-6): 4

请输入学生学号: 2021002

学生 2021002 的成绩记录已删除

请选择操作(1-6): 5

所有学生成绩如下:

学号: 2021001, 成绩: 88.0

请选择操作(1-6): 6

退出系统。

【任务 3】 平均成绩统计。

设有多个班级的学生成绩如下:

```
grades = {
    'Class A': [85, 90, 78, 92, 88, 76, 95, 89, 84, 91],
    'Class B': [88, 76, 95, 89, 82, 94, 91, 87, 85, 90],
    'Class C': [90, 91, 85, 87, 93, 88, 84, 92, 89, 86],
    'Class D': [75, 80, 82, 78, 85, 90, 88, 92, 84, 91]
}
```

将每个班级的平均成绩汇总到一个字典中，并对其按照平均成绩升序排列后输出。

输出形式如下:

```
每个班级的平均成绩如下:

Class D: 84.50

Class A: 86.80

Class B: 87.70

Class C: 88.50
```

【任务 4】 产品销售量统计。

设有多组产品的销售数据如下:

```
sales_data = [
    {'product': '笔记本电脑', 'amount': 1200},
    {'product': '智能手机', 'amount': 800},
    {'product': '笔记本电脑', 'amount': 1500},
    {'product': '平板电脑', 'amount': 300},
    {'product': '智能手机', 'amount': 600}
]
```

将每个产品的总销售量汇总到一个字典中，并对其按照销售量降序排列后输出。

输出形式如下:

```
每个产品的总销售量:

笔记本电脑: 2700

智能手机: 1400

平板电脑: 300
```

〖**提示**〗要将每个产品的总销售量汇总到一个字典中，可以按照以下步骤进行。

（1）创建一个空字典 product_sales，用于存储每个产品的总销售量。

（2）遍历销售数据列表 sales_data，对于每个销售记录：

- 检查该产品是否已经在 product_sales 字典中；
- 如果产品已存在，则累加其销售量；
- 如果产品不存在，则在字典中添加该产品，并将其销售量初始化为当前记录的销售量。

（3）将字典转换为键值对元组列表，并使用 sort() 函数对其进行排序，按照销售量降序排列。

（4）输出排序后的结果。

【任务 5】 客户订单统计。

设有多个客户的订单金额如下：

```
orders = [
    {'customer': '李伟', 'amount': 250.00},
    {'customer': '王芳', 'amount': 150.50},
    {'customer': '李伟', 'amount': 100.00},
    {'customer': '许晴', 'amount': 300.75},
    {'customer': '王芳', 'amount': 200.00}
]
```

统计每个客户的订单总数和总金额，将其汇总到一个字典中，并输出。

输出形式如下：

```
{'李伟': {'count': 2, 'total': 350.0 万}, '王芳': {'count': 2, 'total': 350.5 万}, '许晴': {'count': 1, 'total': 300.75
万}}
```

〖提示〗对于每个客户，可以将其订单总数和总金额作为一个子字典来存储。具体步骤如下。

（1）创建一个空字典 customer_summary，用于存储客户的信息。

（2）遍历订单列表，对于每个订单：

- 检查客户是否已经在 customer_summary 字典中；
- 如果客户已存在，则更新其订单总数（加 1）和总金额（累加当前订单金额）；
- 如果客户不存在，则在字典中添加该客户，并初始化其订单总数为 1，总金额为当前订单金额。

（3）输出 customer_summary 字典，查看每个客户的订单总数和总金额。

这种嵌套结构使得数据更有层次，便于管理和访问。

6.1.4.3　实验总结与思考

根据以下实验的重点、难点对本实验进行总结，并撰写实验报告。

（1）实验重点

① 掌握字典的添加、查询、删除和遍历操作。

② 理解如何通过嵌套字典和字典列表管理复杂的数据。

③ 通过字典进行数据统计与分析。

（2）实验难点

① 在多层嵌套的情况下，如何正确遍历和操作内部的数据结构。

② 按照特定条件对字典列表进行排序和汇总。

6.1.5 拓展练习——在线购物车系统

设计并实现一个在线购物车系统，用户可以在系统中管理自己的购物车。系统应使用字典来存储购物车中的商品信息，包括商品名称、数量和单价。用户可以执行以下操作。

（1）添加商品：用户可以输入商品名称、数量和单价，将商品添加到购物车中。如果商品已存在，则更新其数量和总价。

（2）更新商品：用户可以选择已存在的商品，输入新的数量或单价，以更新该商品的信息。

（3）删除商品：用户可以选择从购物车中删除某个商品。

（4）查看购物车：用户可以查看当前购物车中所有商品的详细信息，包括商品名称、数量、单价和总价。

（5）计算购物车总金额：每次添加、更新或删除商品后，系统应实时计算并输出购物车总金额。

功能要求如下：

（1）使用字典存储购物车商品信息，字典的结构示例如下：

```
cart = {
    "苹果": {
        "数量": 3,
        "单价": 2.5
    },
    "香蕉": {
        "数量": 5,
        "单价": 1.2
    }
}
```

（2）提供一个用户友好的界面，允许用户选择操作（添加、更新、删除、查看、退出）。

（3）在每次操作后，输出当前购物车的状态，包括所有商品的名称、数量、单价和购物车总金额。

（4）处理用户输入的有效性，确保输入的数量和单价为正数。

程序运行形式如下：

```
欢迎使用在线购物车系统!
请选择操作:
1. 添加商品
2. 更新商品
3. 删除商品
4. 查看购物车
5. 退出
请输入操作编号(1-5):1
请输入商品名称:苹果
请输入商品数量:3
请输入商品单价:2.5
```

〖建议〗

（1）交互在用户体验和系统设计中具有至关重要的意义，良好的交互设计能够提升可用性、促进用户参与并提高效率。在本程序的设计中，为用户提供清晰的提示信息，可以帮助用户理解每一步的操作。

（2）从程序组织的角度，可以将对购物车的各个操作封装为自定义函数，实现模块化管理。以下是建议的函数设计。

display_cart(cart)：显示当前购物车的状态，包括每个商品的名称、数量、单价和总价，以及购物车总金额。

add_item(cart)：添加商品到购物车中，如果商品已存在，则更新其数量和单价。

update_item(cart)：更新购物车中已存在商品的数量和单价。

delete_item(cart)：从购物车中删除指定商品。

将这些操作封装为自定义函数，程序不仅提高了可读性和可维护性，还使得各个功能模块之间的逻辑关系更加清晰。这样的设计有助于后续的功能扩展和代码重用，提升整体开发效率。

（3）可以进一步丰富购物车的功能，以提升用户体验和购物便利性，如添加优惠券、结算等功能。

6.2　数据清洗

正则表达式和数据清洗

数据在现代社会中扮演着至关重要的角色，推动着各行各业的变革与发展。数据预处理与清洗是确保数据质量和一致性的基础步骤。

在数据分析和机器学习的过程中，预处理与清洗能够有效去除噪声和无关特征，处理缺失值，标准化数据格式，并进行特征提取。这些步骤不仅降低了模型的复杂度和过拟合风险，还促进了对数据的更深入理解。因此，重视数据预处理与清洗是实现有效数据驱动决策的关键。

数据清洗通常包括一系列预处理步骤，如去除噪声、标准化、去重等。

6.2.1　文本去除噪声

文本是人类交流和信息传递的重要形式，而字符串则是编程中处理文本的基本数据类型。文本去除噪声通常包括去除标点符号、去除特殊字符、文本小写化、去除冗余空格等。

中文文本处理具有特殊性，下面以英文文本的处理为例。

对于简单的标点符号、特殊字符的去除，如果已经明确需要去除哪些字符，则可以使用replace()方法逐个将其替换掉。代码如下：

```
# 示例文本
text = "Hello, world! This is a test: @example #2025."
```

```
# 定义要替换的标点符号和特殊字符
punctuation_and_special_chars = ",.!:@#"

# 将上述字符逐个替换为空字符串
for char in punctuation_and_special_chars:
    text = text.replace(char, " ")
```

经过上述操作，所有指定的字符已被替换为空格，但这会导致字符串中出现冗余空格。为了解决这个问题，可以使用 split()方法先按空格将字符串切分为单词，只保留实际的单词部分。然后使用一个空白符将所有单词重新连接起来。在切分之前，可以先将字符串统一转换为小写形式或大写形式，以确保一致性。代码如下：

```
cleaned_text = ' '.join(text.lower().split())
print(cleaned_text)  # 输出: Hello world This is a test example 2025
```

如果事先无法预知所有需要处理的字符，可以采取反向操作。具体来说，可以使用字符串的内置方法 isalnum()来检查字符是否是字母或数字，使用 isspace()来检查字符是否是空格。通过这种方式，可以将所有的有效字符（字母、数字和空格）添加到结果字符串中，从而构建一个干净的字符串。上述代码可以改写如下：

```
cleaned_text = ""  # 存储结果字符串
for char in text:
    # 检查字符是否是字母、数字或空格
    if char.isalnum() or char.isspace():
        cleaned_text += char  # 仅保留有效字符
```

6.2.2　文本标准化

文本标准化就是统一日期、货币、数字、文本等数据的格式，确保数据表达的一致性。

1. 统一日期格式

Python 提供了日期处理标准库 datetime，可以方便地解析和格式化日期。使用前，先导入 datetime 库中的 datetime 对象：

```
from datetime import datetime
```

使用 datetime.strptime()方法可以将字符串解析（parse）为 datetime 对象。该方法需要两个参数，即要解析的日期字符串和格式字符串。例如：

```
datetime.strptime("2025-01-02", "%Y-%m-%d")
```

将字符串解析为 2025-01-02 00:00:00，成为一个 datetime 对象。

使用 datetime.strftime()方法可以将 datetime 对象格式化（format）为字符串。该方法需要一个格式字符串作为参数。例如：

```
date_obj = datetime(2025, 1, 2)
formatted_date = date_obj.strftime("%d/%m/%Y")
print(formatted_date)  # 输出: 02/01/2025
```

datetime 对象在解析和格式化过程中，可以使用表 6-4 中给出的常用格式符。

表 6-4   datetime 对象常用格式符

格式符	含义	格式符	含义
%Y	4 位年份（如 2023）	%M	分钟（00～59）
%y	2 位年份（如 23）	%S	秒（00～59）
%m	月份（01～12）	%p	AM 或 PM
%d	日（01～31）	%B	月份的全名（如 January）
%H	小时（00～23）	%b	月份的缩写（如 Jan）
%I	小时（01～12）		

设有不同格式的日期字符串，在数据清洗阶段将其进行格式一致化处理，代码如下：

```python
from datetime import datetime

# 原始日期字符串
date_strings = ["2025/11/21", "01-15-2025", "2025.04.15", "2025 年 09 月 30 日"]

# 统一格式
formatted_dates = []
for date_str in date_strings:
    # 解析日期字符串
    date_obj = None
    for fmt in ("%Y/%m/%d", "%m-%d-%Y", "%Y.%m.%d", "%Y 年%m 月%d 日"):
        try:
            date_obj = datetime.strptime(date_str, fmt)    # str->datetime
            break
        except ValueError:
            continue
    if date_obj:
        formatted_dates.append(date_obj.strftime("%Y-%m-%d")) # datetime->str

print(formatted_dates)
```

程序运行结果：['2025-11-21', '2025-01-15', '2025-04-15', '2025-09-30']，各种格式的日期字符串统一为一种格式。

转换的基本思想是，首先将需要标准化的不同格式日期字符串组织在一个列表中，以便按照这些格式将字符串解析为日期对象。

在转换过程中，代码在 try 代码块中使用 datetime.strptime()方法尝试将 date_str 解析为 datetime 对象。如果解析成功，date_obj 将被赋值，随后 break 语句会终止当前的格式循环，继续处理下一个日期字符串；如果解析失败（引发 ValueError），except 块将捕获该异常，并使用 continue 语句跳过当前格式，继续尝试下一个格式。

一旦成功解析出 datetime 对象，将其格式化为统一的"YYYY-MM-DD"格式，并将结果添加到结果列表中。

通过这种方式，代码能够灵活处理多种日期格式，并将其标准化为一致的格式，便于后续的使用和处理。

2. 统一货币格式

统一货币格式可以通过字符串的替换和格式化方法来实现。具体步骤如下。

（1）提取数字部分：使用 replace()方法去除货币符号和其他非数字字符，从而提取出货币中的数字部分。例如，可以将"$8,100.50"转换为"8100.50"。

（2）转换为数值类型：将提取出的数字字符串转换为浮点数，以便进行后续的计算和格式化。

（3）统一格式化：使用 format()方法将数值格式化为统一的货币格式。可以指定小数位数、千位分隔符等，以确保所有货币值的显示一致。

（4）添加货币符号：在格式化后的数字前添加相应的货币符号，形成最终的统一货币格式。

设有不同格式的货币字符串，在数据清洗阶段将其进行格式一致化处理。代码如下：

```python
# 原始货币字符串
currencies = ["$1000.36", "$1,000.36", "USD1,000.36", "1000.36 USD"]

# 统一货币格式
standardized_currencies = []
for currency in currencies:
    # 去除货币符号和空格
    currency_str = currency.replace("$", "").replace("USD", "") .replace(",", "").strip()

    # 转换为浮点数并格式化为标准货币格式
    standardized_currencies.append("${:,.2f}".format(float(currency_str)))

# 输出结果
for i in range(len(currencies)):
    print("Original: " + str(currencies[i]) + "   Standardized: " + str(standardized_currencies[i]))
```

程序运行的结果：

```
Original: $1000.36    Standardized: $1,000.36
Original: $1,000.36    Standardized: $1,000.36
Original: USD1,000.36    Standardized: $1,000.36
Original: 1000.36 USD    Standardized: $1,000.36
Original: 1000.36 usd    Standardized: $1,000.36
```

字符串的 replace()方法返回替换后的新字符串，因此，可以利用链式操作连续执行一系列的替换。最后，使用 strip()方法去除因替换操作可能产生的两侧空格，从而获得一个干净的纯数字部分。

"${:,.2f}"是用于 format()方法的格式化字符串。其中，"$"是一个字面量字符，表示后面的数值以美元为单位，可以根据需要将其替换为其他货币符号；花括号中的","用于在数值中添加千位分隔符，使得像 1000 这样的数值被格式化为 1,000，从而在视觉上更易于阅读；".2f"则表示将数值格式化为小数点后保留两位的小数形式。

通过这种方式，代码将多种货币格式标准化为一致的格式。

3．使用正则表达式进行文本标准化

正则表达式（Regular Expression，也称为 regex 或 regexp）是一种用于匹配字符串中字符组合的模式，广泛应用于文本处理、数据验证、搜索和替换等场景。

正则表达式在数据清洗中发挥着关键作用，主要用于数据验证、提取、清理和标准化。它能够验证数据格式的正确性（如检查电子邮件、电话号码等），提取关键信息，去除不必要的字符，统一不同格式的数据，以及识别和去除重复记录。通过灵活的模式匹配，正则表达式可以提升数据处理的效率和准确性，确保最终数据集的质量和可用性。

正则表达式是一种强大的工具，但其语法和逻辑比较复杂，因此使用时需仔细测试和验证。

在 Python 中，正则表达式处理是通过标准库 re 实现。re 库提供了许多用于正则表达式匹配、替换、搜索等功能的函数。

re.findall(pattern, string, flags=0)用于找到字符串 string 中所有与模式 pattern 匹配的字符串，并以列表的形式返回它们（如果没有匹配的字符串，则返回空列表）。flags 为可选参数，用于指定匹配模式，例如，re.IGNORECASE 表示忽略大小写。

re.sub(pattern, repl, string, count=0, flags=0)用于替换字符串 string 中与模式 pattern 匹配的部分，返回替换后的新字符串。count 为可选参数，默认为 0，表示替换所有匹配的部分。

常用的正则表达式预定义字符见表 6-5。

表 6-5　正则表达式预定义字符

预定义字符	说明	预定义字符	说明
\d	匹配数字 0~9 中的任意一个	\D	匹配非数字
\s	匹配\t、\n、\r 等空白符	\S	匹配非空白符
\w	匹配数字 0~9，字母 a~z 和 A~Z，下画线	\W	匹配非数字和字母

下面以电话号码的标准化为例，介绍正则表达式的应用。

设有不同格式的电话号码字符串等，在数据清洗阶段将其统一为"(010)6233-7890"格式。代码如下：

```python
import re

phone_numbers = ['01062337890', '010-6233-7890', '(010)6233-7890', '010.6233.7890', '010 6233 7890']

formatted_numbers = []
# 遍历电话号码列表并格式化
for phone in phone_numbers:
    # 使用正则表达式去除所有非数字
    digits = re.sub(r'\D', '', phone)
    # 将纯数字组成的字符串按照指定的格式进行格式化
    formatted_numbers.append(
        "({}) {}-{}".format(digits[:3], digits[3:7], digits[7:]))

for i in range(len(phone_numbers)):
    print("Original: " + str(phone_numbers[i]) + "  Standardized: " + str(formatted_numbers[i]))
```

程序运行结果如下：

```
Original: 01062337890    Standardized: (010)6233-7890
Original: 010-6233-7890    Standardized: (010)6233-7890
Original: (010)6233-7890    Standardized: (010)6233-7890
Original: 010.6233.7890    Standardized: (010)6233-7890
Original: 010 6233 7890    Standardized: (010)6233-7890
```

在上述代码中，re.sub(r'\D', '', phone)使用了正则表达式 r'\D'匹配所有非数字字符（其中\D 表示非数字）。通过 sub()函数，所有匹配到的非数字字符都会被替换为空字符串。这样，phone 中的所有非数字字符（如-、.、空格、括号等）都会被删除，从而只保留纯数字部分。例如，字符串"(010)6233-7890"会被转换为"01062337890"。

对于去掉非数字字符后的电话号码字符串，使用 format()方法进行格式化。具体来说，digits[:3]提取字符串的前 3 个数字，digits[3:7]提取接下来的 4 个数字，而 digits[7:]则取剩余的所有数字。例如，字符串"01062337890"被分割成"010"、"6233"和"7890"三部分。然后利用 format()方法拼接成最终格式化后的电话号码"(010)6233-7890"。

通过这种方式，上述代码将多种格式电话号码标准化为一致的格式。

6.2.3　去除重复数据

去除重复数据（去重）在数据处理中具有极其重要的意义，尤其是在数据清洗、数据存储和数据分析的过程中。数据中的重复项不仅会影响数据的准确性和有效性，还可能导致性能下降、存储浪费等问题。

使用 Python 原生代码去重，主要有以下两种方法。

1．使用集合（set）去重

集合是 Python 中的一种数据类型。一个集合中的元素是唯一的，即不能有重复的元素，因此集合具有去重特性。它的底层实现方式是哈希表，通过哈希表，集合会根据元素的哈希值决定其存储位置，同时会判断元素是否已经存在，如果已存在相同的元素，则不会再添加它。但是，哈希表会使集合中原有的顺序被打乱。

以电子邮件订阅系统为例，用户可能会不小心多次提交相同的邮件地址。为了确保新闻简报只给每个用户发送一次，需要对收集到的邮件地址进行去重操作，确保每个邮件地址在系统中唯一。代码如下：

```
# 收集到的用户邮件地址
email_addresses = [
    "alice@example.com", "bob@example.com", "alice@example.com",
    "charlie@example.com", "bob@example.com", "david@example.com"
]

# 使用集合去重
unique_emails = set(email_addresses)

# 输出去重后的邮件地址
print(unique_emails)
```

程序运行结果如下：

```
{'alice@example.com', 'david@example.com', 'bob@example.com', 'charlie@example.com'}
```

在使用集合去重时，由于集合本身是无序的，数据的原有顺序会被打乱。然而，在某些场景下，可能希望去重的同时保留数据的原有顺序。为了解决这个问题，可以采用以下方法同时实现去重和保留顺序。

2．保持原有顺序的去重处理

要保留原有顺序并去重，可以结合使用集合和列表。利用集合的数据唯一性，用一个辅助的集合来记录已经遇到过的邮件地址。在遍历原始数据的过程中，使用一个列表来保存去重后的结果，同时保持原始顺序。

具体步骤如下。

（1）使用集合来跟踪已遇到的邮件地址，确保每个地址只出现一次。

（2）在遍历过程中，利用列表的顺序特性，确保第一次出现的邮件地址被保留。

（3）如果某个邮件地址未出现在集合中，就将其添加到去重后的列表中，并将其加入集合。

通过这种方法，不仅实现了去重，还能够保持数据第一次出现的顺序不变。对上述email_addresses 进行去重并保留数据原有顺序的代码如下：

```
seen = set()   # 使用集合去重
unique_emails = []   # 使用列表保留原有顺序

for email in email_addresses:   # 遍历
    if email not in seen:
        unique_emails.append(email)
        seen.add(email)
```

6.2.4　处理缺失值

在数据分析和机器学习的过程中，缺失值是一个常见且重要的问题。缺失值是指在数据集中某些值没有被记录或无法获取，这可能会影响分析结果的准确性和模型的性能。因此，妥善处理缺失值是预处理中的关键步骤之一。

常见的缺失值处理方法包括删除法和填充法，也可以利用建模的方式预测缺失值。

下面以 students 数据集为例，讲解缺失值处理的常见方法。

```
students = [
    {"姓名": "张", "年龄": 20, "性别": "男", "学号": "202001", "成绩": 85, "家庭住址": "北京市"},
    {"姓名": "李", "年龄": 20, "性别": "男", "学号": "202002", "成绩": None, "家庭住址": None},
    {"姓名": "王", "年龄": 22, "性别": "男", "学号": "202003", "成绩": 92, "家庭住址": "上海市"},
    {"姓名": "赵", "年龄": None, "性别": "女", "学号": "202004", "成绩": 78, "家庭住址": "广州市"},
    {"姓名": "钱", "年龄": 21, "性别": None, "学号": "202005", "成绩": 88, "家庭住址": "深圳市"},
    {"姓名": "孙", "年龄": 23, "性别": "男", "学号": "202006", "成绩": None, "家庭住址": None}
]
```

姓名	年龄	性别	学号	成绩	家庭住址
张	20.0	男	202001	85.0	北京市
李	20.0	男	202002	None	None
王	22.0	男	202003	92.0	上海市
赵	None	女	202004	78.0	广州市
钱	21.0	None	202005	88.0	深圳市
孙	23.0	男	202006	None	None

图 6-4　含有缺失值的数据

students 列表中的数据如图 6-4 所示，其中 None 为缺失值。

1．删除法

一般情况下，如果数据集足够大，可以承受少量数据的丢失；或者缺失值的比例较小，删除后不会显著影响分析结果。此时，可以采用删除法。

删除数据集中年龄缺失的记录，代码如下：

```
students_cleaned = []
for student in students:
    if student["年龄"] is not None:
        students_cleaned.append(student)
```

其核心思想是筛选出年龄字段非空的数据，并将这些数据整理到一个新的数据集中。

数据集中包含多个特征，其中一些特征可能不太重要且存在缺失值。在这种情况下，可以选择删除这些不重要的特征。例如，数据集中的"家庭住址"字段重要性较低且存在缺失值，因此可以将其删除。代码如下：

```
for student in students:
    if "家庭住址" in student:
        del student["家庭住址"]
```

"家庭住址"是每条记录中的一个键值对，可以使用 del 语句删除指定的键值对。

2．填充法

当某个特征对分析或模型非常重要，且删除该特征会导致信息的丢失或模型效果降低时，可以选择填充缺失值。填充法包括使用平均值、中位数、众数进行填充，或者根据其他变量的关系进行更复杂的填充。

例如，对 students 数据集中的成绩缺失，使用平均值进行填充。代码如下：

```
# 计算已有成绩的平均值
sum_grade = 0
count = 0
for student in students:
    if student["成绩"] is not None:
        sum_grade += student["成绩"]
        count += 1
mean_grade = sum_grade/count

# 用平均值填充成绩缺失的学生记录
for student in students:
    if student["成绩"] is None:
        student["成绩"] = mean_grade

# 打印填充后的结果
for student in students:
    print(student)
```

上述代码遍历 students 数据集，计算所有非 None 的成绩的平均值，然后遍历 students 数据集，将 None 的成绩替换为计算得到的平均值。

对 students 数据集中的年龄缺失，使用中位数进行填充。代码如下：

```
# 提取所有已知年龄的值
ages = []
for student in students:
    if student["年龄"] is not None:
```

```
            ages.append(student["年龄"])

        # 计算已知年龄的中位数
        ages.sort()  # 对年龄进行排序
        n = len(ages)
        if n % 2 == 1:  # 奇数个元素，取中间值
            median_age = ages[n // 2]
        else:  # 偶数个元素，取中间两个数的平均值
            median_age = (ages[n // 2 - 1] + ages[n // 2]) / 2

        # 用中位数填充年龄缺失的学生记录
        for student in students:
            if student["年龄"] is None:
                student["年龄"] = median_age
```

上述代码遍历 students 数据集，提取所有非 None 的年龄，并将其存入 ages 列表。

统计列表的中位数时，先对其进行排序，得到中位数，然后遍历 students 数据集，将 None 的年龄替换为计算得到的中位数。

对 students 中的性别缺失使用众数进行填充。代码如下：

```
        # 提取所有已知性别的值
        genders = []
        for student in students:
            if student["性别"] is not None:
                genders.append(student["性别"])

        # 计算众数
        gender_counts = {}
        for gender in genders:
            gender_counts[gender] = gender_counts.get(gender, 0)+1

        # 找到出现次数最多的性别
        most_common_gender = None
        max_count = 0
        for gender, count in gender_counts.items():
            if count > max_count:
                most_common_gender = gender
                max_count = count

        # 用众数填充性别缺失的学生记录
        for student in students:
            if student["性别"] is None:
                student["性别"] = most_common_gender
```

```
# 打印填充后的结果
for student in students:
    print(student)
```

上述代码遍历 students 数据集，提取所有非 None 的性别，并将其存入 genders 列表。

统计列表中的众数时，使用一个空字典 gender_counts 存储每种性别出现的次数；遍历字典，找到出现次数最多的性别，即众数；最后遍历 students 数据集，将 None 的性别替换为计算得到的众数。

6.2.5 数据清洗实验

本实验学习数据清洗的核心方法，包括词频统计、清洗特定字符、文本去除噪声、文本标准化以及缺失值处理等常见数据预处理技术。通过这些技术，掌握有效应对各种数据质量问题的方法，从而提升数据分析的效率与精确度，为实现从数据到智能的高质量数据储备奠定基础。

6.2.5.1 实验目标

（1）通过数据预处理技术对数据进行清洗、转换和标准化，以提升数据质量。
（2）理解数据清洗和预处理的重要性，培养处理复杂数据问题的能力。

6.2.5.2 实验任务

本实验任务的目标知识点见表 6-6。

表 6-6 实验任务的目标知识点

编号	任务	目标知识点
1	词频统计	数据清洗、分词、数据统计、排序
2	清洗特定字符	筛选数字字符
3	中文文本去除噪声	应用正则表达式替换字符串
4	数据的标准化处理	日期、货币字符串的格式化
5	缺失值处理	删除缺失、用统计值填充缺失

【任务 1】词频统计。

编写程序，输入一段英文文本，将文本转换为小写形式，并去掉所有标点符号后，统计每个单词出现的频率，并按照降序输出词频最高的前 5 个单词及其出现次数。

程序运行形式如下：

```
请输入一段英文文本:Hello, world! Hello everyone. This is a test. Hello world!
词频最高的前 5 个单词:
hello:3 次
world:2 次
everyone:1 次
this:1 次
is:1 次
```

【**任务 2**】清除特定字符。

给定一段中文文本，例如："Python 3 是一种跨平台的编程语言。它支持数字 1234 以及各种符号。"清除文本中的所有数字，最终结果："Python 是一种跨平台的编程语言。它支持数字以及各种符号。"

【**任务 3**】中文文本去除噪声。

给定一段中文文本，例如："Python 编程非常有趣！我们正在学习：正则表达式+数据清洗。"其中，感叹号、冒号、加号和句号等符号均为中文标点符号。保留文本中的所有汉字，清除其他所有非汉字字符，最终结果："编程非常有趣我们正在学习正则表达式数据清洗"。

〖**提示**〗正则表达式中，r'[\u4e00-\u9fa5]'表示所有汉字字符；r'[^\u4e00-\u9fa5]'表示取反，匹配所有非汉字字符。可以利用 re 库的 sub()函数将所有非汉字字符替换为空字符。

【**任务 4**】数据的标准化处理。

订单信息表如图 6-5 所示，其中的订单日期和订单金额的格式混乱。

编写程序，对该数据集进行标准化整理。

① 将订单日期统一为"YYYY-MM-dd"格式，即"年（4 位）-月（2 位）-日（2 位）"，中间用减号连接。

② 将订单金额统一为浮点数，并四舍五入到小数点后 2 位。

订单ID	客户名	订单日期	订单金额
1001	张	2025-01-10	￥1,500
1002	李	10/01/2025	2000.00
1003	王	15-01-2025	1,800
1004	赵	2025/01/20	￥2,500.75
1005	孙	2025.01.25	1 200
1006	周	2025-01-30 08:00	2 200
1007	吴	01-02-2025	$3000
1008	郑	2025年02月03日	3,500.00
1009	钱	2025/02/05	2700
1010	孔	2025年03月10日	3,300

图 6-5　订单信息表

〖**提示**〗数据集的内容可以按照如下方式定义：

```
data = {
    '订单 ID': [1001, 1002, 1003, 1004, 1005, 1006, 1007, 1008, 1009, 1010],
    '客户名': ['张', '李', '王', '赵', '孙', '周', '吴', '郑', '钱', '孔'],
    '订单日期': ['2025-01-10', '10/01/2025', '15-01-2025', '2025/01/20', '2025.01.25', '2025-01-30 08:00',
            '01-02-2025', '2025 年 02 月 03 日', '2025/02/05', '2025 年 03 月 10 日'],
    '订单金额': [ "￥1,500", "2000.00", "1,800", "￥2,500.75", "1 200",
            "2 200", "$3000", "3,500.00", "2700", "3,300"]
}
```

【**任务 5**】缺失值处理。

如图 6-6 所示，员工信息表中存在缺失值。

员工ID	姓名	性别	年龄	学历	薪水	部门	入职日期
E001	张	男	35.0	本科	7000.0	销售	None
E002	李	None	42.0	None	9000.0	市场	2021-02-15
E003	王	男	None	硕士	8500.0	研发	2020-06-10
E004	赵	女	28.0	博士	None	销售	2019-08-01
E005	孙	女	40.0	本科	9500.0	销售	None
E006	刘	男	50.0	博士	10000.0	研发	2018-03-15
E007	陈	女	36.0	硕士	11000.0	市场	2017-07-01
E008	杨	女	30.0	本科	9500.0	销售	2021-01-01
E009	吴	None	45.0	None	8700.0	市场	2019-04-25
E010	郑	女	None	博士	9200.0	销售	2020-12-10

图 6-6　员工信息表

编写程序，对员工信息表中的缺失值进行处理。

（1）删除缺失值较多的员工"E009"对应的数据。

（2）用平均值填充"年龄"列中的缺失值。

（3）用众数填充"性别"列中的缺失值。

（4）用中位数填充"薪水"列中的缺失值。

〖提示〗数据集的内容可以按照如下方式定义：

```
data = [
        {'员工 ID': 'E001', '姓名': '张', '性别': '男', '年龄': 35, '学历': '本科', '薪水': 7000, '部门': '销售', '入职日期': None},
        {'员工 ID': 'E002', '姓名': '李', '性别': None, '年龄': 42, '学历': None, '薪水': 9000, '部门': '市场', '入职日期': '2021-02-15'},
        {'员工 ID': 'E003', '姓名': '王', '性别': '男', '年龄': None, '学历': '硕士', '薪水': 8500, '部门': '研发', '入职日期': '2020-06-10'},
        {'员工 ID': 'E004', '姓名': '赵', '性别': '女', '年龄': 28, '学历': '博士', '薪水': None, '部门': '销售', '入职日期': '2019-08-01'},
        {'员工 ID': 'E005', '姓名': '孙', '性别': '女', '年龄': 40, '学历': '本科', '薪水': 9500, '部门': '销售', '入职日期': None},
        {'员工 ID': 'E006', '姓名': '刘', '性别': '男', '年龄': 50, '学历': '博士', '薪水': 10000, '部门': '研发', '入职日期': '2018-03-15'},
        {'员工 ID': 'E007', '姓名': '陈', '性别': '女', '年龄': 36, '学历': '硕士', '薪水': 11000, '部门': '市场', '入职日期': '2017-07-01'},
        {'员工 ID': 'E008', '姓名': '杨', '性别': '女', '年龄': 30, '学历': '本科', '薪水': 9500, '部门': '销售', '入职日期': '2021-01-01'},
        {'员工 ID': 'E009', '姓名': '吴', '性别': None, '年龄': 45, '学历': None, '薪水': 8700, '部门': '市场', '入职日期': '2019-04-25'},
        {'员工 ID': 'E010', '姓名': '郑', '性别': '女', '年龄': None, '学历': '博士', '薪水': 9200, '部门': '销售', '入职日期': '2020-12-10'}
        ]
```

6.2.5.3 实验总结与思考

根据以下实验的重点、难点对本实验进行总结，并撰写实验报告。

（1）实验重点

① 掌握数据清洗方法，包括词频统计、清理特定字符、去除噪声、数据标准化处理和缺失值处理等常见提升数据质量的技巧。

② 熟练使用正则表达式进行文本处理。

③ 掌握对日期和金额等进行数据标准化处理的方法。

（2）实验难点

① 掌握并正确使用正则表达式处理复杂的字符匹配问题。

② 掌握缺失值处理策略，如选择合适的统计方法（平均值、众数、中位数）填补缺失值等。

6.2.6 拓展练习——用户评论数据清洗与情感分类

在现代社交媒体和电商平台上，用户评论是获取用户反馈的重要来源。为了更好地分析用户反馈，现需要编写一个程序，对给定的用户评论数据集进行清洗和分类。该数据集以 JSON（JavaScript Object Notation）格式存储，包含多种格式的评论和情感标记。

〖输入数据格式〗

JSON 格式的用户评论数据集示例如下：

```
[
    {"comment": "这款产品真不错！", "emotion": "positive"},
    {"comment": "服务态度差，真失望。", "emotion": "negative"},
    {"comment": "一般般，没什么特别的。", "emotion": "neutral"},
    {"comment": "这款产品真不错！", "emotion": "positive"},   // 重复评论
    {"comment": "非常好！推荐给大家。", "emotion": "positive"},
    {"comment": "太差了，根本不值这个价！", "emotion": "negative"},
    {"comment": "2021 年我买的这个产品，使用效果很好。", "emotion": "positive"},
    {"comment": "", "emotion": "neutral"},   // 无效评论
    {"comment": "服务态度差，真失望。", "emotion": "negative"}   // 重复评论
]
```

〖任务要求〗

（1）数据清洗。

● 去噪：去除无效字符，如空白评论、特殊字符等。

● 去重：去除重复评论，相同内容的评论只保留一个。

（2）情感分类。将评论按情感分类，情感包括正面（positive）、负面（negative）和中性（neutral）。

（3）输出结果。最终输出一个结构化的字典，包含每种情感的评论数量，格式如下：

```
{
    "positive": 4,
    "negative": 2,
    "neutral": 1
}
```

〖实验步骤〗

（1）读取 JSON 数据，从文件或字符串中读取用户评论数据。

（2）清洗数据。

① 遍历评论列表，去除无效字符。

② 使用集合或其他数据结构去重。

（3）情感统计。

① 创建一个字典来存储每种情感的评论数量。

② 遍历清洗后的评论，更新情感统计字典。

（4）输出结果，打印或返回最终的情感统计字典。

〖知识点〗

1. 从 JSON 文件中读取数据的方法

JSON 是一种轻量级的数据交换格式，易于人类阅读和编写，同时也易于机器解析和生成。JSON 文件以文本格式存储数据，通常用于在客户端和服务器之间交换数据，广泛用于 Web 应用程序中。

JSON 对象用花括号"{}"包围，包含一组键值对，键和值之间用冒号":"分隔，多个键值对之间用逗号","分隔。例如，下面是一个 JSON 对象，表示一个学生的基本信息：

```
        {
            "name": "张伟",
            "age": 20,
            "gender": "男",
            "grade": "大一"
        }
```

下面是一个 JSON 数组对象，包含多个学生的基本信息：

```
[
    {
        "name": "张伟",
        "age": 20,
        "gender": "男",
        "grade": "大一"
    },
    {
        "name": "李娜",
        "age": 22,
        "gender": "女",
        "grade": "大二"
    }
]
```

Python 提供了标准库 json 来处理 JSON 文件的读写。其中，json.load()方法用于读取 JSON 文件并将文件中的数据解析为 Python 对象（如字典或字典列表）。

以下是读取名为 data.json 文件的示例代码：

```
import json

# 假设有一个名为 data.json 的文件，内容为 JSON 格式的，文件编码为 UTF-8
with open('data.json', 'r', encoding='utf-8') as file:
    comments = json.load(file)
```

在这个示例中，如果 data.json 文件中存储的是一个 JSON 对象，那么 comments 将被解析为一个字典对象；如果文件中存储的是一个 JSON 数组，那么 comments 将被解析为一个字典列表对象。通过这种方式，Python 程序可以方便地读取和处理 JSON 格式的数据。

2．情感分类方法

情感分类时，可以预设一些带有"积极的"和"消极的"明显词汇，判断它们在评论中是否出现过，其余的归类为"中性的"。例如，"不错"、"推荐"和"很好"为积极的评价；"差"、"失望"和"不值得"为消极的评价等。

6.3 数据增强

数据增强（Data Augmentation）是一种通过对原始数据应用多种转换操作，从而增加数据集的大小和多样性的方法。它广泛应用于图像、文本和语音等数据的预处理，尤其在深度学习和机器学习任务中，在数据量较小的情况下，能显著提高模型的泛化能力，帮助防止过拟合。数据增强通过创建多样化的训练样本，让模型能够更好地学习到数据的潜在特征，从而提升其在未见数据上的表现。

本节以图像数据为例建立数据增强的概念，通过对原始图像进行变换（如旋转、缩放、裁剪、翻转等），生成多样化的训练数据。

6.3.1　图像数据增强

图像数据增强包含多种转换操作，通常通过对原始图像进行不同类型的变换来扩展数据集。常见的图像数据增强技术分为以下几类。

1．几何变换（Geometric Transformations）

旋转（Rotation）：将图像按一定角度进行旋转（如 90°、180°、30°等）。

平移（Translation）：在水平或垂直方向上对图像进行平移。

缩放（Scaling）：改变图像的大小，通常会伴随裁剪或填充，以保持图像的比例。

裁剪（Cropping）：从原图中裁剪出一个子区域，通常用于随机裁剪或中心裁剪。

翻转（Flipping）：沿水平轴或垂直轴对图像进行翻转，产生镜像效果。

仿射变换（Affine Transformation）：通过矩阵变换对图像进行平移、旋转、缩放、剪切等组合变换。

透视变换（Perspective Transformation）：改变图像的视角，使得图像看起来像是从不同角度拍摄的。

2．颜色变换（Color Transformations）

亮度调整（Brightness Adjustment）：改变图像的整体亮度，使得图像变得更亮或更暗。

对比度调整（Contrast Adjustment）：调整图像中明暗区域之间的差异，增强或减弱对比度。

饱和度调整（Saturation Adjustment）：改变图像的色彩饱和度，增强或减少图像的颜色丰富程度。

色调调整（Hue Adjustment）：改变图像的色调，使图像中的颜色偏向不同的色调。

色彩抖动（Color Jittering）：通过随机调整图像的亮度、对比度、饱和度及色调来生成新的图像。

3．噪声添加（Noise Injection）

高斯噪声（Gaussian Noise）：在图像中添加随机噪声，以模拟图像在不同条件下的干扰。

椒盐噪声（Salt-and-Pepper Noise）：在图像中加入随机的黑白像素点，模拟图像传输中的噪声。

4．模糊（Blurring）

高斯模糊（Gaussian Blur）：使用高斯滤波器对图像进行模糊处理，常用于模拟焦距不清或图像模糊的效果。

均值模糊（Mean Blur）：对图像应用均值滤波器，均匀地模糊图像的区域。

运动模糊（Motion Blur）：模拟因运动造成的模糊效果，常用于仿真动态场景。

5．噪声（Noise）处理与去噪（Denoising）

图像去噪（Denoising）：使用滤波器（如中值滤波器、均值滤波器等）去除图像中的噪声，帮助提高图像质量。

6．剪切与畸变（Shearing and Distortion）

剪切变换（Shearing）：通过对图像进行剪切，改变其形状，产生倾斜效果。

非线性畸变（Non-linear Distortion）：通过变形操作，模拟图像由于透视或其他因素造成的形变。

7. 遮挡与混合（Occlusion and Mixing）

随机遮挡（Random Erasing）：在图像中随机遮挡一个区域，模拟部分物体被遮挡的情况。

剪切（Cutout）：通过随机剪切出图像的某一部分，模拟图像部分缺失的情况。

混合（Mixup）：通过将两张图像按一定比例进行加权混合，生成新的合成图像。

8. 仿真与模拟（Simulation and Synthesis）

镜面反射（Mirror Reflection）：通过镜面反射的方式改变图像，使得图像看起来像是对称的。

数据合成（Data Synthesis）：通过合成多种图像元素，生成新的样本，例如，通过合成不同的物体或背景来创建新的训练样本。

9. 亮度和对比度调整（Exposure and Contrast Adjustments）

曝光调整（Exposure Adjustment）：模拟不同光照条件下的图像，使得图像看起来更亮或更暗。

Gamma 校正（Gamma Correction）：调整图像的亮度，使得图像的细节更加突出或更加平滑。

10. 仿真环境（Environmental Effects）

雨水或雪花（Rain or Snow Effect）：添加雨雪效果，模拟恶劣天气对图像的影响。

雾霾效果（Fog or Haze）：通过添加模糊或雾霾效果，模拟能见度低的环境。

这些图像数据增强技术可以单独使用，也可以组合使用，帮助生成更多样化的图像样本，从而提升模型的鲁棒性和泛化能力。在深度学习中，常用的框架，如 TensorFlow、Keras、PyTorch 等，都提供了丰富的图像数据增强工具，方便在训练过程中动态应用这些变换。本节使用 OpenCV 库认识图像数据及基础的图像数据增强方法。

6.3.2 OpenCV 基础知识

OpenCV（Open Source Computer Vision Library）是由 Intel 公司支持开发的 安装 OpenCV 一个开源计算机视觉处理库，主要使用 C 和 C++语言编写，并提供了 Python 接口。它专注于图像处理和计算机视觉的高级功能，使得用户能够便捷地开发与计算机视觉相关的应用程序。

1. 搭建实验环境

本实验需要使用 Python 的第三方库 OpenCV，以及其计算所依赖的 NumPy。在不同版本的 OpenCV 项目和 NumPy 中，存在兼容性问题，建议按照如下方式安装这两个第三方库。

（1）选择项目文件夹。打开 VSCode，单击菜单栏"文件"→"打开文件夹"，选择用于存储项目的文件夹，准备为其配置环境。

（2）选择 Python 解释器（参见 5.1.4 节相关内容）。配置完毕后，打开终端窗口（按快捷键 Ctrl+"`"或 Cmd+"`"），输入"python --version"以确认当前的解释器版本。

〖提示〗如果终端窗口中显示的 Python 版本不是 3.8 版（可能安装了多个版本的 Python 解释器），则需要使用配置文件进行设置。打开命令面板，搜索 Preferences: Open Settings (JSON)，然后添加如下配置信息，以确保 python.pythonPath 指向 Python 3.8.10 的安装路径。

```
{
    "python.pythonPath": "D:\\Python38\\python.exe"
}
```

其中，Python 3.8.10 解释器的位置应根据实际安装的路径进行调整。

（3）安装第三方库 NumPy 和 OpenCV。

在 VSCode 的终端窗口中为当前文件夹创建和激活虚拟环境（参见 5.1.4 节相关内容），然后在虚拟环境中安装 OpenCV。命令如下：

安装完毕后，导入 OpenCV 的命令为 import cv2。

新建 Python 源文件，输入以下代码，检测 OpenCV 安装是否成功：

```
import cv2

image = cv2.imread('./**.jpg')   # 读取某图像, './'表示图像文件位于终端窗口当前文件夹
h, w = image.shape[:2]   # 获取图像的高和宽
print(h, w)
```

2. 读取和显示图像数据

OpenCV 常用的图像数据处理操作见表 6-7。

表 6-7   OpenCV 常用的图像数据处理操作

操作	说明及示例
读取图像数据	默认读取三通道彩色图像，数据存储在 NumPy 的三维数组中，每个通道占一个维度，顺序为 B、G、R。 示例：img = cv2.imread(文件名)
查看图像数据的规模	用"数组名.shape"查看，结果为元组，依次为图像的高度、宽度、通道数。 示例：img.shape，结果为(600, 800, 3)代表图像高度为 600 像素，宽度为 800 像素，有 B、G、R 三通道的颜色值，其中，img.shape[0]为 600，表示图像高度；img.shape[1]为 800，表示图像宽度
读取每个通道数据	数组[行切片, 列切片, 通道索引]，切片中仅出现冒号":"代表所有，所有行或者所有列。示例： img[:, :, 0] 代表蓝色（B）通道中所有数据 img[:, :, 1] 代表绿色（G）通道中所有数据 img[:, :, 2] 代表红色（R）通道中所有数据
读取指定像素点数据	数组[行索引, 列索引]，示例：img[0, 0]，这代表第 0 行第 0 列的像素点数据，其结果为三元组，分别为该像素点的 B、G、R 的颜色值
向指定位置写入数据	数组[行索引, 列索引] = (B, G, R)，将包含 B、G、R 颜色值的像素点数据写入图像数组的指定位置
创建图像	使用数组创建指定格式的图像文件，示例：cv2.imwrite(文件名, 数组)
显示图像	将数组以图像的形式呈现在窗口中，示例：cv2.imshow(窗口标题字符串, 数组)

图 6-7   图像在水平方向上的镜像

【例 6-3】图像的镜像处理。

镜像就是将图像在水平或垂直方向上翻转，如图 6-7 所示。使用 OpenCV 和 NumPy 完成此任务。

〖编程思路〗

（1）读取原图。首先，使用 OpenCV 读取原图，存放在数组中，并获取图像的基本信息，包括图像的高度（height）、宽度（width）和通道数（channels）。这些信息将用于后续创建一个新的目标数组，以便存储原图和镜像图的组合。

```
# 读取原图
img = cv2.imread('image.jpg')

# 获取图像的基本信息
```

```
imgInfo = img.shape
height = imgInfo[0]
width = imgInfo[1]
channels = imgInfo[2]
```

（2）创建新的目标数组。为了同时容纳原图和镜像图以及分割线，新图的宽度将是原图的两倍再加上分割线的宽度，高度和像素深度与原图一样，这需要创建一个新的 NumPy 数组。

首先，导入 NumPy 并将其命名为 np，以便后续使用：

```
import numpy as np
```

接着，使用 NumPy 的函数 zeros()初始化一个元素全为 0 的目标数组：

```
dst = np.zeros([height, width*2+1, channels], np.uint8)
```

这里，np.uint8 表示数组元素的数据类型为 8 位无符号整数，取值范围为 0～255，这与图像的颜色值取值范围相符。

通过这种方式，创建了一个新的目标数组 dst，为接下来的图像处理和合成提供了一个空白的基础数组。

（3）生成镜像图。在生成镜像图时，使用双重 for 循环逐像素地遍历原图，遍历过程中执行如下代码：

```
# 将原图的每个像素复制到目标图像的左半部分
dst[i, j] = img[i, j]


# 将原图的每个像素复制到目标图像的右半部分，从而形成镜像效果
dst[i, width*2-j] = img[i, j]
```

其中，索引位置"width*2 - j"的表示是实现镜像效果的关键，j 是原图的列索引，而"width*2 - j"用于计算镜像图中对应的列索引，以确保像素的正确映射。

（4）添加分割线。为了便于区分原图和镜像图，在两者之间画一条绿色的分割线。绿色的 BGR 值为(0, 255, 0)，表示没有蓝色和红色成分，只有绿色成分。

为了绘制这条分割线，遍历图像的行索引（高度），而列索引固定为图像的宽度，从而确保分割线绘制在图像的中间位置。代码如下：

```
for i in range(height):
    dst[i, width] = (0, 255, 0)
```

这段代码通过逐行设置目标图像数组 dst 的中间列（width 列）为绿色，在原图和镜像图之间绘制了分割线。

（5）显示结果。最后，使用 OpenCV 的函数 imshow()显示合成后的目标图像。通过该函数，可以将处理后的图像显示在一个窗口中，以便查看效果。代码如下：

```
cv2.imshow('Mirrored Image', dst)
```

其中，"Mirrored Image"是窗口的名称，dst 是合成后的目标图像数组。调用 imshow()后，将会在一个窗口中显示图像，直到用户按下任意键关闭窗口。

〖Python 代码〗

```
import cv2
import numpy as np


# 读取原图
img = cv2.imread('image.jpg')
```

```
# 获取图像信息
imgInfo = img.shape
height = imgInfo[0]
width = imgInfo[1]
channels = imgInfo[2]

# 初始化目标图像数组
dst = np.zeros([height, width*2+1, channels], np.uint8)

# 对原图进行逐像素计算
for i in range(height):
    for j in range(width):
        dst[i, j] = img[i, j]    # 原图
        dst[i, width*2-j] = img[i, j]   # 镜像图

# 在原图、镜像图的中间画一条绿色分割线
for i in range(height):
    dst[i, width] = (0, 255, 0)

# 显示目标图像
cv2.imshow('image', dst)

# 在显示图像后等待用户操作，再关闭窗口
cv2.waitKey(0)
cv2.destroyAllWindows()
```

6.3.3 获取和处理图像数据实验

6.3.3.1 实验目标

（1）理解图像中不同颜色通道（B、G、R）的意义及其对图像的影响。

（2）掌握图像裁剪的基本方法，能够从原图中提取感兴趣的区域。

（3）学会根据图像的宽高特征进行镜像处理，理解镜像操作的基本原理。

6.3.3.2 实验任务

本实验任务的目标知识点见表 6-8。

表 6-8　实验任务的目标知识点

编号	任务	目标知识点
1	图像颜色变换	获取图像的基本信息，操作图像的颜色通道
2	图像裁剪	计算图像中心点及裁剪坐标，应用 NumPy 数组的切片操作
3	升级版图像的镜像处理	应用图像数据

【任务 1】图像颜色变换。

在以下给定代码(见教材资源)中,根据提示在横线处填写代码并进行如下实验:使用 OpenCV 读取一张图像,依次获取每个像素的高、宽坐标。

(1)去除原图的 B 通道数据,并展示处理后的新图像。

(2)去除原图的 G 通道数据,并展示处理后的新图像。

(3)去除原图的 R 通道数据,并展示处理后的新图像。

通过这些实验,能够观察到图像中每个颜色通道(B、G、R)的影响,从而总结出图像中各通道的意义。具体而言,B 通道代表图像的蓝色成分,G 通道代表绿色成分,R 通道代表红色成分,去除某个通道的数据后,图像会失去相应的颜色信息,呈现为不同的色调。

代码如下:

```
import cv2
import numpy as np

# 读取彩色原图
src = _____

img_info = src.shape
image_height = _____          # 获取图像的高
image_width = _____           # 获取图像的宽

# 按照图像的高、宽初始化 3 个目标数组
dst_gr = np.zeros((image_height, image_width, 3), np.uint8)
dst_br = np.zeros((image_height, image_width, 3), np.uint8)
dst_bg = np.zeros((image_height, image_width, 3), np.uint8)

# 依次读取原图的像素信息
for i in range(image_height):
    for j in range(image_width):
        b, g, r = _____     # 获取(i,j)位置对应的 B、G、R 通道数据:
        # 在目标图像中去除 B 通道数据
        dst_gr[i][j] = (0, g, r)
        # 在目标图像中去除 G 通道数据
        dst_br[i][j] = _____
        #在目标图像中去除 R 通道数据
        dst_bg[i][j] = _____

#显示原图
cv2.imshow("原图", src)

# 依次显示 3 个新图
_____
_____
_____
```

【任务2】图像裁剪。

图像裁剪是指从一张完整的图像中按照指定的区域或大小选择并提取出感兴趣的部分。通常，图像裁剪用于去除不需要的部分，保留关键区域。例如，在人脸识别中，可以裁剪掉无关的背景，专注于提取面部特征。

编写代码，进行图像的中心裁剪，如图 6-8 所示，裁剪出大小为 200×200 像素的图像区域。

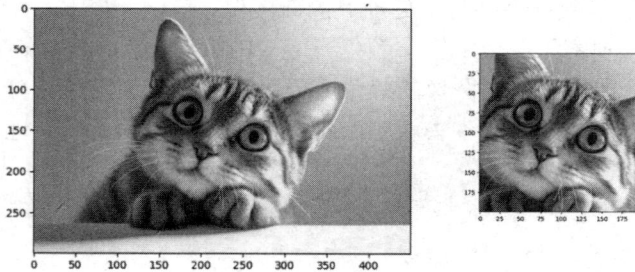

图 6-8　图像裁剪示意图

〖编程思路〗

（1）读取图像，并获取原图的高度、宽度和通道数。

（2）确定图像中心：通过图像的宽度和高度计算图像的中心点坐标 x_center 和 y_center。

（3）计算裁剪区域：以图像的中心为基准，向 4 个方向各扩展 100 像素，确定裁剪区域的左上角 (x1, y1) 和右下角 (x2, y2) 坐标。

（4）执行裁剪操作：使用计算得到的坐标，利用 NumPy 数组的切片操作，从原图中提取出一个 200×200 像素的子图。

（5）显示裁剪结果：显示裁剪后的图像，确保裁剪操作正确。

【任务3】升级版图像的镜像处理。

根据图像的宽高特征，选择镜像轴，如图 6-9 所示。如果图像的宽度大于高度，则在垂直方向上镜像；反之，则在水平方向上镜像。

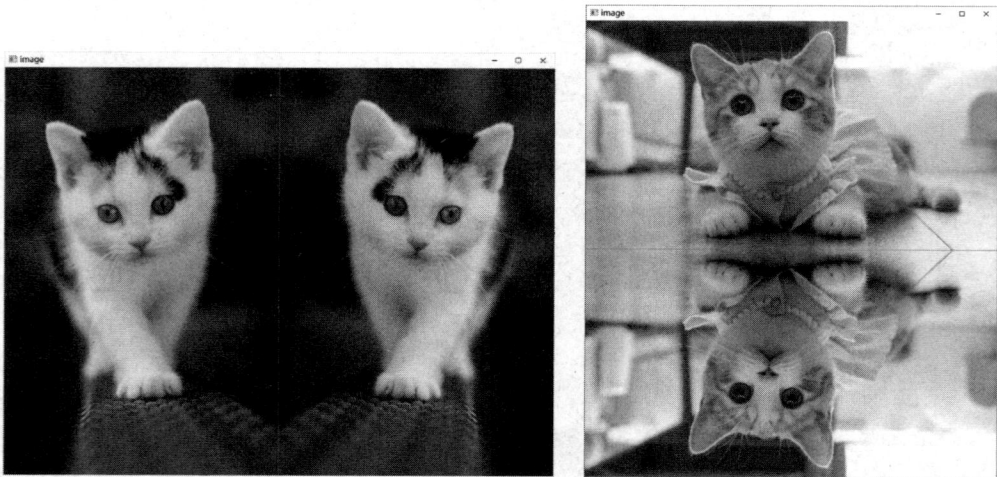

图 6-9　根据图像的宽高特征选择镜像轴

6.3.3.3　实验总结与思考

对本实验的收获进行总结，并撰写实验报告。

思考以下问题。

〖**问题 1**〗去除颜色通道数据的影响。

（1）去除 B 通道、G 通道或 R 通道数据后，图像的颜色变化是什么？描述具体的色调变化。

（2）结合 RGB 颜色模式解释，为什么去除某个通道数据会导致图像失去特定颜色的信息？

〖**问题 2**〗颜色通道的意义。

（1）讨论每个颜色通道（B、G、R）在图像中所代表的具体颜色成分。如何理解这些通道在图像呈现中的作用？

（2）在实际应用中，哪些场景可能需要强调某个颜色通道的作用？例如，医学影像、卫星图像等。

〖**问题 3**〗实际应用场景。

（1）在图像处理和计算机视觉中，去除某个颜色通道数据的操作可以应用于哪些实际场景？请举例说明。

（2）如何利用去除颜色通道数据的技术来改善特定图像处理任务（如目标检测、图像分割等）的效果？

〖**问题 4**〗对比颜色通道问题的实验结果。

（1）比较去除不同颜色通道数据后的图像，讨论各颜色通道对图像整体视觉效果的影响。哪些颜色通道的去除对图像的影响更为显著？

（2）讨论不同图像（如风景、人物、物体等）在去除颜色通道数据后的变化是否有所不同？原因是什么？

〖**问题 5**〗图像裁剪的意义。

（1）在进行图像裁剪时，选择中心区域的原因是什么？在其他情况下，是否有必要选择不同的裁剪区域？

（2）如何在实际应用中利用图像裁剪技术来增强图像的重点特征（如人脸识别、物体检测等）？

〖**问题 6**〗镜像的应用。

（1）讨论镜像在图像处理中的应用场景，例如，在图像增强、图像翻转等方面的作用。

（2）为什么根据图像的宽高特征选择镜像轴？这种选择对最终图像效果有何影响？

6.3.4 图像缩放和旋转

图像缩放和图像旋转是数据增强技术中常用的方法，它们能够有效增加训练数据的多样性，帮助模型更好地泛化。本节通过 OpenCV 实践，介绍图像缩放和旋转的方法，建立图像预处理的概念，为后续的计算机视觉任务奠定基础。

1. 图像缩放

图像缩放是一种常见的图像处理技术，广泛应用于多个领域。例如，在网页设计中，图像需要根据不同的设备（如手机、平板、桌面）进行缩放，以确保良好的用户体验。在医学成像（如 MRI 或 CT）中，图像缩放可以帮助医生观察特定区域的细节，进行更准确的诊断。在地图应用中，用户可以缩放地图以查看不同的地理细节，从而获取更具体的信息，如街道、建筑物等。

在机器学习和计算机视觉领域，图像缩放是预处理步骤之一，以便将输入图像调整到统一的大小，从而提高模型的训练效率和识别效果。此外，在训练过程中随机改变图像的大小也是一种常见的数据增强技术，这可以增加训练数据的多样性，帮助模型更好地泛化，减少过拟合。这样的做法有助于提升模型在未见数据上的表现。

OpenCV 使用函数 resize() 实现图像的缩放，API 如下：

```
cv2.resize(src, dsize, fx=0, fy=0, interpolation = cv2.INTER_LINEAR)
```

其参数和返回值含义见表 6-9。

表 6-9　resize()的参数和返回值

参数和返回值	说明
src	原图，通常是一个 NumPy 数组
dsize	元组数据(width, height)，代表输出图像的大小。如果这个参数不为 (0, 0)或者 None，则代表将原图缩放到 dsize 指定的大小；否则，原图缩放之后的大小由 fx 和 fy 两个参数决定，通过下面的公式来计算： dsize = (round(fx * src.cols), round(fy * src.rows))
fx 和 fy	分别代表图像在 width 方向和 height 方向上的缩放比例
interpolation	因为图像缩放后，很多像素在原图中是没有定义的，所以需要利用插值算法计算这些虚拟的像素。该参数用于指定图像缩放时的插值算法： cv2.INTER_LINEAR 为双线性插值（默认）； cv2.INTER_AREA 为区域插值； cv2.INTER_CUBIC 为 4×4 像素邻域内的双立方插值； cv2.INTER_NEAREST 为最邻近插值算法
返回值	一个 NumPy 数组，存储缩放后的图像

对于插值算法的选择，OpenCV 推荐如下：如果要缩小图像，为了避免出现波纹现象，使用 cv2.INTER_AREA 效果最好；如果要放大图像，建议使用 cv2.INTER_CUBIC，其速度虽然较慢，但效果最好，或者使用 cv2.INTER_LINEAR，其速度较快，效果适中；一般不推荐使用 cv2.INTER_NEAREST。

使用 resize()进行图像缩放的示例代码如下：

```python
import cv2

# 读取图像
image = cv2.imread('image.jpg')

# 缩小图像
resized_image = cv2.resize(image, (200, 300))

# 显示图像
cv2.imshow('Original Image', image)
cv2.imshow('Resized Image', resized_image)

cv2.waitKey(0)
cv2.destroyAllWindows()
```

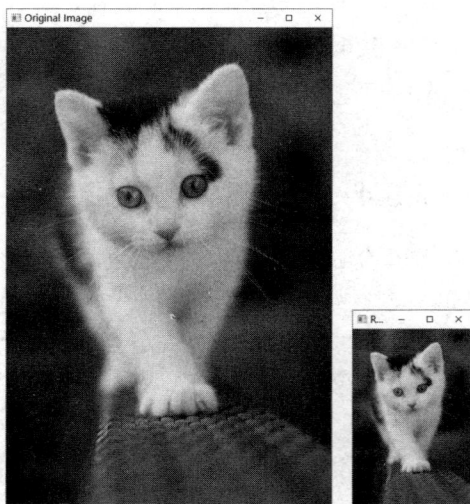

图 6-10　缩小图像

效果如图 6-10 所示。

2．图像旋转

图像旋转是指将图像围绕其中心点或指定的点进行旋转。作为一种数据增强技术，图像旋转能够提升模型的多样性、鲁棒性和泛化能力，使其在现实世界中更有效地处理不同方向和视角下的图像。

在现实场景中，图像往往并不总是对齐或处于标准方向的。通过引入不同角度的旋转，模型能够学习如何应对不同方向和视角下的对象，从而增强其对倾斜图像的识别能力。此外，图像旋转有助于增加训练集的多样性。即使原始数据中仅包含一种角度的图像，通过旋转或倾斜处理，模型可以接触到更多不同角度的图像变换，从而降低过拟合的风险。

在许多实际应用场景中，例如，自动驾驶和医学图像分析，图像的角度和方向常常受到摄像头位置、观察者视角或其他因素的影响。通过图像旋转，模型可以学习如何从各种可能的角度进行识别，这对于提高模型在实际应用中的性能至关重要。

OpenCV 使用函数 rotate() 实现图像的 90°和 180°旋转，API 如下：

```
cv2.rotate(src, rotateCode)
```

其参数和返回值含义见表 6-10。

表 6-10　rotate() 的参数和返回值

参数和返回值	说明
src	原图，通常是一个 NumPy 数组
rotateCode	旋转代码，指定旋转的方向和角度： cv2.ROTATE_90_CLOCKWISE 为顺时针旋转 90° cv2.ROTATE_90_COUNTERCLOCKWISE 为逆时针旋转 90° cv2.ROTATE_180 为旋转 180°
返回值	一个 NumPy 数组，存储旋转后的图像

rotate() 只能进行固定角度的旋转（90°、180°）。如果要进行任意角度的旋转，使用 getRotationMatrix2D() 和 warpAffine() 来实现：getRotationMatrix2D() 定义了如何旋转图像，生成一个旋转矩阵，用于后续的变换（旋转、缩放、平移、剪切）；warpAffine() 根据给定的旋转矩阵对图像进行实际的仿射变换。

getRotationMatrix2D() 的 API 如下：

```
cv2.getRotationMatrix2D(center, angle, scale)
```

其参数和返回值含义见表 6-11。

warpAffine() 的 API 如下：

```
cv2.warpAffine(src, M, dsize)
```

其参数和返回值含义见表 6-12。

表 6-11　getRotationMatrix2D() 的参数和返回值

参数和返回值	说明
center	旋转中心的坐标，格式为 (x, y)，通常是图像的中心
angle	旋转角度，正值表示逆时针旋转，负值表示顺时针旋转
scale	缩放因子，通常设为 1，表示不缩放
返回值	返回一个 2 行 3 列的旋转矩阵，用于后续的仿射变换

表 6-12　warpAffine() 的参数和返回值

参数和返回值	说明
src	原图，通常是一个 NumPy 数组
M	由 cv2.getRotationMatrix2D() 生成的旋转矩阵
dsize	输出图像的大小，格式为 (width, height)
返回值	一个 NumPy 数组，表示旋转后的图像

使用 getRotationMatrix2D() 和 warpAffine() 进行任意角度旋转的示例代码如下：

```
import cv2

# 读取图像
image = cv2.imread('image.jpg')
```

```
# 获取图像的高度和宽度
height, width = image.shape[:2]

# 计算旋转中心
center = width // 2, height // 2

# 设置旋转角度和缩放因子
angle = 45   # 逆时针旋转 45°
scale = 1.0   # 不缩放

# 获取旋转矩阵
M = cv2.getRotationMatrix2D(center, angle, scale)

# 进行仿射变换，旋转图像
rotated_image = cv2.warpAffine(image, M, (width, height))

# 显示原图和旋转后的图像
cv2.imshow('Original Image', image)
cv2.imshow('Rotated Image', rotated_image)

cv2.waitKey(0)
cv2.destroyAllWindows()
```

效果如图 6-11 所示。

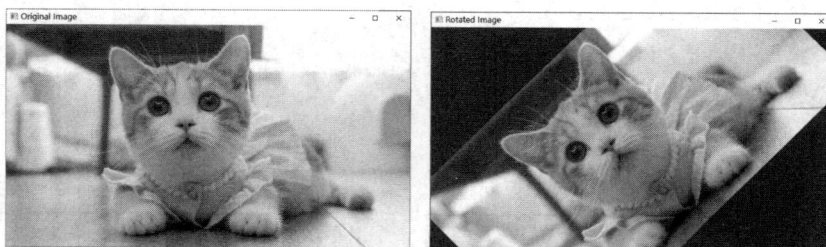

图 6-11　旋转图像

6.3.5　图像缩放和旋转实验

6.3.5.1　实验目标

（1）理解图像缩放和旋转的基本原理及其在实际应用中的重要性。

（2）掌握使用 OpenCV 进行图像缩放和旋转的基本方法。

6.3.5.2　实验任务

本实验任务的目标知识点见表 6-13。

表 6-13　实验任务的目标知识点

编号	任务	目标知识点
1	按指定比例缩放图像	图像缩放
2	对比不同的插值算法	对比不同插值算法对图像质量的影响
3	按指定分辨率缩放图像	体会图像如何适应多样化显示需求
4	顺时针或逆时针旋转图像	实现顺时针和逆时针旋转图像的功能
5	按指定角度旋转图像后进行中心裁剪	旋转图像、裁剪图像

【任务 1】按指定比例缩放图像。

读取一张图像，将其缩放至原来的 50%，显示原来和缩放后的图像。

【任务 2】对比不同的插值算法。

读取一张图像，尝试不同的插值算法 cv2.INTER_LINEAR、cv2.INTER_CUBIC 和 cv2.INTER_NEAREST 进行图像缩放，显示原图和使用不同的插值算法缩放后的图像。

通过该实验观察不同的插值算法在图像缩放过程中对图像质量的影响，从而在实际应用中选择合适的插值算法，以达到最佳的视觉效果。

【任务 3】按指定分辨率缩放图像。

读取一张图像，根据用户输入的当前设备的分辨率进行按比例缩放，显示原图和缩放后的图像。

该场景模拟了移动设备、网页设计、社交媒体、电子商务、医疗影像等应用领域：确保图像在不同设备上清晰可见，适应多样化的显示需求，提升用户体验。

在进行图像缩放时，要注意保持图像的宽高比，应选择较小的比例从而避免图像变形。

程序运行形式如下：

> 原图尺寸:(540, 800)
>
> 输入设备的宽度(像素):2340
>
> 输入设备的高度(像素):1080

展示原图和缩放后的效果，如图 6-12 所示。

【任务 4】顺时针或逆时针旋转图像。

读取一张图像，根据用户输入的旋转方向（顺时针或逆时针）将图像旋转 90°，显示原图和旋转后的图像。

图像旋转常见于图像编辑和处理应用，能够帮助用户迅速获得理想的视角和构图，提升视觉效果，且操作便捷。

程序运行形式如下：

> Enter rotation direction (clockwise/counterclockwise): clockwise

展示原图和旋转后的效果，如图 6-13 所示。

图 6-12　按指定分辨率缩放图像

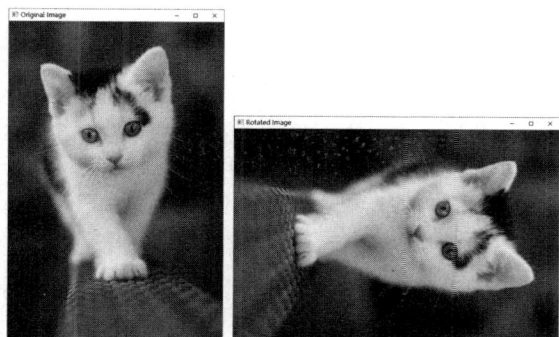

图 6-13　按照指定方向旋转图像 90°

【任务 5】 按指定角度旋转图像后进行中心裁剪。图像中心区域为 300×300 像素。并显示原图与裁剪后的图像。

程序运行形式如下：

旋转图像的角度:45

展示原图和旋转并裁剪中心区域效果，如图 6-14 所示。

图 6-14　图像旋转并裁剪中心区域效果

〖注意〗

① 旋转图像后，图像的大小可能会发生变化，尤其是非 90°的旋转。因此，需要计算旋转后图像的实际大小，以便进行后续裁剪。

② 旋转并中心裁剪时，需要确保裁剪区域仍然在旋转后的图像范围内。应计算旋转后图像的中心点，并以此为基准裁剪出 300×300 像素的区域。

③ 在裁剪过程中，可能会出现超出图像边界的情况，因此需要在计算裁剪坐标时进行边界检查，确保不会访问到无效的像素。

6.3.5.3　实验总结与思考

根据以下实验的重点、难点对本实验进行总结，并撰写实验报告。

（1）实验重点

① 理解不同的插值算法对图像质量的影响，能够选择合适的插值算法以保证图像清晰度和细节。

② 掌握实现图像顺时针、逆时针、按指定角度旋转的方法，并处理旋转后图像的尺寸变化。

③ 掌握在不同设备分辨率下如何有效地缩放图像。

（2）实验难点

① 根据不同场景选择合适的插值算法，在保证图像质量的同时优化计算性能。

② 处理裁剪过程中可能出现的边界问题，避免访问无效像素。

思考以下问题。

〖问题 1〗图像缩放实验结果分析。

① 图像质量。在进行图像缩放时,使用不同的插值算法(如 cv2.INTER_LINEAR、cv2.INTER_CUBIC、cv2.INTER_NEAREST ）会对图像质量产生明显影响。实验结果应显示出不同插值算法在处理细节和边缘平滑度方面的差异。例如，cv2.INTER_CUBIC 通常能提供更高的图像质量，但计算成本也更高。

② 视觉效果。通过比较原图与缩放后的图像，观察图像是否出现模糊、锯齿或失真等问题。适当的插值算法能够在保持图像清晰度的同时，避免出现明显的视觉缺陷。

③ 适应性。不同的设备分辨率要求图像在缩放时保持宽高比，实验结果应验证这一点，确

保缩放后图像不会变形。

〖**问题 2**〗图像旋转实验结果分析。

① 旋转效果。对于顺时针和逆时针旋转 90° 的实验，实验结果应展示出能够准确地改变图像方向且保持内容完整。非 90° 的旋转可能会导致图像边缘出现空白区域，实验结果应讨论如何处理这些空白区域。

② 中心裁剪。在旋转后裁剪中心区域的实验中，实验结果应展示出裁剪区域是否准确保留了图像的主要内容。分析裁剪过程中可能出现的边界问题，以及如何通过计算旋转后的图像大小来确保裁剪的有效性。

〖**问题 3**〗扩展应用场景。

考虑将实验内容可以应用于哪些领域，如自动驾驶、医学图像分析等，探索如何结合图像处理技术解决实际问题。

第 7 章　人工智能与机器学习

机器学习利用已有数据进行预测，为各行各业提供了科学的依据，帮助做出更加精准、高效的决策，从而推动了各类业务和社会活动的智能化发展。

本章探索人工智能与机器学习的基础概念及其应用方法，通过一系列实验加深对机器学习算法在回归和分类任务中应用的理解，介绍如何评估机器学习算法的性能，并分析不同算法在各种情境下的表现，详细讲解梯度下降的计算过程，帮助深入了解机器学习如何通过优化损失函数不断提升模型的性能。

7.1　线性回归

7.1.1　线性回归概述

线性回归是机器学习中最基本也是最常用的算法之一，它广泛应用于预测和回归问题中。线性回归假设自变量（特征）与因变量（预测值）之间存在线性关系，其目标是通过最小化误差找到最合适的直线或超平面，从而进行有效的预测。线性回归可以分为一元线性回归和多元线性回归。

1．一元线性回归

一元线性回归（Simple Linear Regression）指只有一个自变量与因变量之间存在线性关系的回归模型。其目标是找到一条直线，使数据点与直线之间的距离（误差）最小。数学表达式如下：

$$y = w_0 + w_1 x$$

式中，y 为因变量（预测值），x 为自变量（输入特征），w_0 为截距，w_1 为斜率。

在一元线性回归中，模型通过调整截距 w_0 和斜率 w_1 拟合数据，其目标是使所有数据点到回归直线的垂直距离之和最小，通常使用最小二乘法实现。

假设有一组数据，表示某商店的广告投入与销售额之间的关系。如果希望根据广告投入（自变量）预测销售额（因变量），这个问题可以通过一元线性回归建模，假设得到的回归方程如下：

$$销售额 = 2000 + 50 \times 广告投入$$

式中，2000 为截距；50 为斜率，表示每增加 1 单位的广告投入，其销售额增加 50 单位。

2．多元线性回归

多元线性回归（Multiple Linear Regression）指有多个自变量（输入特征）与因变量之间存在线性关系的回归模型。与一元线性回归不同，在多元线性回归中，输入不再是单一特征，而是多个特征。数学表达式如下：

$$y = w_0 + w_1 x_1 + w_2 x_2 + \cdots + w_n x_n$$

式中，y 为因变量（预测值），$x_1, x_2, \cdots, x_n$ 为多个自变量（输入特征），w_0 为截距，$w_1, w_2, \cdots, w_n$ 为各个特征的权重。

在多元线性回归中，通过调整各个特征的权重和截距拟合数据，从而找到一个最佳的线性关系来预测因变量的值。

假设现在不仅仅考虑广告投入，还考虑商店的店铺面积、员工人数等其他因素，希望通过这些多个因素来预测销售额。这个问题可以用多元线性回归来解决，假设回归方程类如下：

销售额= 1000 + 40×广告投入+30×店铺面积+50×员工人数

在这个模型中，广告投入、店铺面积和员工人数都是自变量，回归模型会计算出这些因素的权重（$w_1, w_2, \cdots, w_n$），并根据这些权重和输入值预测销售额。

一元线性回归和多元线性回归的主要区别见表 7-1。

表 7-1　一元线性回归和多元线性回归的主要区别

特性	一元线性回归	多元线性回归
自变量（特征）	单一自变量	多个自变量
回归方程	$y = w_0 + w_1 x$	$y = w_0 + w_1 x_1 + w_2 x_2 + \cdots + w_n x_n$
适用场景	只有一个影响因变量的因素	存在多个影响因变量的因素
计算复杂度	计算简单，易于理解	需要处理多个变量，计算相对复杂
建模目标	通过一个自变量预测因变量	通过多个自变量预测因变量

总之，一元线性回归适用于只有一个自变量的情况，它通过寻找一条最佳拟合直线预测因变量的值。多元线性回归适用于有多个自变量的情况，它通过综合考虑多个因素预测因变量的值。无论是一元线性回归还是多元线性回归，它们的核心目标都是找到一条线或一个超平面，使预测值与真实值之间的误差最小，从而实现准确的预测。

3. 使用 Scikit-learn 库进行线性回归建模

Scikit-learn 是主流的开源机器学习库，封装了大量经典及最新的机器学习模型，并提供案例和数据集。使用 Scikit-learn 库提供的数据集，并进行线性回归建模的过程如下。

（1）数据加载

Scikit-learn 库包含了一些内置的标准数据集，如糖尿病数据集、波士顿房价数据集等，同时还提供了创建模拟数据集的方法。

Scikit-learn 库内置数据集见表 7-2。

表 7-2　Scikit-learn 库内置数据集

序号	数据集名称	调用方式	数据描述
1	糖尿病数据集	load_diabetes()	经典回归数据集
2	波士顿房价数据集	load_boston()	经典回归数据集
3	体能训练数据集	load_linnerud()	经典多变量回归数据集
4	乳腺癌数据集	load_breast_cancer()	简单经典的二分类数据集
5	鸢尾花数据集	load_iris()	多分类数据集
6	手写体数字数据集	load_digits()	多分类数据集

以糖尿病数据集为例，导入数据集的方法如下：

```
from sklearn.datasets import load_diabetes   # 导入 load_diabetes

diabetes = load_diabetes() # 加载糖尿病数据集
```

在使用 Scikit-learn 库提供的数据集时，数据集对象通常是一个包含多项信息的字典（或者类似字典的对象）。这些数据集对象通常包括特征数据、目标数据、特征名称等。使用方法 .keys() 可以查看数据集包含的所有字段，通过访问这些字段可以查看数据集的具体内容。数据集的常用字段见表 7-3。

表 7-3　数据集的常用字段

字段	含义	示例
data	特征数据，通常是一个 NumPy 数组，表示每个样本的特征	diabetes.data
target	目标数据，通常是一个 NumPy 数组，表示每个样本的标签值	diabetes.target
feature_names	特征名称，通常是一个列表，表示数据集中的每个特征	diabetes.feature_names
target_names	目标数据名称，通常用于分类问题，表示不同类别的标签名称	糖尿病数据集无此字段
DESCR	数据集的描述信息，包含关于数据集的详细信息、特征含义等	diabetes.DESCR
shape	获取特征数据或目标数据集的维度（行数和列数）	diabetes.data.shape

　　除了内置数据集，Scikit-learn 库还提供了一系列名称以"make_"开头的函数，主要用于测试、教学和实验，它们可以快速生成简单的、适用于机器学习算法的数据集，用于回归任务和分类任务，见表 7-4。

表 7-4　用于生成数据集的函数

字段	含义
make_classification()	生成用于分类任务的合成数据集
make_regression()	生成用于回归任务的合成数据集

　　以函数 make_regression()为例，生成回归数据集的方法如下：

```
from sklearn.datasets import make_regression

# 生成一元线性回归数据集
X, y = make_regression(n_samples=100, n_features=1, noise=10, random_state=42)
```

该语句生成一个包含 100 个样本（行）、每个样本有一个特征（列）以及目标变量的一元线性回归数据集，目标变量 y 会受到 X 和噪声的影响，噪声标准差为 10。由于设定了随机种子 random_state=42，所以每次运行时生成的结果都会是一样的。

　　make_regression()的参数见表 7-5。

表 7-5　make_regression()的参数

参数	说明
n_samples	生成的数据集中样本的数量
n_features	每个样本的特征数量
noise	数据中引入的噪声标准差，指定数据集中每个目标值的随机波动值。 noise 会被添加到目标变量 y 中，以模拟现实中回归问题中的噪声或不确定性。噪声越大，生成的数据与理想的线性关系之间的偏差就越大，从而使模型更具挑战性
random_state	随机数生成器的种子，称为随机种子，用于确保生成的随机数每次运行时都保持一致。使用相同的 random_state 值时，生成的数据集 X 和 y 是相同的

　　make_regression() 返回的第一个值是特征矩阵 X，其形状为 (n_samples, n_features)，即每个样本包含 n_features 个特征；第二个返回值是目标向量 y，其形状为 (n_samples,)，即每个样本对应一个目标值。

　　（2）模型训练

　　为了在模型训练后评估模型的表现，通常将数据集分为训练集和测试集。例如，80%的数据用于训练，20%用于测试。

划分数据集的方法如下：

```
from sklearn.model_selection import train_test_split

# 划分数据集：80%训练集，20%测试集
X_train, X_test, y_train, y_test = train_test_split(X, y, test_size=0.2, random_state=42)
```

train_test_split()的常用参数见表 7-6。

表 7-6　train_test_split()的常用参数

参数	说明
X	要划分的特征数组
y	要划分的目标数组
test_size	测试集样本的占比，不指定 train_size 参数时，默认值为 0.25
random_state	随机种子。在重复测试时保持随机种子不变，可以保证每次得到相同的划分结果

Scikit-learn 库使用 LinearRegression 类进行线性回归建模，导入的方法如下：

```
from sklearn.linear_model import LinearRegression
```

LinearRegression 类提供的主要方法见表 7-7。

表 7-7　LinearRegression 类的主要方法

方法	说明
fit(X, y)	训练模型，找到最佳的回归系数
predict(X)	使用训练得到的模型进行预测
score(X, y)	评估模型的拟合优度，返回 R^2（决定系数）。R^2 用于衡量模型对数据的拟合程度，其值越接近 1，表示模型越好

创建模型、训练模型和进行预测的过程如下：

```
model = LinearRegression()    # 创建线性回归模型
model.fit(X_train, y_train)   # 使用训练数据训练模型
y_pred = model.predict(X_test)   # 使用测试数据进行预测
```

（3）模型评估

在线性回归中，通常使用均方误差和 R^2 来评估模型的表现。

均方误差（Mean Squared Error，MSE）衡量的是模型预测值与实际值之间差异的平方的平均值。MSE 越小，模型表现越好。计算公式如下：

$$\text{MSE} = \frac{1}{n} \sum_{i=1}^{n} (y_i - \hat{y}_i)^2$$

式中，n 为样本数量，y_i 为实际值，$\hat{y}_i$ 为预测值。

要计算 MSE，可以使用 sklearn.metrics 库中的函数 mean_squared_error()，格式如下：

```
from sklearn.metrics import mean_squared_error

# 计算 MSE
mse = mean_squared_error(y_test, y_pred)
```

R^2 衡量了模型解释目标变量方差的比例，它的取值范围是 0～1。其中，R^2=1 表示模型完美

地拟合了数据，R^2=0 表示模型无法解释数据的任何变异，R^2 越接近 1 表示模型越好。

sklearn.metrics 库中的函数 r2_score()可以根据模型的预测值与实际值计算模型的 R^2：

```
from sklearn.metrics import r2_score


# 计算 R^2 值
r2 = r2_score(y_test, y_pred)
```

4. 数据可视化

数据可视化是指将数据利用图形化的方式展示出来，使复杂的数据和信息变得直观、易懂，便于从中发现模式、趋势和潜在的关系。通过数据可视化，可以提高理解力、发现规律、传达信息并做出有效决策。

（1）折线图

折线图（Line Plot）通过连接数据点的直线展示数据随时间或其他变量变化的趋势。将回归建模的预测值以线段形式连接起来即得到拟合的回归线。

Matplotlib 是 Python 中最常用的绘图库之一，广泛应用于数据分析、数据可视化等领域。可以使用 Matplotlib 库中的函数 plot()绘制折线图，示例代码如下：

```
import matplotlib.pyplot as plt    # 设定绘图库的别名为 plt


# 示例数据：时间与温度
time = [1, 2, 3, 4, 5, 6]
temperature = [22, 24, 27, 28, 29, 30]


# 绘制折线图，time 为横轴数据，temperature 为纵轴数据
plt.plot(time, temperature, marker='o', label='Temperature')
plt.title('Temperature vs Time')   # 添加图标题
plt.xlabel('Time')   # 添加横轴标签
plt.ylabel('Temperature (°C)')   # 添加纵轴标签
plt.legend()   # 添加图例
plt.show()   # 显示图形
```

上述代码绘制的折线图如图 7-1 所示。

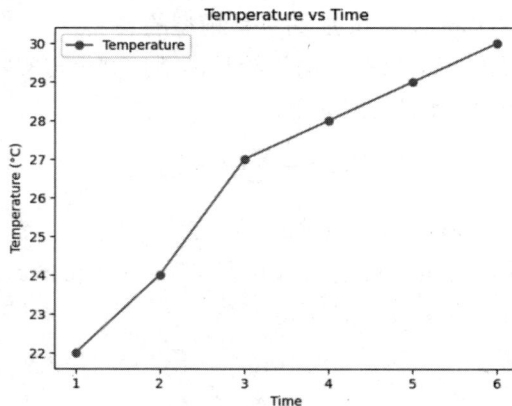

图 7-1　绘制的折线图

plot()的常用参数见表 7-8。

表 7-8　plot()的常用参数

参数	说明
x	横轴数据，可以是列表、数组或者 Series
y	纵轴数据，可以是列表、数组或者 Series
linestyle	线条样式，默认为实线（'-'），可选取值有'--'（虚线）、'-.'（点画线）、':'（点线）等
marker	数据点标记样式，默认为无标记（None），常用取值有'o'（圆圈）、's'（方块）、'^'（三角形）等
color	线条颜色，默认为蓝色，可以接收多种颜色表示方式，如 RGB 元组、十六进制字符串等
label	曲线标签，用于在图例中显示该曲线对应的名称
linewidth	线条宽度，默认为 1
markersize	标记大小，默认为 6

（2）散点图

散点图（Scatter Plot）通过绘制每个数据点来代表一个样本，数据点的位置由其对应的横坐标和纵坐标的值决定，从而直观展示数据点的分布。散点图常与线性回归结合使用，探索建模数据中两个变量之间的关系。

Matplotlib 库中绘制散点图使用函数 scatter()，示例代码如下：

```python
import matplotlib.pyplot as plt

# 示例数据
x = [1, 2, 3, 4, 5, 6, 7, 8, 9, 10, 11, 12, 13, 14, 15, 16, 17, 18]
y = [2, 3, 5, 7, 11, 13, 17, 19, 23, 29, 31, 37, 41, 43, 47, 53, 59, 61]

# 绘制散点图，x 和 y 分别为数据点的横坐标、纵坐标数组
plt.scatter(x, y)

plt.title('Scatter Plot Example')  # 添加图标题
plt.xlabel('X-axis')  # 添加横轴标签
plt.ylabel('Y-axis')  # 添加纵轴标签

plt.show()  # 显示图形
```

上述代码绘制的散点图如图 7-2 所示。

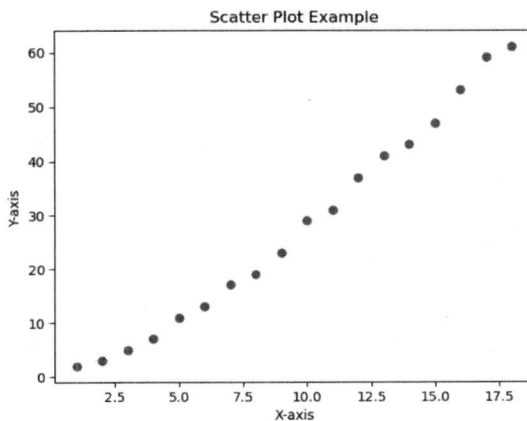

图 7-2　绘制的散点图

scatter()的常用参数见表 7-9。

表 7-9 scatter()的常用参数

参数	说明
x	散点的横轴坐标
y	散点的纵轴坐标
s	散点大小，可以是一个标量或与 x、y 等长的数组
c	散点颜色。可以是一个颜色名称或颜色代码，表示所有散点都显示为相同的颜色；也可以是与 x 和 y 同长度的数组或列表，每个元素对应一个散点颜色
marker	散点标记样式，默认为圆圈，表示方法与 plot()的 marker 相同

（3）散点图矩阵

当数据中存在多个特征时，通过散点图矩阵可以观察每对变量之间的关系。通过展示每对变量的散点图，不仅能够直观地呈现变量之间的相互关系，还可以揭示数据的分布情况，以及是否存在潜在的相关性。这种可视化方式能够快速识别出变量之间的线性或非线性关系，帮助发现有价值的模式和趋势。

Seaborn 库提供了更高级的可视化功能，并且生成的图形通常更加美观且具有更好的默认样式。可以使用 Seaborn 库中的函数 pairplot()简单、高效地绘制散点图矩阵。

pairplot()的第一个参数为数据集，推荐使用 Pandas 库的 DataFrame 类型，一列是一个变量，一行表示一个观测值；参数 hue 用于指定一个分类变量，根据这个变量对散点进行不同的着色，从而将散点按照类别区分开来。

以 Scikit-learn 库中的鸢尾花数据集为例，绘制散点图矩阵的代码如下：

```
import seaborn as sns    # 设定 Seaborn 库的别名
import matplotlib.pyplot as plt
from sklearn.datasets import load_iris    # 加载鸢尾花数据集的函数
import pandas as pd


iris = load_iris()    # 加载鸢尾花数据集


# 将鸢尾花数据集的数据 iris.data 转换为 DataFrame 类型
# 将鸢尾花数据集的特征名称 iris.feature_names 作为 DataFrame 的每列名称
df = pd.DataFrame(iris.data, columns=iris.feature_names)
# 添加目标变量列，即鸢尾花的品种
df['species'] = iris.target


# 绘制散点图矩阵，参数 hue 指定目标变量进行不同着色
sns.pairplot(df, hue='species')
plt.show()
```

上述代码绘制了数据集中每对特征（sepal length 为花萼长度、sepal width 为花萼宽度、petal length 为花瓣长度、petal width 为花瓣宽度）之间的散点图，形成散点图矩阵，如图 7-3 所示。

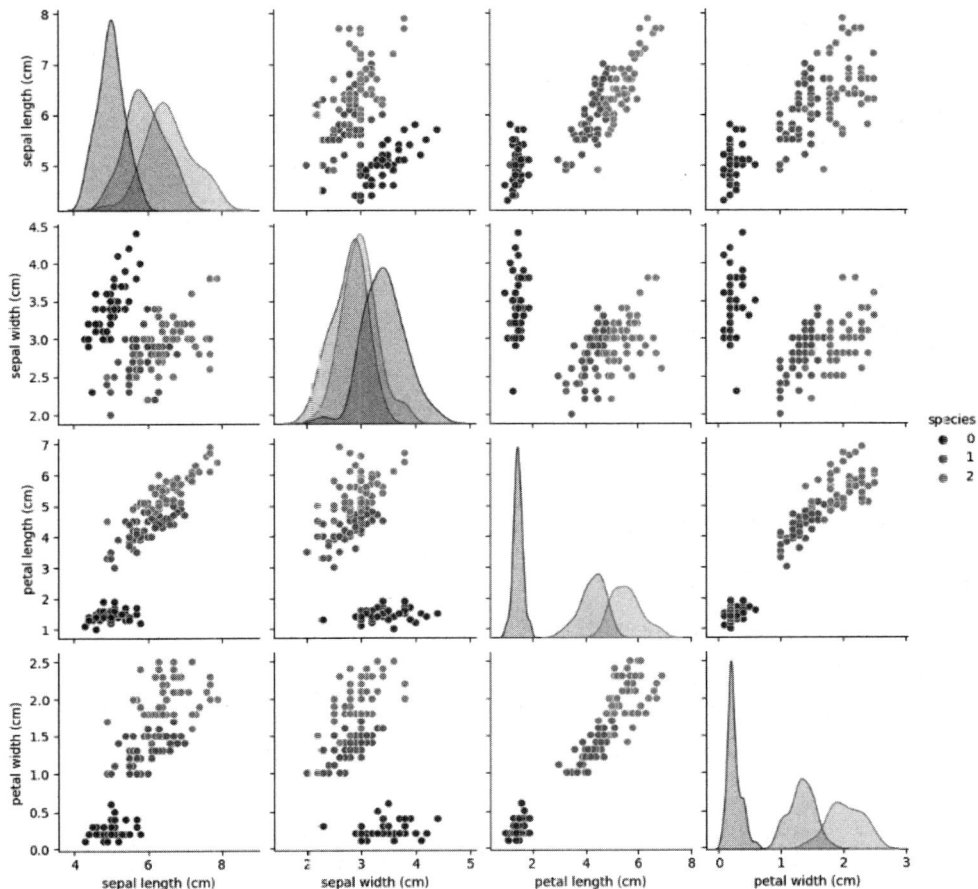

图 7-3　绘制的散点图矩阵

从图 7-3 所示散点图矩阵可以看到，sepal length 和 sepal width 没有非常强的线性关系，但 petal length 和 petal width 通常会显示出明显的正相关（在散点图中表现为一条倾斜的直线），从对角线上的图形可以看到，通过 petal length 和 petal width 可以较好地区分花的种类。

利用散点图矩阵观察特征之间的关系是一种常用的数据探索方法。

7.1.2　使用糖尿病数据集进行线性回归建模实验

本实验使用糖尿病数据集，熟悉线性回归建模的基本流程，包括数据加载、数据预处理、模型训练、模型评估与优化。实验将帮助理解线性回归如何应用于实际问题，以及如何评估模型的性能，特别是通过决定系数（R^2）等指标。

7.1.2.1　实验目标

（1）理解回归问题的基本概念与任务。

（2）通过糖尿病数据集中的当一特征与目标变量之间的关系，进行一元线性回归建模，理解如何通过最简单的线性回归模型预测目标变量。

（3）通过糖尿病数据集中的多个特征，进行多元线性回归建模，分析多个特征如何综合影响目标变量的预测，理解多元线性回归模型的应用。

（4）掌握模型评估的基本方法（如 R^2、MSE 等）。

7.1.2.2　实验任务

【任务 1】在 VSCode 中为机器学习实验创建编程环境。

（1）选择代码文件夹。

打开 VSCode，单击菜单栏"文件"→"打开文件夹"，选择用于存储项目的文件夹，准备为其配置环境。

（2）选择 Python 解释器（参见 5.1.4 节）。

（3）创建、激活和安装虚拟环境。命令如下：

python -m venv .venv（创建虚拟环境）

.venv\Scripts\activate（激活虚拟环境）

pip install scikit-learn（安装 Scikit-learn 库）

pip install matplotlib（安装 Matplotlib 库）

pip install seaborn（安装 Seaborn 库）

【任务 2】一元线性回归建模。

（1）数据加载与探索。加载糖尿病数据集，并了解糖尿病数据集中的各个特征（如 age、bmi、bp 等）以及目标变量（糖尿病的疾病进展）。

（2）数据集划分。选择数据集中的一个特征（例如，使用 age 或 bmi 特征）和目标变量（糖尿病的疾病进展），并将数据划分为训练集和测试集，准备进行一元线性回归分析建模。

（3）模型训练与评估。使用 LinearRegression 类进行一元线性回归建模，然后使用测试集进行预测，并计算模型的 R^2 和 MSE，评估模型的性能。

（4）结果分析。分析该模型的 R^2，评估该特征对目标变量的预测效果。

（5）可视化回归结果。使用散点图绘制数据点，使用折线图绘制回归直线，观察回归建模的结果。

（6）总结与思考。分析该特征与目标变量之间的关系强度。

探讨是否需要使用其他特征来提高预测准确性，是否存在非线性关系。

〖提示〗当从糖尿病数据集中选择一个特征时，得到的是一维列向量。由于 Scikit-learn 在计算时要求特征数据必须是二维的，因此需要对数据进行维度转换。以选择数据集第 3 列（bmi）为例，选择该特征的代码如下：

```
from sklearn.datasets import load_diabetes


diabetes = load_diabetes()
X = diabetes.data[:, np.newaxis, 2]    # 'bmi'是数据集中的第 3 个特征
```

其中，np.newaxis 是一个用于增加维度的工具，它将原本的一维数据（单列特征）转化为二维数据，从而满足 Scikit-learn 对输入数据形状的要求。

【任务 3】多元线性回归建模。

（1）数据加载与探索。加载糖尿病数据集，选择多个特征（age、bmi 和 bp）用于回归建模，目标变量仍然是糖尿病的疾病进展。

（2）数据预处理。对选定的多个特征进行数据标准化的预处理，并将数据集划分为训练集和测试集。进行回归分析或其他机器学习模型训练时，对数据进行标准化（或归一化）是非常重要的一步。

许多机器学习算法依赖于特征的尺度。如果特征值的范围差异很大（例如，收入从几千元到

几十万元，而年龄只有几岁到一百岁左右），则可能导致优化过程收敛缓慢或偏向于某些特征。标准化可以避免某些特征主导模型，提高模型训练的准确性。

〖**提示**〗数据标准化方法。假设数据是符合标准正态分布的，也就是平均值为 0，标准差为 1，标准化的公式如下：

$$x' \leftarrow \frac{x - \mu}{\sigma}$$

式中，$\mu = \frac{1}{n} \sum_{i=1}^{n} x_i$，$\sigma = \sqrt{\frac{1}{n} \sum_{i=1}^{n} (x_i - \mu)^2}$，$n$ 为样本的个数。

sklearn.preprocessing 预处理模块提供的 StandardScaler 类用于对数据进行标准化。StandardScaler 类对数据进行标准化处理的具体步骤如下。

① 导入 StandardScaler。

② 创建 StandardScaler 对象。

③ 使用 fit_transform() 计算训练数据的平均值和标准差，并将数据标准化。

示例代码如下。

```
from sklearn.datasets import load_diabetes
from sklearn.preprocessing import StandardScaler    # 导入 StandardScaler
import pandas as pd


# 1. 导入糖尿病数据集
diabetes_data = load_diabetes()


# 2. 将数据转换为 DataFrame 类型
df = pd.DataFrame(diabetes_data.data, columns=diabetes_data.feature_names)


# 3. 标准化处理
scaler_standard = StandardScaler()    # 创建 StandardScaler 对象
X_standardized = scaler_standard.fit_transform(df)    # 对 X 进行标准化
```

标准化后的数据如下：

```
[[ 0.80050009   1.06548848    1.29708846  ···  -0.05449919   0.41853093  -0.37098854]
 [-0.03956713  -0.93853666   -1.08218016  ···  -0.83030083  -1.43658851  -1.93847913]
 ···
 [-0.9560041   -0.93853666   -1.53537419  ···  -0.83030083  -0.08875225   0.06442552]]
```

〖**说明**〗对于 Scikit-learn 库的糖尿病数据集，数据已经进行了均值中心化和标准化，因此通常无需再次进行标准化。对于其他建模任务，如果特征之间存在较大的尺度差异，可以根据具体需求按如上方法进行标准化处理。

（3）模型训练与评估。使用 LinearRegression 类进行多元线性回归建模。评估模型的性能，计算 R^2、MSE，并与一元线性回归建模的结果进行对比。

（4）结果分析。分析模型的回归系数，理解每个特征对目标变量的影响。使用散点图矩阵可视化多个特征与目标变量之间的关系，进行辅助分析。

（5）总结与思考。思考多元线性回归模型中每个特征的作用，总结多元线性回归模型的优势与不足，讨论模型性能的提升空间。

7.1.2.3　实验总结与思考

本实验使用 Scikit-learn 库进行建立一元线性回归模型和多元线性回归模型，根据以下提纲对本实验过程中的关键收获与遇到的挑战进行总结，并撰写实验报告。

（1）实验过程总结。简述数据加载、预处理、建模及评估过程中的关键步骤。总结模型的训练效果、测试结果，以及任何可能影响模型性能的因素（如数据不平衡、特征选择等）。

（2）对模型性能的思考。分析训练后的模型的 R^2 及其他评估指标，探讨模型拟合效果是否理想。如果模型拟合效果不佳，分析其原因，是否特征工程处理不当（未进行数据的标准归一化处理）等。

（3）进一步改进的思路。讨论如何通过特征选择、特征工程、数据标准化等手段提高模型的表现。

（4）对回归分析的理解。阐述对于糖尿病数据集而言，能否通过回归模型发现潜在的疾病进展规律，或者在实际医疗数据分析中如何运用这些技巧。

7.1.3　拓展练习——其他数据集的回归分析

尝试将回归分析方法应用于其他真实世界的数据集（如房价预测、股票价格预测等），验证模型的适用性。

7.2　欠拟合和过拟合

7.2.1　欠拟合和过拟合概述

在机器学习中，欠拟合（Underfitting）和过拟合（Overfitting）是模型训练常见的问题，它们代表了模型在训练集和测试集上的不同表现，通常与模型的复杂度和训练过程中选择的参数有关。

欠拟合是指模型过于简单，无法捕捉到数据中的规律，因此在训练集和测试集上的表现都不好。过拟合和欠拟合示意图如图 7-4 所示。

过拟合是指模型在训练集上表现非常好，但在未见过的测试集上表现差。这通常是由于模型过于复杂，学习了训练集中的噪声和细节，导致无法泛化到新的数据。

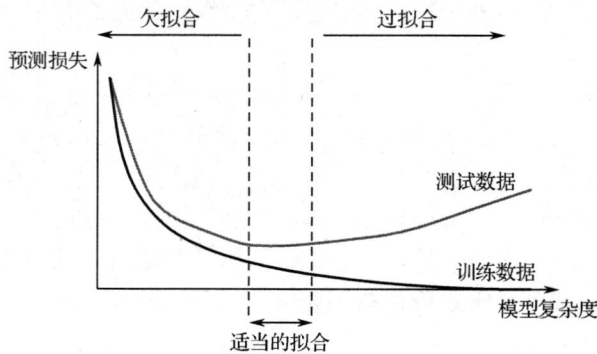

图 7-4　欠拟合和过拟合示意图

7.2.2　回归问题中的欠拟合和过拟合实验

本实验通过回归问题，一方面理解欠拟合与过拟合的区别，另一方面学习通过调整模型的复杂度等方法，找到一个平衡点，使模型既能拟合训练数据，又具备较好的泛化能力。

7.2.2.1　实验目标

（1）理解欠拟合与过拟合：通过回归建模实验，掌握欠拟合与过拟合的概念，能够通过训练集和测试集的误差分析，识别并区分两者的表现。

（2）掌握模型评估与优化方法：学会使用 MSE 等评估指标，能够通过调整模型复杂度（增加特征）优化模型表现。

7.2.2.2　实验任务

【任务 1】欠拟合的实验。

实验背景：欠拟合通常发生在模型过于简单，无法捕捉数据中的模式的情况下。本任务使用一个简单的线性回归模型，并且只使用非常少的特征或特征之间的简单关系来防止模型变得过于复杂。

（1）使用 Scikit-learn 库提供的 make_regression() 生成一个回归数据集，令该数据集包含 200 个样本、一个数据特征，并加入一定程度的噪声（noise=20）。

（2）使用 train_test_split() 将数据集拆分为训练集和测试集。

（3）使用散点图分别对训练集和测试集数据进行如图 7-5 所示的可视化，观察数据的分布和噪声情况。

〖提示〗如果需要将多个数据集的散点图绘制在同一张图中，可以通过多次调用 plt.scatter() 来实现。每次调用 plt.scatter() 时，绘制一个新的数据集，所有的散点图将在同一张图中显示，由此可以对比不同数据集的分布。

（4）使用 LinearRegression 类进行线性回归建模，并使用训练集训练模型。

（5）计算并对比训练集和测试集的误差（MSE）。

首先理解数据集中加入的噪声对 MSE 的影响。

在回归模型中，MSE 由如下两部分组成。

① 偏差（bias）：模型拟合的误差，代表了模型预测值与真实值之间的差距。

② 方差（variance）：数据本身的波动，反映了数据的噪声。

噪声为 20 表示每个数据点的噪声部分的标准差大约是 20，即每个目标值的随机波动大约是 20。在这种情况下，即使使用最好的回归模型，理论上仍无法消除噪声带来的误差，因此 MSE 通常会围绕噪声的标准差波动。

如果模型能够完美地拟合数据（不存在偏差），那么 MSE 应该接近噪声的方差。例如，噪声为 20，噪声的标准差是 20，噪声的方差是 $20^2=400$。

因此，如果模型没有欠拟合，则 MSE 会接近 400，说明模型已经有效拟合了数据并且没有过多地捕捉到噪声；如果 MSE 显著高于 400，则说明模型可能存在欠拟合，未能有效地捕捉数据中的真实模式；如果 MSE 远低于 400，则可能存在过拟合，说明模型过度拟合了训练数据中的噪声，导致对测试数据的泛化能力差。

（6）可视化。将预测曲线绘制于散点图中，可以直观地查看训练数据的拟合情况以及模型在测试集上的表现，效果如图 7-6 所示。

【任务 2】过拟合的实验。

实验背景：为了模拟过拟合的现象，现使用一个高阶的多项式回归模型（5 阶多项式），使模型过于复杂，在训练集上拟合得非常好，但在测试集上的表现却很差。

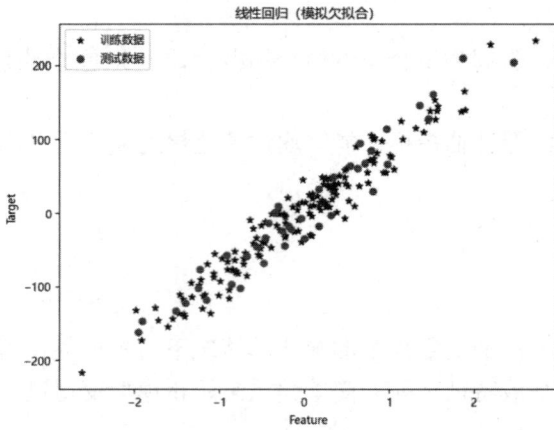

图 7-5　回归数据集可视化效果　　　　　　图 7-6　添加预测曲线

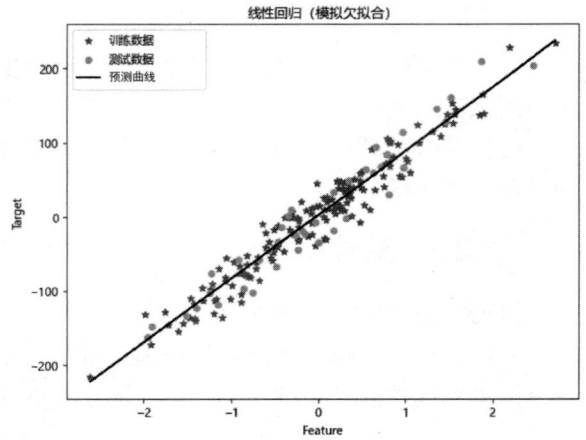

（1）使用 Scikit-learn 库提供的 make_regression()生成一个回归数据集，令该数据集包含 200 个样本、一个数据特征，并加入一定程度的噪声（noise=20）。

（2）使用 train_test_split()将数据集拆分为训练集和测试集。

（3）使用 PolynomialFeatures(degree=5)将数据集转化为 5 阶多项式特征，使模型的复杂度显著增加。

〖提示〗PolynomialFeatures 是 Scikit-learn 库提供的一种特征转换工具，它通过为输入的特征构造多项式的组合，创建新的特征。例如，对于 2 个特征 x_1 和 x_2，PolynomialFeatures 可以生成类似 x_1^2、x_1、x_2^2、x_2 的新特征。这使得线性模型可以拟合非线性数据。其中，参数 degree 指定多项式的最大阶数，默认为 2，表示生成最多二阶多项式特征。

对于拆分好的训练集和测试集，需要做相应的多项式特征转换。

fit_transform()是一个复合操作，包含如下两个步骤。

① fit：计算输入数据的特征转换所需的参数或规则。例如，在 PolynomialFeatures 中，fit 会计算出需要用来生成多项式特征的规则（如最高的多项式阶数，以及特征之间的交互项等）。

② transform：使用 fit 得到的参数对数据进行转换。

transform 只执行转换操作，它不计算规则，而是将已经通过 fit 学到的规则应用于新的数据（如 X_test）。

组建多项式特征，并进行数据集特征转换的代码如下：

```
poly = PolynomialFeatures(degree=5)      # 5 阶多项式特征
X_train_poly = poly.fit_transform(X_train)      # 计算规则并转换训练数据
X_test_poly = poly.transform(X_test)      # 使用已学到的规则转换测试数据
```

（4）训练多项式回归模型。使用 LinearRegression 模型训练转换后的多项式特征。尽管使用的是线性回归模型，但由于输入特征为多项式，因此它实际上是进行多项式回归模型训练。

（5）计算并对比训练数据和测试数据的误差（MSE）。由于模型过度拟合了训练数据，它在测试数据上无法表现得很好，测试误差通常较大，说明模型在新的、未见过的数据集上无法泛化。

（6）可视化。绘制训练数据、测试数据以及预测曲线，形式如图 7-7 所示。

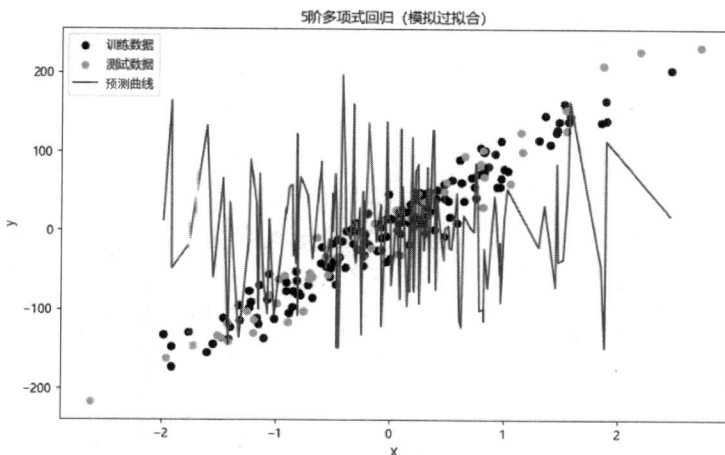

图 7-7　5 阶多项式回归可视化效果

7.2.2.3　实验总结与思考

本实验通过回归模型探索欠拟合和过拟合的现象，理解机器学习模型在训练集和测试集上的表现差异，以及如何通过调节模型的复杂度来提高其泛化能力。实验内容主要包括使用简单的线性回归模型，生成带噪声的数据集，训练模型，计算误差，并观察如何避免欠拟合和过拟合。根据以下提纲对本实验过程中的关键收获与遇到的挑战进行总结，并撰写实验报告。

（1）回顾实验过程。描述实验的步骤，包括数据生成、模型训练、误差计算、结果评估等。通过可视化训练数据和测试数据的散点图，说明噪声对数据分布的影响。

（2）分析欠拟合与过拟合。根据实验中的训练误差和测试误差，解释模型是如何出现欠拟合和过拟合的。结合实际案例分析什么情况会导致模型欠拟合或过拟合。

（3）模型评估与改进。比较训练数据和测试数据的 MSE，并解释如何根据这些误差判断模型的拟合情况，如何调整模型参数来优化这些误差。

（4）思考。如何通过交叉验证（如 K 折交叉验证）来进一步评估模型的泛化能力。

7.2.3　知识拓展

欠拟合和过拟合是机器学习模型中常见的问题，有效地避免欠拟合和过拟合，可以提升模型的预测能力和泛化能力。

1. 欠拟合的解决方法

欠拟合通常表现在训练误差和测试误差都较高，且模型无法有效地学习到数据中的模式。为了有效地解决欠拟合，通常需要增强模型的表达能力。以下是一些常见的解决欠拟合问题的思路。

（1）增加模型的复杂度。如果当前模型太简单，无法捕捉数据的非线性关系，则可以尝试使用更复杂的模型。例如，如果使用的是线性回归模型，则尝试使用多项式回归或支持向量回归模型；对于分类问题，考虑使用决策树、随机森林、梯度提升树等模型，这些模型比线性模型能够更好地处理非线性关系；对于图像数据或序列数据，考虑使用深度学习模型，如神经网络、卷积神经网络（CNN）、递归神经网络（RNN）模型。

（2）增加特征数量。通过增加新的特征或变换现有特征，可以帮助模型更好地捕捉数据的规律。例如，创建交互特征，通过组合不同的特征，生成新的特征（如两个特征相乘或相除）增强模型的复杂度；在回归问题中，可以使用多项式特征增强线性模型的表达能力；通过引入领域知识，或者从其他数据源获取更多的相关特征，也可以改善模型表现；从现有数据中提取更加有意义的特征，或使用主成分分析（PCA）等方法减少数据的维度。

（3）增加训练时间或训练次数。对于一些需要训练的复杂模型，通过增加训练轮次（epochs）、调整优化算法中的学习率让模型有足够的时间去学习数据中的模式。

（4）增加训练数据量。如果数据量过少，模型可能无法学习到数据中的复杂模式，导致欠拟合。通过收集更多的训练数据，可以有效地帮助模型学习到更多的数据特征。

（5）交叉验证与超参数调优。使用交叉验证（如 K 折交叉验证）来确保模型对训练数据的充分学习，而不会过度依赖某个特定的训练集。此外，可以通过超参数调优（如网格搜索或随机搜索）来找到最佳的模型参数组合，从而提高模型的拟合能力。

2．过拟合的解决方法

过拟合通常由于模型过于复杂，过多地拟合了训练数据中的噪声或无关信息，导致模型在新数据上的泛化能力较弱。解决过拟合的核心是通过增强模型的泛化能力来减少对训练数据中噪声和无关信息的过度拟合。以下是一些解决过拟合问题的思路。

（1）简化模型。简化模型是防止过拟合的一项重要策略，旨在通过降低模型的复杂度，提升其在新数据上的泛化能力。通常包含以下两个方面：① 减少特征数量。如果特征过多，尤其是无关或冗余的特征，模型可能会学习到这些不重要的特征，导致过拟合。可以通过特征选择、主成分分析（PCA）等方法减少输入特征的维度。② 选择更简单的模型。如果当前模型太复杂（例如，深度神经网络或高阶多项式回归模型），可以尝试使用更简单的模型，如线性回归、决策树、支持向量机等模型。

（2）正则化。正则化通过对模型参数施加约束，惩罚复杂模型，进而防止模型过多地拟合训练数据。常见的正则化方法有 L1 正则化（Lasso）和 L2 正则化（Ridge），它们能通过调整正则化参数控制模型的复杂度。

（3）交叉验证。交叉验证技术通过将数据集分成多个小子集，训练多个模型并验证模型的性能，从而避免模型过多地拟合在单一训练集上的数据。K 折交叉验证是最常见的交叉验证方法，可以确保模型对不同子集的数据具有良好的泛化能力。

（4）增加训练数据。通过增加更多的训练数据，可以帮助模型更好地学习到数据中的模式，避免模型过度依赖训练数据中的噪声。对于图像、文本等数据，可以采用数据增强方法生成更多样的训练数据。

（5）集成学习方法。采用随机森林、梯度提升树（如 XGBoost、LightGBM）等集成学习方法，将多个弱模型结合起来，能够提高模型的泛化能力，减少过拟合的风险。

（6）减少训练时间或训练次数。如果模型训练得过久，特别是在复杂模型上，可能会开始记住训练数据中的噪声而产生过拟合。因此，减少训练轮次或在适当的时候停止训练，有时也能有效避免过拟合。

总之，欠拟合和过拟合是机器学习中常见的两大挑战，会影响模型的表现和泛化能力。避免欠拟合和过拟合的关键是保持模型的适当复杂度，既能有效地学习数据中的模式，又不至于过度依赖训练数据中的噪声或细节。

7.3 简单分类

分类问题

在机器学习中，分类广泛应用于医疗诊断、垃圾邮件识别和情感分析等领域，目的是将输入数据分配到不同的类别中。本节将学习如何使用逻辑回归模型解决一个简单的分类问题。

7.3.1 逻辑回归

逻辑回归是一种线性模型，虽然名字中带有"回归"，但它实际上是用于分类任务的，是一种简单而高效的分类模型，在很多基础分类任务中表现出色。

逻辑回归根据现有数据为分类边界线建立回归方程，以此进行分类，如图 7-8 所示。

与线性回归类似，逻辑回归首先通过线性函数计算特征的加权和：

$$y = \boldsymbol{w}\boldsymbol{X} + b = b + w_1 X_1 + w_2 X_2 + \cdots + w_n X_n \tag{7-1}$$

式中，$w_1, w_2, \cdots, w_n$ 是模型的权重，$X_1, X_2, \cdots, X_n$ 是输入特征，b 是偏置。

然后，逻辑回归通过 Sigmoid 函数将线性回归的输出映射为一个介于 0 和 1 之间的概率值，从而确定属于某个类别的概率，并据此进行分类。

Sigmoid 函数的计算公式如下：

$$g(y) = \frac{1}{1 + e^{-y}} \tag{7-2}$$

它的取值是在 0～1 之间的数值，当 y 为 0 时，函数值为 0.5；当 y 为 $+\infty$ 时，函数值趋近于 1；y 为 $-\infty$ 时，函数值趋近于 0。任何大于 0.5 的数据被分为 1 类，小于 0.5 的数据被分为 0 类。Sigmoid 函数曲线如图 7-9 所示。

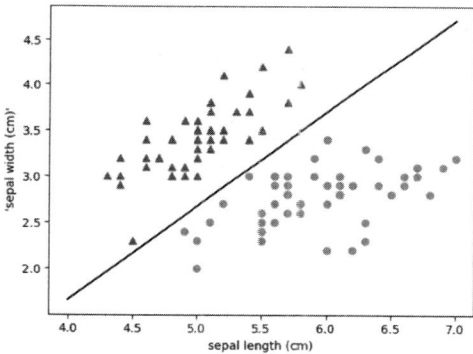

图 7-8　逻辑回归分类示意图　　　　图 7-9　Sigmoid 函数曲线

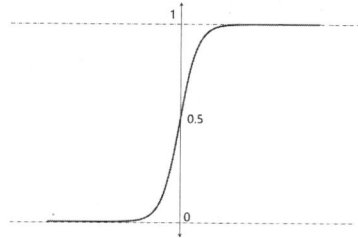

Scikit-learn 库中的 LogisticRegression 类封装了上述原理，并默认使用一对多策略（OvR）处理多分类问题，即为每个类别训练一个二分类模型，将该类别视为正类，而其他所有类别视为负类。如果有 K 个类别，就需要训练 K 个逻辑回归模型，每个模型都会输出一个属于该类别的概率，然后通过选择概率最大的类别完成预测。

创建 LogisticRegression 模型的方法如下：

```
from sklearn.linear_model import LogisticRegression

logreg = LogisticRegression()  # 创建逻辑回归模型
```

LogisticRegression 类的常用方法见表 7-10。

表 7-10　LogisticRegression 类的常用方法

方法	说明
fit(X, y)	训练模型，X 为特征数组，y 为目标数组
predict(X)	预测数据，返回每个样本属于对应类别的结果数组，元素取值为 0 或者 1

逻辑回归模型结构简单、容易理解、解释性强，其局限性是无法捕捉非线性分类关系。

逻辑回归在实际应用中广泛用于各种分类问题，包括二分类和多分类问题。例如，二分类问题包括垃圾邮件分类（垃圾邮件与非垃圾邮件）、病人是否患病（是与否）、用户是否点击广告（点击与不点击）等；多分类问题则包括多类别情感分析（正面、负面、中立）、手写体数字识别（0～9）等。

7.3.2 鸢尾花数据集分类实验

鸢尾花（Iris）数据集是 Scikit-learn 库中的经典数据集。该数据集包含 150 个鸢尾花样本数据，每个样本有 4 个特征：sepal length、sepal width、petal length 和 petal width。数据集已经被分为三种鸢尾花：setosa（山鸢尾）、versicolor（杂色鸢尾）和 virginica（维吉尼亚鸢尾），如图 7-10 所示。

setosa   versicolor   virginica

图 7-10 鸢尾花数据集中的三种鸢尾花

本实验通过鸢尾花分类，学习分类的基本概念，以及如何使用逻辑回归进行模型训练与预测，并掌握常见的模型评估方法，如准确率和混淆矩阵。

7.3.2.1 实验目标

（1）理解分类问题的基本概念。

（2）学会如何使用逻辑回归进行模型训练与预测。

（3）掌握常见的分类模型评估方法，主要包括准确率和混淆矩阵。

7.3.2.2 实验任务

【任务 1】数据准备。

从 Scikit-learn 库导入鸢尾花数据集，并将其划分为训练集和测试集。

〖提示〗导入数据集的方法如下：

```
from sklearn.datasets import load_iris

iris = load_iris() # 导入数据集
X = iris.data   # 特征数据，ndarray 数组，(150, 4)
y = iris.target   # 目标数据，ndarray 数组，(150, )
```

按照花瓣特征（petal length 和 petal width）对数据集进行可视化，散点图如图 7-11 所示。可见，基于花瓣特征，setosa 与另外两种鸢尾花具有很好的可分性，而 versicolor 与 virginica 这两种鸢尾花同样具有较好可分性，它们虽然可能存在一定的重叠，但通过适当的分类方法，通常能够实现较为准确的分类。

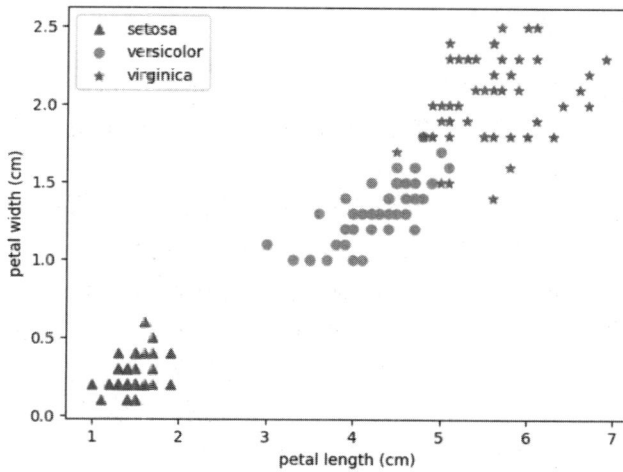

图 7-11　鸢尾花数据集散点图

【任务 2】建立和训练模型。

建立 LogisticRegression 模型，并使用 fit() 对训练集进行训练。

【任务 3】模型预测。

训练完成后，利用测试集对模型进行预测。

【任务 4】评估模型。

通过多种评估指标检验模型的性能，例如，准确率、查准率、查全率等，还可以使用混淆矩阵和分类报告作为评估工具。

分类问题的评估指标通过 Scikit-learn 库的 metrics 模块计算得到。metrics 模块中常用的分类评估函数见表 7-11。

表 7-11　metrics 模块中常用的分类评估函数

评估指标/工具	调用方法	说明
准确率 （Accuracy）	from sklearn.metrics import accuracy_score accuracy_score(y_true, y_pred)	判定正确的样本数占样本总数的比例
查准率 （Precision）	from sklearn.metrics import precision_score precision = precision_score(y_true, y_pred)	从预测的角度，预测为正类的样本中实际为正类的比率，衡量命中正类的能力
查全率 （Recall）	from sklearn.metrics import recall_score recall = recall_score(y_true, y_pred)	从实际发生的角度，计算实际为正类的样本被正确判定的比率，衡量覆盖正类的能力
F1 分数 （F1-Score）	from sklearn.metrics import f1_score f1 = f1_score(y_true, y_pred)	用查准率与查全率计算调和平均值
分类报告	from sklearn.metrics import classification_report report = classification_report(y_true, y_pred)	对模型预测结果进行详细分析，包括查准率、查全率、F1分数等
混淆矩阵 （Confusion Matrix）	from sklearn.metrics import confusion_matrix cm = confusion_matrix(y_true, y_pred)	展示模型真实标签和预测标签之间的关系

〖说明〗使用 precision_score()、recall_score()、f1_score() 等函数计算评估指标时，对于二分类问题，如果没有显式地设置 average 参数，那么默认为 average='binary'，函数会计算模型在正类（通常是标签 1）上的指标，即针对正类的查准率、查全率和 F1 分数；对于多分类问题，需要指定 average=None，这样会得到每个类别的独立指标。

7.3.2.3　实验总结与思考

本实验通过鸢尾花数据集，学习如何使用逻辑回归完成分类任务。实验涵盖了数据加载、模型训练、模型预测以及模型评估等完整的流程。根据以下提纲对本实验过程中的关键收获与遇到的挑战进行总结，并撰写实验报告。

（1）数据准备与可视化的方法。使用 Scikit-learn 库加载鸢尾花数据集，了解该数据集；将数据集分为训练集和测试集；使用花瓣特征进行数据可视化，展示不同鸢尾花品种的分布情况。

（2）模型训练与预测。创建并训练逻辑回归模型，使用训练好的模型对测试集进行预测。

（3）分类模型的评估方法。使用准确率、查准率、查全率、分类报告、混淆矩阵等多种评估指标/工具对模型进行性能评估，评估模型在各类别上的表现，并识别可能的误分类情况。

（4）实验分析与思考。本实验中使用的鸢尾花数据集是一个多分类问题，逻辑回归通过一对多（OvR）策略进行处理，理解多分类问题中的一对多策略。

在使用混淆矩阵和分类报告等评估工具时，虽然能得到准确率、查准率、查全率等指标，但理解这些指标之间的关系，并解释模型的优劣，具有一定挑战性，例如，虽然准确率较高，但这并不意味着模型在所有类别上的表现都很优秀。某些类别可能被误分类，从而影响模型在这些类别上的查准率和查全率。深入分析这些指标，从多个维度进行综合评价。

7.3.3　拓展练习——鸢尾花数据集特征标准化

对鸢尾花数据集进行特征标准化（如使用 StandardScaler），并与未经标准化的数据进行比较，观察模型表现的差异。

7.4　分类问题的梯度下降法

在机器学习中，梯度下降法是最常用的优化算法之一。它广泛应用于各种机器学习模型的训练，用于最小化损失函数。使用梯度下降法，可以不断调整模型参数，使损失函数逐渐减小并最终收敛，从而使模型对数据的拟合更加精确。分类问题通常使用交叉熵损失函数，梯度下降法在优化过程中通过计算梯度来逐步更新模型参数。

7.4.1　分类问题的梯度下降过程

以二分类问题为例，其交叉熵损失函数为 $\text{Error} = -y_i\ln(\hat{y}_i) - (1-y_i)\ln(1-\hat{y}_i)$。式中，$y_i$ 为真实分类（1 或者 0），$\hat{y}_i$ 为预测的分类概率。

按照导数的链式法则，由式（7-1）和式（7-2）求损失函数对 w_i 和 b 的偏导数。其矢量和为梯度方向，是误差函数增长最快的方向，沿着该梯度的反方向则得到误差函数下降最快的方向。

因为

梯度下降法

$$\begin{aligned}
\sigma'(y) &= \frac{\partial}{\partial y}\frac{1}{1+\mathrm{e}^{-y}} \\
&= \frac{\mathrm{e}^{-y}}{(1+\mathrm{e}^{-y})^2} \\
&= \frac{1}{1+\mathrm{e}^{-y}} \cdot \frac{\mathrm{e}^{-y}}{1+\mathrm{e}^{-y}} \\
&= \sigma(y)(1-\sigma(y))
\end{aligned}$$

$$\frac{\partial}{\partial w_j}\hat{y} = \frac{\partial}{\partial w_j}\sigma(\boldsymbol{wX}+b)$$

$$= \sigma(\boldsymbol{wX}+b)(1-\sigma(\boldsymbol{wX}+b))\cdot\frac{\partial}{\partial w_j}(\boldsymbol{wX}+b)$$

$$= \hat{y}(1-\hat{y})\cdot\frac{\partial}{\partial w_j}(\boldsymbol{wX}+b)$$

$$= \hat{y}(1-\hat{y})\cdot\frac{\partial}{\partial w_j}(w_1 X_1+\cdots+w_j X_j+\cdots+w_n X_n+b)$$

$$= \hat{y}(1-\hat{y})\cdot X_j$$

所以

$$\frac{\partial}{\partial w_j}\mathrm{Error} = \frac{\partial}{\partial w_j}[-y\ln\hat{y}-(1-y)\ln(1-\hat{y})]$$

$$= -y\frac{\partial}{\partial w_j}\ln\hat{y}-(1-y)\frac{\partial}{\partial w_j}\ln(1-\hat{y})$$

$$= -y\frac{1}{\hat{y}}\frac{\partial}{\partial w_j}\hat{y}-(1-y)\frac{1}{1-\hat{y}}\frac{\partial}{\partial w_j}(1-\hat{y})$$

$$= -y\frac{1}{\hat{y}}\hat{y}-(1-\hat{y})X_j-(1-y)\frac{1}{1-\hat{y}}(-1)\hat{y}(1-\hat{y})X_j$$

$$= -y(1-\hat{y})X_j+(1-y)\hat{y}X_j$$

$$= -(y-\hat{y})X_j$$

同理，
$$\frac{\partial}{\partial b}\mathrm{Error} = -(y-\hat{y})$$

即沿着 $-\dfrac{\partial}{\partial w_j}\mathrm{Error}$ 和 $-\dfrac{\partial}{\partial b}\mathrm{Error}$ 代表的损失函数下降最快的方向，更新每个权重 w_i 和偏置 b。梯度下降法优化的过程如下。

（1）随机设置一些权重 $w_1, v_2, \cdots, w_n$ 和偏置 b。

（2）对于每个样本 $X_1, X_2, \cdots, X_n$。

① 计算预测值 $\hat{y}$。

② 更新 w_i，$w_{i'} = w_i-\eta\dfrac{\partial}{\partial w_i}\mathrm{Error} = w_i+\eta(y-\hat{y})X_i$，

式中，η 是学习率。

③ 更新 b，$b' = b-\eta\dfrac{\partial}{\partial b}\mathrm{Error} = b+\eta(y-\hat{y})$。

重复（2），直到误差足够小。

更新模型参数时，通常使用学习率控制梯度下降的幅度。如图 7-12 所示，学习率代表在每次迭代过程中梯度向损失函数最优解移动的步长。学习率过低将导致算法需要大量的迭代才能收敛；学习率过高则可能越过最小值，导致算法不收敛。

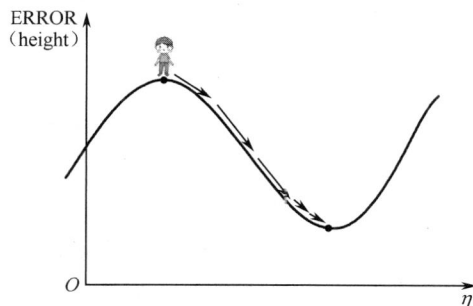

图 7-12 学习率示意图

7.4.2　梯度下降法实验

为了完成这一实验，需要按照一定的步骤生成自拟数据集，并应用梯度下降法进行分类任务。实验设计从数据集生成、模型设计、梯度下降法实现、结果可视化等方面展开。

7.4.2.1　实验目标

（1）通过自拟数据集理解梯度下降法的工作原理。
（2）掌握梯度下降法在二分类问题中的应用，学习如何通过优化损失函数来调整模型的参数。
（3）通过可视化手段直观地观察梯度下降法的收敛过程。

7.4.2.2　实验任务

【任务 1】数据集生成。

使用 make_classification()生成一个包含 200 个样本、2 个特征的二分类数据集。特征中至少有 2 个是信息性特征，确保数据集是线性可分的。代码如下：

```
from sklearn.datasets import make_classification


X, y = make_classification(n_samples=200,    # 样本数量
                           n_features=2,      # 特征数量
                           n_informative=2,   # 信息性特征数量，所有特征都包含有信息
                           n_redundant=0,     # 不生成冗余特征
                           n_classes=2,       # 二分类问题
                           random_state=42)   # 设置随机种子
```

make_ classification()的参数见表 7-12。

表 7-12　make_classification()的参数

参数	说明
n_samples	数据集中的样本数量
n_features	每个样本的特征数量
n_informative	对分类任务有信息量的特征属性，即信息性特征它们与目标变量有实际关系
n_redundant	冗余特征的数量，冗余特征是与某些（或所有）信息性特征线性相关的特征
n_classes	数据集中的类别数量

使用散点图可视化数据集，代码如下：

```
def plot_points(X, y):   # 将参数 X, y 绘制为散点图
    negtive = X[y == 0]
    positive = X[y == 1]
    plt.scatter([s[0] for s in negtive], [s[1] for s in negtive], s=25)
    plt.scatter([s[0] for s in positive], [s[1] for s in positive], s=25, marker='x')


plot_points(X, y)
plt.show()
```

结果如图 7-13 所示，可以看出，数据可以大致分为两类。

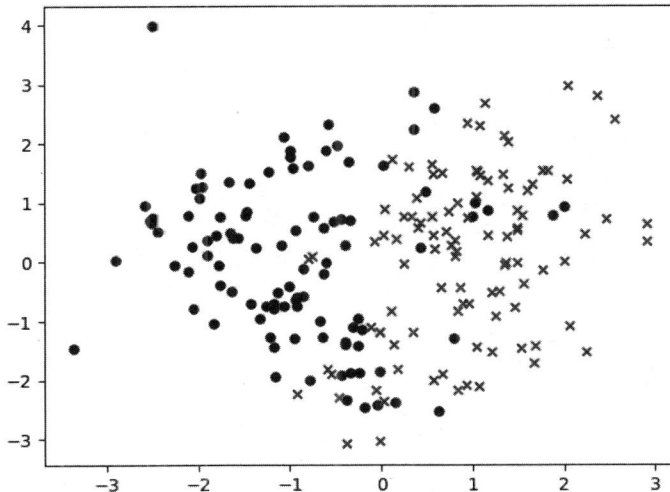

图 7-13　数据分布散点图

【任务 2】模型设计。

实现一个逻辑回归分类器。通过计算函数值、Sigmoid 函数值得到预测值，使用二分类问题的交叉熵损失函数。代码如下：

```python
import numpy as np

# 计算函数值
def fun(x, weights, bias):
    return np.dot(x, weights)+bias


# 计算 Sigmoid 函数值
def sigmoid(x):
    return 1/(1+np.exp(-x))


# 计算预测值
def sigmoid_y(x, weights, bias):
    return sigmoid( fun(x, weights, bias) )


# 二分类问题的交叉熵损失函数
def error(y, y_predict):
    return -y*np.log(y_predict)-(1-y)*np.log(1-y_predict)
```

【任务 3】梯度下降法。

使用梯度下降法来优化模型的参数，代码如下：

```python
def update_weights(x, y, weights, bias, learnrate):    # 梯度下降的一步计算
    y_predict = sigmoid_y(x, weights, bias)     # 计算预测值
    gradient_coef = y-y_predict      # 梯度下降的方向（详见 7.4.1 节推导）
    weights += learnrate * gradient_coef * x    # 按照梯度下降的方向更新权重
    bias += learnrate * gradient_coef    # 按照梯度下降方向更新偏置
    return weights, bias
```

【任务4】 训练模型及训练过程可视化。

为训练模型指定超参数。设定训练轮次 epochs（10）和学习率 learnrate（0.01）。

在机器学习中，epochs 指的是整个训练集通过模型一次的过程，即每进行一次完整的训练集传递（从头到尾遍历所有样本并进行参数更新），就算一个 epochs。在训练过程中，由于在每次更新参数的过程中模型只会学习到部分信息，通常需要多次"完整"的训练，才能让模型的参数收敛，进而使模型在训练集和测试集上的表现变好。每个 epochs 的训练可能会有一定的误差（损失函数值），在后续的 epochs 中，模型通过继续调整参数来减少误差。

设每进行 1 个 epochs，使用函数 display() 将当前模型的决策边界进行可视化：

```
def display(a, b, color='g--'):
    plt.xlim(-4, 4)
    plt.ylim(-4, 4)
    x = np.arange(-7, 10, 0.1)
    plt.plot(x, a*x+b, color)
```

在梯度下降法的训练过程中，通过可视化决策边界的变化，直观地观察模型如何随着训练迭代逐步优化，并朝着分类正确的方向发展。

在二分类问题中，决策边界是将不同类别数据点分开的线，它一侧的数据属于一个类别，另一侧的数据属于另一个类别。以 $y = w_1 x_1 + w_2 x_2 + b$ 为例，y 是模型的预测输出，令 $y=0$ 代表决策边界，即代表了模型分类决策的临界点，如果 $y > 0$，则该数据点属于一个类别；如果 $y < 0$，则该数据点属于另一个类别。

可视化数据及决策边界时，令横轴为 x_1，纵轴为 x_2，则 $x_2 = -\dfrac{w_1}{w_2} x_0 - \dfrac{b}{w_2}$，则调用 display(a,b) 绘制决策边界时，参数 a 取值为 $-\dfrac{w_1}{w_2}$，参数 b 取值为 $-\dfrac{b}{w_2}$。

使用梯度下降法训练模型的函数 train() 定义如下：

```
def train(features, targets, epochs, learnrate):
    n_records, n_features = features.shape
    # 随机设定初始的权重和偏置
    weights = np.random.normal(scale=1/n_features**.5, size=n_features)
    bias = 0
    # 进行 epochs 轮次的训练
    for e in range(epochs):
        for x, y in zip(features, targets):    # 所有数据参与训练，并更新参数
            weights, bias = update_weights(x, y, weights, bias, learnrate)

        if e % (epochs//10) == 0:    # 分 10 次显示决策边界
            display(-weights[0]/weights[1], -bias/weights[1])    # 绿色

    # 训练结束后，绘制最终决策边界
    plt.title("Solution boundary")
    display(-weights[0]/weights[1], -bias/weights[1], 'black')    # 黑色
```

```
# 绘制数据散点图
plot_points(features, targets)
plt.show()
```

指定训练的代码如下：

```
epochs = 10    # 训练轮次为 10
learnrate = 0.01    # 学习率
train(X, y, epochs, learnrate)    # 启动训练
```

某轮训练的过程如图 7-14 所示。

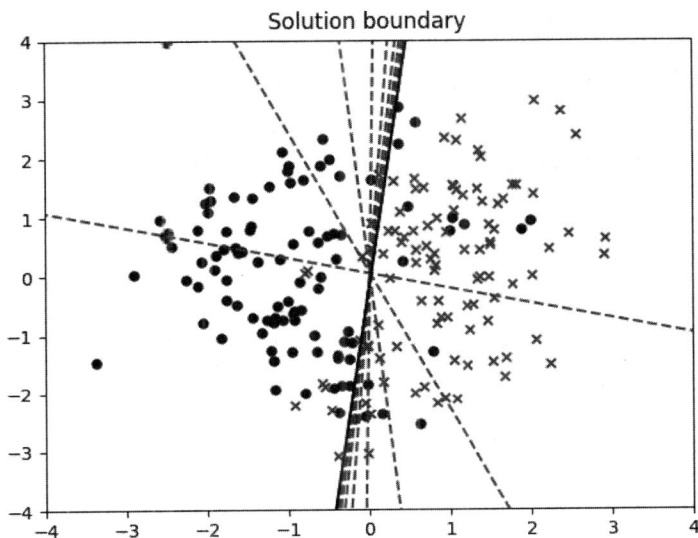

图 7-14　梯度下降法解决二分类问题的某轮训练过程展示

【任务 5】进行超参数调优，尝试不同的学习率和训练轮次，观察它们对模型收敛速度和性能的影响。

7.4.2.3　实验总结与思考

本实验通过 Python 原生代码实现逻辑回归模型，从而理解梯度下降法在二分类问题中的应用。实验内容主要包括使用 make_classification()生成二分类数据集，实现逻辑回归分类器，实现梯度下降法，以及对梯度下降的过程进行可视化。根据以下提纲对本实验过程中的关键收获与遇到的挑战进行总结，并撰写实验报告。

（1）回顾实验过程。描述实验的步骤，包括数据生成、分类器实现、梯度下降、可视化等。

（2）结合代码理解梯度下降法的原理。从初始化参数开始，通过计算预测值、计算误差、计算梯度、更新参数这些步骤的迭代过程，理解梯度下降法在其中所起到的作用。

（3）理解学习率的选择。学习率决定了每次参数更新的步长，影响收敛速度和稳定性。过低的学习率可能导致收敛速度过慢，需进行大量迭代。过高的学习率可能导致参数更新过大，错过最优解，甚至导致不收敛。结合实验，体会学习率在模型收敛过程中的重要性。

（4）梯度下降法可视化结果分析。通过可视化决策边界的变化，可以直观地观察到模型在训练过程中的学习进展和收敛情况。理解决策边界的绘制原理，体会梯度下降法如何调整模型参数，从而优化决策边界，使其逐步趋向正确分类。

（5）实验总结。通过对比不同学习率和训练轮次的实验结果，评估模型的收敛速度和性能。

第 8 章　计算机视觉

计算机视觉（Computer Vision）旨在使计算机能够像人类一样理解和分析图像与视频，解决的问题包括图像识别、物体检测、图像分割、姿态估计、场景理解等。通过应用机器学习和深度学习技术，计算机视觉能够识别物体、场景、文字，甚至能够分析面部表情、手势等复杂信息。它广泛应用于自动驾驶、医疗影像分析、人脸识别、视频监控、增强现实等领域，极大地推动了 AI 技术在现实世界中的应用。

本章围绕计算机视觉中的图像感知技术展开，重点介绍深度学习框架的搭建、图像分类和图像分割等核心应用流程。通过学习深度神经网络模型的创建和深度学习框架的应用，深入理解计算机视觉的实现原理。同时，认识如何导入预训练模型，并将其应用于图像分析任务。

8.1　计算机视觉环境搭建

计算机视觉环境搭建包括安装和配置 Anaconda，在 Anaconda 中创建所需的 conda 环境，并将其配置到 VSCode 中。

8.1.1　Anaconda 的安装和配置

Anaconda 是一个以开源工具为核心的 Python 平台，主要用于数据分析、机器学习和科学计算。它集成了多种常用的库和工具，如 NumPy、Pandas、TensorFlow 等，并提供包管理和环境管理功能，方便用户创建和管理多个 conda 环境。Anaconda 还附带了 Jupyter Notebook 等开发工具，便于进行交互式编程和数据可视化。

1. 下载、安装及配置

Anaconda 安装文件可以从官网下载，也可以从清华大学 Anaconda 镜像站点下载，如图 8-1 所示，Anaconda3 对应于 Python 3.x，这里以 Windows 为例，下载并运行后缀为.exe 的文件。

Index of /

Filename	Size	Last Modified	SHA256
Anaconda3-2024.10-1-Windows-x86_64.exe	950.5M	2024-10-23 09:03:59	c1cb433e23997c84ade4ff7241b61b2f9b10a616c230da34e641e9c96dada49d
Anaconda3-2024.10-1-MacOSX-x86_64.sh	778.5M	2024-10-23 09:03:59	ad3eea1cc969e9dfd4d571fc266aae06ec119f651d7cb19c0dc187b73e2bfab1
Anaconda3-2024.10-1-MacOSX-x86_64.pkg	776.0M	2024-10-23 09:03:59	dc1e2e123431edc1add68992b2db9db40fb2d7255b0739e37c67e7f9569ccd95

图 8-1　Anaconda 安装文件

Anaconda 安装完成后，需要为其设置环境变量 Path。单击"此电脑"→"属性"→"高级系统设置"→"环境变量"，在系统变量中选择"Path"进行编辑。在"编辑环境变量"对话框中单击"新建"按钮，按照表 8-1 内容设置环境变量 Path。

表 8-1　设置环境变量 Path

内容	作用
Local_path	Anaconda 的主安装目录。将其添加到环境变量 Path 中，可以在命令行中直接使用 python 等命令
Local_path\Scripts	该目录下包含许多用于管理 Anaconda 环境和包的脚本，如 conda.exe 等，在使用 conda.exe 安装、更新和管理环境时，必须正确设置此值

其中，Local_path 为 Anaconda 的主安装目录，图 8-2 中设置为"D:\01_AppSpace"。

环境变量设置完毕后，用如下方法测试 Anaconda 是否安装、设置成功。按快捷键 Win+R，执行 cmd 命令，进入命令行窗口；在命令行窗口中执行 python --version 命令，确定是否有 Python 环境；执行 conda --version 命令，检查 conda.exe 的版本。测试结果如图 8-3 所示。

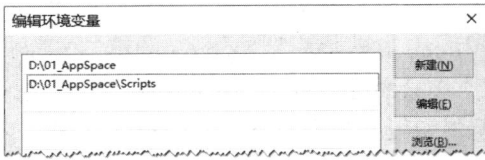

图 8-2　Anaconda 环境变量

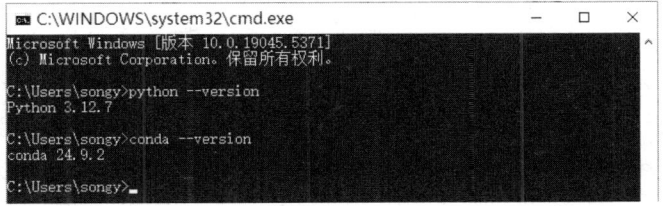

图 8-3　测试结果

〖说明〗默认情况下，安装 Anaconda 时会同时安装某个版本的 Python 解释器（通常是最新的稳定版本），使用用户能够直接在其中使用 Python。未来，可以通过 Anaconda 的 conda 工具管理不同版本的 Python 解释器和相关的库。

2．创建计算机视觉环境

Anaconda 的 conda 是一个强大的包管理和环境管理工具，能够帮助用户安装、更新和卸载软件包，同时管理多个 conda 环境。conda 环境能够确保项目间的依赖关系互不干扰，并通过预编译包提高安装效率，简化了项目的开发与管理。

Anaconda 配置完成后，使用 conda 工具创建计算机视觉 conda 环境。

单击"开始"菜单→"Anaconda"→"Anaconda Navigator"，显示 Anaconda 提供的图形用户界面，旨在简化 Python 环境和包的管理，如图 8-4 所示。它允许用户不需要使用命令行就能轻松创建、管理和切换 conda 环境，以及安装、更新和卸载 Python 包，还提供了常用工具的快捷访问方式，如 Jupyter Notebook、Spyder、VSCode 等。

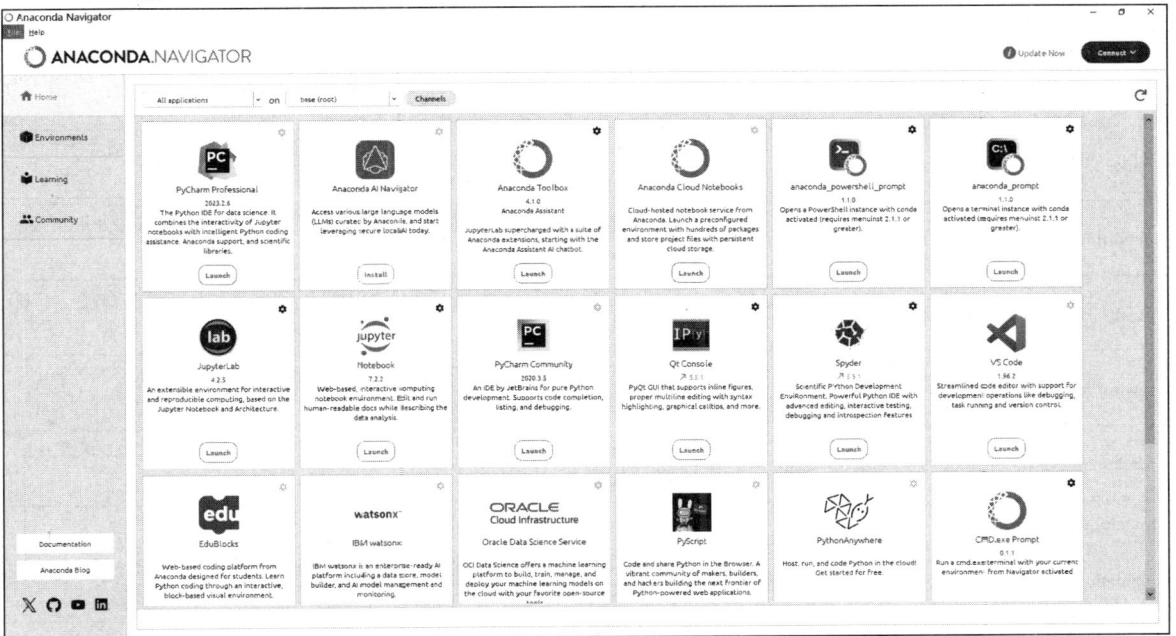

图 8-4　Anaconda Navigator 窗口

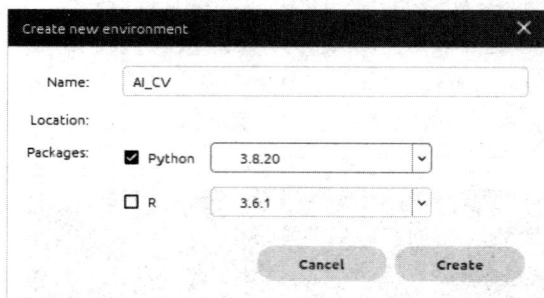

图 8-5　创建 conda 环境

（1）创建 conda 环境。单击图 8-4 所示窗口左侧的"Environments"，在右侧单击底部的"Create"按钮，打开"Create new environment"对话框，如图 8-5 所示。为 conda 环境命名，如输入"AI_CV"，同时指定 Python 解释器版本为 3.8.20（该版本为后续计算机视觉实验所需），单击"Create"按钮。

（2）为 conda 环境配置 Python 的第三方库。计算机视觉实验通常依赖于多个库和框架，这些库的选择、配置和版本都会影响实验的稳定性与可复现性。为了简化环境搭建的复杂度并确保实验效果，需要为所有实验使用的库准备相应的.whl 文件（全称为 Wheel）。.whl 是一种 Python 包的分发格式，包含了预编译的二进制文件，能够有效避免出现编译错误和环境配置问题，从而简化并加速 Python 库的安装过程。每个.whl 文件都与特定的操作系统、Python 版本以及架构（如 32 位或 64 位）紧密相关。例如，numpy-1.24.4-cp38-cp38-win_amd64.whl 表示它是为 Python 3.8、Windows 系统和 64 位架构准备的 Numpy 库版本。

本章所需 Python 库的.whl 文件见表 8-2。

表 8-2　计算机视觉环境实验所需 Python 库的.whl 文件

Python 库的.whl 文件	说明
colorama-0.4.6-py2.py3-none-any.whl	用于跨平台的控制台输出彩色文本，为终端应用提供简单的颜色支持，美化终端输出
contourpy-1.1.1-cp38-cp38-win_amd64.whl	用于生成和绘制等高线（contour）图，常用于科学计算和数据可视化
cycler-0.12.1-py3-none-any.whl	用于创建循环迭代器，常用于绘图库（如 Matplotlib 库）的颜色和样式循环
filelock-3.16.1-py3-none-any.whl	提供跨平台的文件锁功能，确保在多进程或多线程环境中对文件的访问不会发生冲突，确保文件操作的安全
fonttools-4.55.3-cp38-cp38-win_amd64.whl	用于操作字体文件的工具库。支持 TTF（TrueType Fonts）和 OTF（OpenType Fonts）等格式的读取、修改和转换
fsspec-2024.10.0-py3-none-any.whl	提供文件系统的抽象层，允许像操作本地文件系统一样操作远程文件，通常用于分布式文件系统（如 HDFS 等）访问
importlib_resources-6.4.5-py3-none-any.whl	允许访问库内的资源（如配置文件或数据文件），用于读取和处理存储在 Python 库中的非代码文件
jinja2-3.1.4-py3-none-any.whl	现代的模板引擎，用于生成动态的 HTML 页面或其他文本格式内容，广泛应用于 Web 开发，特别是用于 Flask、Django 等框架
kiwisolver-1.4.7-cp38-cp38-win_amd64.whl	求解约束的库，常用于图形界面框架（如 Matplotlib 库）中的布局引擎，用于计算元素的尺寸和位置
MarkupSafe-2.1.5-cp38-cp38-win_amd64.whl	用于对字符串进行安全转义，防止代码注入攻击，特别是 Web 应用中的 HTML/XML 字符串转义
matplotlib-3.7.5-cp38-cp38-win_amd64.whl	广泛使用的绘图库，支持静态、动态和交互式的图表绘制
mpmath-1.3.0-py3-none-any.whl	用于任意精度数学运算的库，提供了对常见数学函数（如三角函数、对数函数等）的精确计算，常用于科学计算和数值分析
networkx-3.1-py3-none-any.whl	强大的图论库，用于创建、操作和研究复杂的网络结构，广泛应用于社交网络分析、推荐系统等领域

Python 库的.whl 文件	说明
opencv_python-4.5.4.60-cp38-cp38-win_amd64.whl	用于图像和视频处理的库，支持从图像捕捉到深度学习的多种应用，如图像识别、计算机视觉等
packaging-24.2-py3-none-any.whl	用于处理 Python 库版本、分发、安装等
pillow-10.4.0-cp38-cp38-win_amd64.whl	Python Imaging Library（PIL）的一个分支，支持多种图像格式的处理、编辑和保存
pyparsing-3.1.4-py3-none-any.whl	支持定义语法规则，解析复杂的文本和数据格式，常用于构建自定义语言或协议的解析器
python_dateutil-2.9.0.post0-py2.py3-none-any.whl	提供对日期和时间的扩展支持，特别是对 ISO 8601 格式的日期解析和日期运算的支持
setuptools-75.3.0-py3-none-any.whl	用于打包和分发 Python 项目，简化了创建和安装 Python 库的过程，提供了自动依赖管理、版本控制和插件支持等功能
six-1.17.0-py2.py3-none-any.whl	用于兼容 Python 2 和 Python 3 的工具库，它提供了一个统一的 API 来处理两者之间的差异
sympy-1.13.3-py3-none-any.whl	符号计算库，支持符号数学运算，如代数、微积分、线性代数、离散数学等，广泛应用于科学计算和数学研究
torch-2.4.1+cpu-cp38-cp38-win_amd64.whl	PyTorch 是 Meta（原 Facebook）开发并开源的流行的深度学习框架，提供张量计算和构建神经网络的工具，广泛应用于机器学习、人工智能领域
torchvision-0.19.1-cp38-cp38-win_amd64.whl	PyTorch 的附加库 TorchVision，专注于计算机视觉任务，提供了常用的图像处理、数据增强工具和预训练的深度学习模型（如 ResNet、VGG 等）
tqdm-4.67.1-py3-none-any.whl	显示进度条的库，用于长时间运行的任务中，帮助用户跟踪任务的进度，通常用于循环中
typing_extensions-4.12.2-py3-none-any.whl	提供对 Python 类型注解的扩展支持，允许在旧版本的 Python 中使用最新的类型注解功能，特别是对 PEP 563 和其他新的类型提示的支持
zipp-3.20.2-py3-none-any.whl	提供对 zip 对象的高效迭代访问，允许将多个可迭代对象"压缩"在一起，返回一个合并后的迭代器，类似于 Python 内置的 zip 函数，但更为高效

为 conda 环境配置 Python 第三方库的具体操作如下。

① 如图 8-6 所示，单击新建环境"AI_CV"右侧的三角形按钮，选择"Open Terminal"，打开终端窗口。

② 如图 8-7 所示，切换到 D 盘，并通过 cd 命令进入 Python 库所在的目录（假设.whl 文件存储在"D:\AI_CV 第三方库"目录下）。

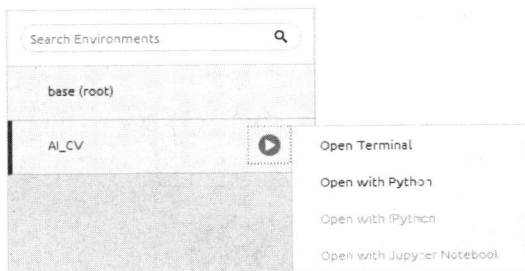

图 8-6　打开 conda 环境终端窗口

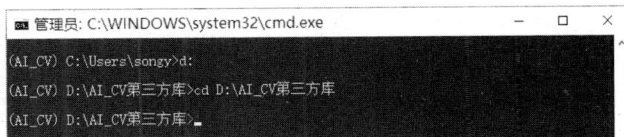

图 8-7　切换目录

将表 8-2 中所有库的名称存储到 requirements.txt 文件中，在终端窗口中执行如下命令，完成所有库的一次性安装：

```
pip install -r requirements.txt --no-index --no-deps --find-links .\
```

其中，"-r requirements.txt"指定读取文件中需要安装的库并安装。

"--no-index"告知 pip 不从 PyPI（Python Package Index）搜索安装包。PyPI 是 Python 官方软件包仓库，可用于发布、分享和下载 Python 安装包。

"--no-deps"禁止 pip 自动安装依赖库，只安装 requirements.txt 中明确列出的库。

"--find-links .\"指定将某个本地目录（此处为当前目录.\）作为查找包文件的源，也就是说，pip 仅从该目录中查找所需的.whl 文件完成安装，而不访问 PyPI。

安装过程如图 8-8 所示。

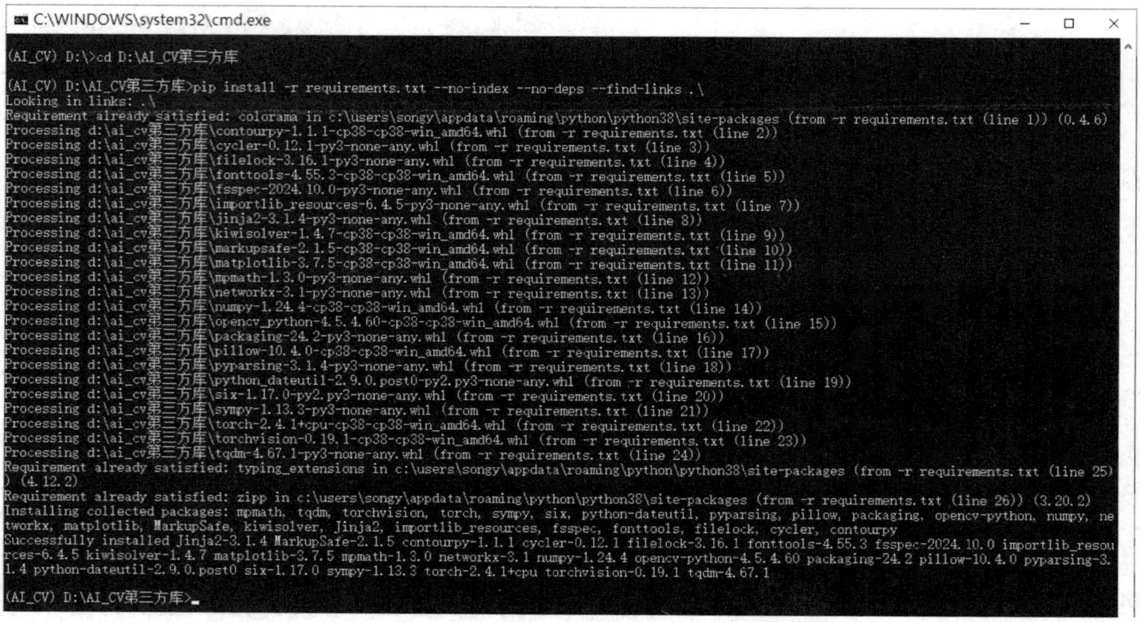

图 8-8　基于 requirements.txt 安装第三方库

（3）安装完毕后，进行如下测试。

① 测试和进入 Python 环境。在终端窗口中运行 python 命令，进入 Python 环境，并检查 Python 解释器的版本。当前 conda 环境的 Python 解释器版本应为 3.8.20。

② 导入和测试 PyTorch。在 Python 环境中，先导入 PyTorch（torch），然后检查其版本：

```
>>> import torch
>>> torch.__version__
```

③ 导入和测试 TorchVision。在 Python 环境中，先导入 TorchVision，然后检查其版本：

```
>>> import torchvision
>>> torchvision.__version__
```

如果出现如图 8-9 所示信息，则 conda 环境配置成功。

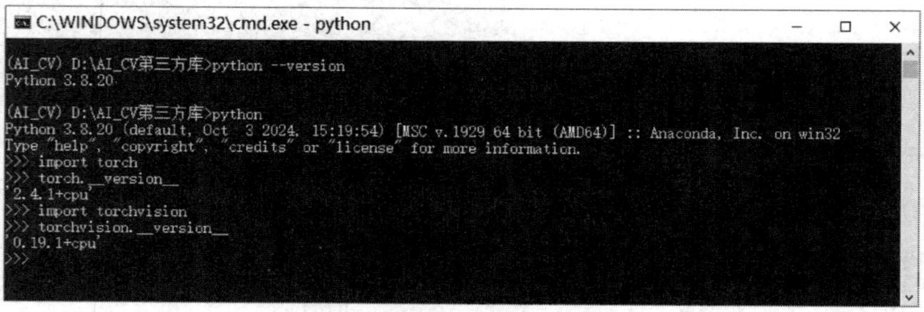

图 8-9　测试 conda 环境

8.1.2　VSCode 的安装和配置

Anaconda 的 conda 环境创建成功后，需要将其配置到 VSCode 中。操作过程如下。

（1）选择工作文件夹。打开 VSCode，单击菜单栏"文件"→"打开文件夹"，选择用于存储项目的文件夹，准备为其配置环境。

（2）选择 Python 解释器。按快捷键 Ctrl+Shift+P（或 Cmd+Shift+P）打开命令面板，搜索 Python: Select Interpreter，此时将看到所有可用的 Python 解释器列表，其中包括通过 Anaconda 创建的 conda 环境 Python 3.8.20('AI_CV')及其路径，如图 8-10 所示。

图 3-10　在 VSCode 中配置 conda 环境

（3）自动激活环境。一旦选择了正确的 Python 解释器，VSCode 会自动使用该环境运行 Python 代码。新建.py 代码文件，查看窗口底部的状态栏，确认当前是 conda 环境。也可以打开终端窗口（按快捷键 Ctrl+"`"），执行 python --version 命令检查当前的 Python 解释器版本，如图 8-11 所示。

图 8-11　检查当前的 Python 解释器版本

8.2　图像分类

图像分类是计算机视觉中的一个任务，旨在将图像分配到预定义的类别中。手写体数字识别是图像分类的经典应用之一，通过将手写体数字图像转换为对应的数值，实现自动化的手写体数字识别。这项技术广泛应用于邮政编码识别、银行支票处理等场景，有助于提高数据处理的效率和准确性。本节通过深度学习模型卷积神经网络 LeNet 实现手写体数字识别，建立对图像分类及卷积神经网络基本原理和应用的理解。

8.2.1　概述

卷积神经网络（Convolutional Neural Network，CNN）是一种深度学习模型，专门用于处理具有网格结构的数据，如图像、视频等。这些数据在空间上具有规则的排列方式，通常表现为二维或多维矩阵的形式。例如，图像数据是一个典型的具有网格结构的数据，图像可以表示为由像素组成的二维矩阵，每个像素都有一个特定的值（如颜色或亮度），视频则可以看作由多个连续的图像帧组成的三维网格。

CNN 的核心思想是通过卷积层提取图像的局部特征，并通过多层的卷积和池化操作逐步抽象出图像的高层次特征。卷积通过滑动窗口对输入数据进行局部处理，提取出局部特征。它能够自动识别网格结构数据中的空间或时序模式。在图像处理中，卷积可以帮助识别边缘、纹理、形状等特征，减少计算复杂度并提取更具代表性的特征，最终完成图像分类、目标检测等任务。池化的作用是通过对局部区域进行降采样来减少数据的大小和计算量，同时保留重要的特征信息。池化通常包括最大池化和平均池化，它能够有效地减少输入数据的维度，减少过拟合，并提高模型的计算效率和鲁棒性。在图像处理中，池化有助于提取图像的显著特征，保持重要的空间信息，同时去除噪声和冗余信息。

CNN 的早期发展始于 20 世纪 80 年代，如 LeNet 在手写体数字识别中取得了成功，之后，随着计算能力的提升和大规模数据集的出现，CNN 在图像分类、目标检测、语音识别等领域取得了突破性进展，其广泛应用于计算机视觉、自然语言处理、医疗影像分析等领域，成为深度学习中最为重要的模型之一。

LeNet 是由 Yann LeCun 等人在 1990 年代初期提出的一种经典卷积神经网络架构，主要用于手写体数字识别。LeNet 包含多个卷积层、池化层和全连接层，逐步提取图像中的特征并进行分类。其网络结构简单且高效，早期版本如 LeNet-5 包含了卷积层、池化层和全连接层，标志着 CNN 在实际应用中的突破，为后来的深度学习模型奠定了基础。LeNet 的成功为现代图像识别技术的发展起到了重要推动作用。

本节围绕 LeNet，通过手写数字识别问题，学习 CNN 和图像识别问题。

8.2.2　手写体数字识别实验

本实验通过实际操作，以手写体数字识别为应用场景，掌握 LeNet 的搭建和推理过程。通过本实验，深入理解使用深度学习技术解决实际问题的一般流程，同时培养动手解决问题的能力。

8.2.2.1　实验目标

（1）通过数据准备、模型搭建和模型预测学习计算机视觉应用的一般流程。

（2）学习利用 PyTorch 逐步搭建深度神经网络。

（3）学习导入预训练模型，对图像进行识别。

8.2.2.2　实验任务

【任务 1】下载 MNIST 数据集。

（1）手写体数字识别实验基于 MNIST 数据集进行训练并测试。首先下载该数据集，页面如图 8-12 所示，框中的 4 个文件即为待下载的 MNIST 数据集压缩包，其中包含了图像数据文件及其对应的标签数据文件，前两个为测试集，后两个为训练集。

可以下载单个压缩包。先单击其超链接，然后单击右下角的下载按钮，如图 8-13 所示。

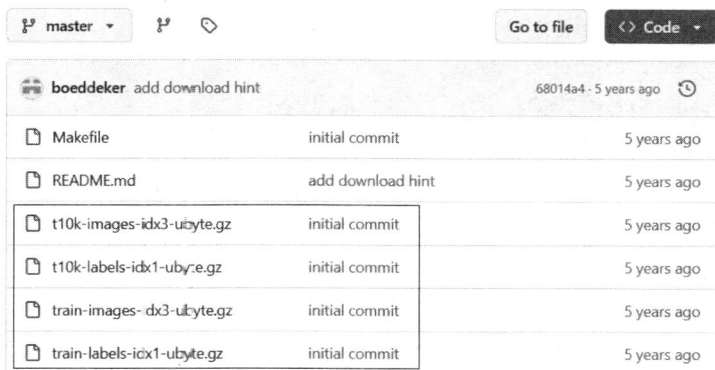

图 8-12 MNIST 数据集下载页面

也可以单击图 8-12 所示右上角的"Code"按钮，在下拉菜单中选择"Download ZIP"，打包下载全部文件，如图 8-14 所示。

图 8-13 下载单个压缩包

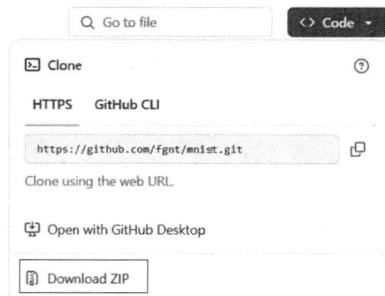

图 8-14 打包下载全部文件

（2）压缩包下载完成后，进行解压缩，结果如图 8-15 所示。

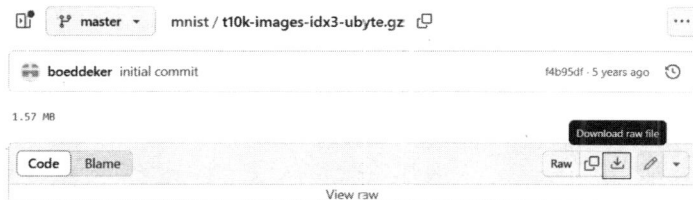

图 8-15 解压缩

MNIST 数据集的图像数据文件采用 IDX3-UBYTE 格式存储，而标签数据文件则采用 IDX1-UBYTE 格式。它们都是 IDX（二进制）格式的一种变体。IDX 格式由 Yann LeCun 等人设计，旨在存储 MNIST 数据集以及其他类似的数据集，能够有效地存储图像数据及其对应的标签数据。

图像数据文件（如 train-images.idx3-ubyte）通常由文件头和图像数据组成。文件头共 16 字节，由 4 个 4 字节组成，依次存储文件标识、图像数量（如训练集包含 60000 个图像）以及每个图像的列数（28 像素）和行数（28 像素）。图像数据则存储每个图像的实际像素值。在 MNIST 数据集中，每个图像均为 28×28 像素的灰度图像，因此，图像数据中记录了每个像素的灰度值，取值范围为 0～255。

标签数据文件（如 train-labels.idx1-ubyte）由文件头和标签数据组成。文件头共 8 字节，由 2 个 4 字节组成，依次存储文件标识、标签数量（如训练集包含 60000 个标签）。标签数据中，每个标签由 1 字节表示，取值范围为 0～9，代表其对应图像的数字类别。

【任务 2】数据处理。

为了方便图像的可视化和后续操作，先将数据集中的图像文件转换为 PNG 格式，并根据标签将它们分类存放到相应的文件夹中。过程如下。

（1）读取图像数据文件。读取图像数据文件 t10k-images-idx3-ubyte 中关于图像的各种信息，包括文件头中保存的图像数量、图像分辨率（行数和列数），以及图像数据中保存的每个图像的实际像素值。代码如下。

```
import os
import struct
importNumpyas np

# 设置读取图像数据文件的路径
dataset_path = 'data/mnist/raw/'  # 解压数据集所在文件夹
data_file = dataset_path + 't10k-images-idx3-ubyte'

# 设置图像数据文件的大小，需减去文件头所占的 16 字节
data_file_size = os.path.getsize(data_file)-16

# 打开文件并读取数据到 data_buf 中
data_buf = open(data_file, 'rb').read()

# 解析文件头中的信息，获取图像数量、图像行数、图像列数
_, numImages, numRows, numColumns = struct.unpack_from('>IIII', data_buf, 0)

# 读取图像数据（去掉文件头后的部分）
data = struct.unpack_from('>' + str(data_file_size) + 'B', data_buf, struct.calcsize('>IIII'))

# 将图像数据转换为 NumPy 数组
data = np.array(data).astype(np.uint8).reshape(numImages, 1, numRows, numColumns)
```

struct.unpack_from()是 Python 的 struct 库中的函数，用于从给定的字节数据缓冲区中读取数据，并按照指定的格式进行解包。其 API 定义如下：

```
struct.unpack_from(format, buffer, offset=0)
```

其参数/返回值见表 8-3。

表 8-3 struct.unpack_from()的参数/返回值

参数/返回值	说明
format	格式字符串，定义要解包的数据的类型和顺序："＞"为大端字节顺序，"B"为无符号字节（1 字节），"I"为无符号整数（4 字节）。 例如，"＞IIII"代表按照大端字节顺序排列的 16 字节的无符号整数，即图像数据文件中文件头的 16 字节信息
buffer	字节数据，要解包的数据的字节对象或字节缓冲区
offset	偏移量，定义读取数据相对于缓冲区起始位置的偏移量
返回值	元组，包含解包后的数据

图像数据被转换为 Numpy 数组后，重新调整其维度为(numImages, 1, numRows, numColumns)，表示该数组包含 numImages 个灰度图像，每个图像的大小是 numRows×numColumns，且每个图像只有一个颜色通道，对应数据集中的每个图像（28×28 像素的灰度图像）。

（2）读取标签数据文件。按照相同的方式读取标签数据文件，代码如下：

```
label_file = dataset_path + 't1Ck-labels-idx1-ubyte'
label_file_size = os.path.getsize(label_file)-8
label_buf = open(label_file, 'rb').read()
_, numLabels = struct.unpack_from('>II', label_buf, 0)
labels = struct.unpack_from('>' + str(label_file_size)+ 'B', label_buf, struct.calcsize('>II'))
labels = np.array(labels).astype(np.int64)
```

（3）为分类存储文件创建文件夹。test_path 设定了保存图像的目标文件夹路径，如果该文件夹不存在，则使用 os.mkdir()创建它。接下来，通过循环创建 0～9 共 10 个子文件夹，分别用于存放对应于标签的图像。

```
test_path = dataset_path + 'mnist_test'
if not os.path.exists(test_path):
    os.mkdir(test_path)
for i in range(10):
    file_name = test_path + os.sep + str(i)
    if not os.path.exists(file_name):
        os.mkdir(file_name)
```

（4）保存图像为 PNG 格式。最后，遍历所有图像，根据其对应的标签选择分类存储路径，并重新命名文件。图像数据会被包装为 PNG 格式进行存储，确保每个图像都按标签存储在合适的文件夹中，令文件名为遍历过程中的索引变量值，使其具有唯一性。代码如下：

```
import cv2

for i in range(numLabels):      # 组织遍历：按照 numLabels 或 numImages 均可
    # 提取第 i 个图像的数据
    image_data = data[i, 0, 0:28, 0:28]

    # 获取该数据的标签
    label = labels[i]

    # 为即将生成的 PNG 文件命名（路径+文件名）
    file_name = test_path + os.sep + str(label) + os.sep + str(i) + '.png'

    # 使用 OpenCV 重新包装图像数据为 PNG 格式
    cv2.imwrite(file_name, image_data)
```

以上代码通过读取 MNIST 测试集的图像和标签数据，将图像按标签分类存储为 PNG 文件，并保存在相应的文件夹（0～9）中，图像文件名为该图像在数据集中的索引。如图 8-16 所示，数字 3 对应的各 PNG 文件保存在名称为"3"的文件夹中。

【任务 3】预览图像。

为了在程序中展示当前正被识别的图像，下面使用 PIL 库的函数 Image.open()读取图像数据，并使用 Matplotlib 对其进行展示。

Image.open()读取的图像数据以 R、G、B 顺序存储，数据类型为 np.uint8，像素值范围为 0～255，该格式的数据将提供给后续的 CNN 计算。

因为 28×28 像素的图像分辨率较小，因此使用 Matplotlib 在默认的较大画布中对其进行展示。Matplotlib 默认为彩色显示，而手写体数字图像为灰度图像，因此设置 cmap="gray"，将像素值映射为黑白色阶。代码如下：

```
from matplotlib import pyplot as plt
from PIL import Image


#  读取要预测的图像
img = Image.open("./data/mnist/mnist_test/3/112.png")
plt.imshow(img, cmap="gray")   #  设置为灰度模式显示图像
plt.show()
```

执行上述代码后，可以得到如图 8-17 所示的可视化结果。

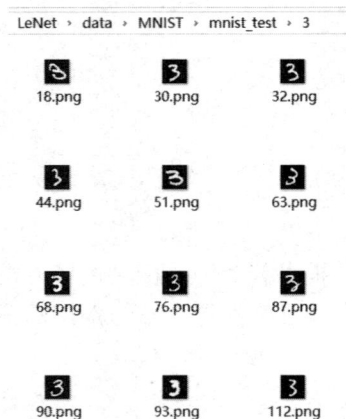

图 8-16 保存后的图像文件示意图

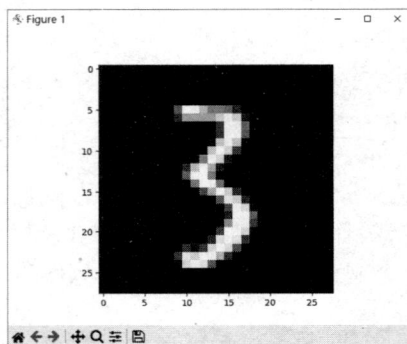

图 8-17 可视化效果

【任务 4】 搭建 LeNet-5 模型。

下面对实验所需的 LeNet-5 模型进行搭建。LeNet-5 模型架构如图 8-18 所示，其主要由输入层、两个卷积层（C1 和 C2）、两个池化层（S1 和 S2）、两个全连接层（C3 和 F1）以及输出层组成。

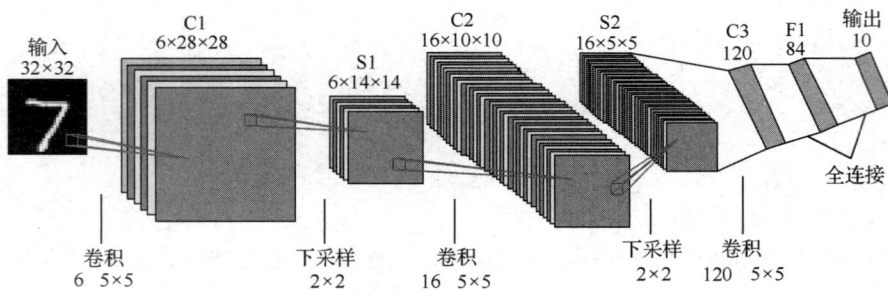

图 8-18 LeNet-5 模型架构

其层次结构说明见表 8-4。

表 8-4　LeNet-5 模型层次结构说明

序号	网络层	说明
1	输入层	32×32 的单通道（灰度）图像，需进行归一化预处理
2	C1（卷积层）	输入图像通过 6 个 5×5 的卷积核进行卷积，得到 6 个特征图，每个特征图的大小为 28×28（因为 32×32 的输入图像经过 5×5 卷积核后，大小会减小为 28×28）
3	S1（池化层）	使用 2×2 的平均池化操作对每个特征图进行下采样，池化操作将每个 2×2 的区域替换为该区域的平均值，输出的特征图大小变为 14×14×6
4	C2（卷积层）	使用 16 个 5×5 的卷积核，每个卷积核与上一层的所有 6 个通道进行卷积操作，输出的特征图大小为 10×10×16
5	S2（池化层）	对 C2 输出的 10×10×16 的特征图进行 2×2 的池化，输出的特征图大小变为 5×5×16
6	C3（全连接层）	将 S2 输出的 5×5×16 的特征图展开为一维向量，输入到一个包含 120 个神经元的全连接层，输出为 120 个神经元
7	F1（全连接层）	该层包含 84 个神经元，输出为 84 个神经元
8	输出层	输出层是全连接层，输出 10 个神经元，每个神经元对应一个数字类别（0~9），使用 Softmax 激活函数进行分类

PyTorch 是一个通用的深度学习框架，支持多种类型的神经网络和机器学习任务。在 PyTorch 中，torch.nn 模块专门用于构建和训练神经网络。其中，Conv2d()进行卷积操作，用于提取图像特征；MaxPool2d()进行池化操作，用于减少特征图的大小，降低计算复杂度；Linear()进行全连接操作，给出分类或回归任务的预测结果。

下面根据图 8-18 所示的模型架构，使用 Conv2d()、MaxPool2d()、Linear()等函数构建神经网络模型。在搭建时，将 nn.Module 作为基类，并通过继承该类来定义自定义的神经网络模型。具体地，在__init__()中定义网络的层次结构，在 forward()中实现前向传播过程。代码如下：

```
import torch
from torch import nn
import torch.nn.functional as F

# 定义神经网络模型
class MyLeNet5(nn.Module):
    def __init__(self):  # 定义网络的层次结构
        super().__init__()
        self.conv1 = nn.Conv2d(in_channels=1, out_channels=6, kernel_size=5)
        self.maxpool1 = nn.MaxPool2d(kernel_size=2, stride=2)
        self.conv2 = nn.Conv2d(in_channels=6, out_channels=16, kernel_size=5)
        self.maxpool2 = nn.MaxPool2d(kernel_size=2, stride=2)
        self.fc1 = nn.Linear(16*5*5, 120)
        self.fc2 = nn.Linear(120, 84)
        self.fc3 = nn.Linear(84, 10)

    def forward(self, x):  # 定义前向传播过程，描述各层之间的连接关系
        x = self.conv1(x)
        x = F.relu(x)   # ReLu 激活函数计算
        x = self.maxpool1(x)
        x = self.conv2(x)
        x = self.maxpool2(x)
        x = x.view(-1, 16*5*5)   # 将数据转换为全连接层所需的二维结构
        x = F.relu(self.fc1(x))   # ReLu 激活函数计算
```

```
        x = F.relu(self.fc2(x))    # ReLu 激活函数计算
        x = self.fc3(x)
        return nn.functional.log_softmax(x, dim=1)   # Softmax 激活函数多分类结果
```

全连接层的作用是将输入的每个特征向量与权重矩阵进行矩阵乘法，并加上偏置，最终生成每个神经元的输出。为了执行矩阵乘法，输入数据必须是二维的。因此，在 forward() 中，x.view(-1, 16*5*5) 将池化层的输出（三维张量）转换为二维张量，以便将其传递到全连接层进行进一步处理。这里的 -1 表示自动推断该维度的大小，从而确保张量的总元素数量保持不变。这一步骤将池化层的多维输出展平成适合全连接层处理的二维输入。

在前向传播过程中，神经网络通过在第一个卷积层（C1）和后续全连接层（C3、F1）之后引入 ReLU 激活函数来增强非线性表达能力。同时，池化层的下采样操作（如最大池化）通过其局部特征来选择机制，为神经网络提供了额外的非线性变换能力。这种多层次的非线性组合使神经网络能够学习更复杂的特征表示。

【任务5】推理测试。

模型定义好之后，需要使用训练集的数据对其进行训练和验证。

训练和验证过程大体如下：通过 PyTorch 加载 MNIST 数据集，并进行数据预处理（如缩放、转换为张量等）。在训练过程中，使用交叉熵损失函数和随机梯度下降优化器进行优化，每训练一定的 epochs（轮数）后调整学习率。每轮训练后，计算并输出训练和验证的损失及准确率，如果准确率超过当前最优值，则保存当前最好的模型权重。整个训练过程持续进行 10 个 epochs，找到最佳模型并保存。

训练和验证过程涉及的深度学习专业知识较为复杂，源代码见二维码。

下面将使用在训练过程中获得的最佳模型进行测试实验，重点展示模型的应用过程。

（1）模型准备。

train.py

在加载预训练模型之前，首先检查当前是否有可用的 GPU 单元。如果有 GPU，则将模型和数据迁移到 GPU 上进行加速运算；如果没有 GPU，则使用 CPU 进行计算。

```
        device = torch.device("cuda" if torch.cuda.is_available() else "cpu")
```

torch.cuda.is_available() 是 PyTorch 中的一个函数，用于检测当前系统是否有可用的 CUDA 的设备。CUDA 是由 Nvidia 开发的并行计算平台和编程模型，旨在利用 Nvidia GPU（图形处理单元）进行通用计算。通过将计算任务转移到 GPU 上，CUDA 能显著加速计算过程，尤其在处理大规模数据和复杂计算时，会表现出显著的性能提升。

接下来，创建 MyLeNet5 自定义模型实例，放到之前获取的设备上，并加载之前保存的最优模型。代码如下：

```
        model = MyLeNet5()
        model = model.to(device)
        model.load_state_dict(torch.load('./save_model/best_model.pth'))
```

torch.load() 用于加载保存的模型文件，best_model.pth 文件中包含了训练过程中保存的模型参数（如权重、偏置等）。

load_state_dict() 是模型方法，用于加载模型参数。

load_state_dict(torch.load('./save_model/best_model.pth')) 用于加载之前保存的最优模型的参数，即将加载的参数应用到模型中，从而恢复模型到训练时的状态。

完整代码如下：

```
        import torch
        from lenet5 import MyLeNet5   # 引入自定义模型
```

```
# 加载预训练模型
device = torch.device("cuda" if torch.cuda.is_available() else "cpu")
model = MyLeNet5()
model = model.to(device)
model.load_state_dict(torch.load('./save_model/best_model.pth'))
```

（2）图像预处理。

在对模型进行测试之前，需要对测试数据进行一系列预处理操作。具体步骤：将图像大小调整为 32×32 像素，以满足 LeNet-5 模型的输入要求；将图像表示为 PyTorch 张量格式；对像素值进行标准化处理，使其成为 MNIST 数据集的平均值和标准差；最后，将单个图像扩展为 4 维形状，以适应 PyTorch 的批量处理规范。通过这些处理，确保输入图像满足模型的输入要求，从而实现高效的推理。代码如下：

```
from PIL import Image
from torchvision import transforms

# 定义数据预处理
transform = transforms.Compose([
    transforms.Resize((32, 32)),  # 调整尺寸为 32x32
    transforms.ToTensor(),   # 将图像转换为张量(1, 高度, 宽度)
    transforms.Normalize((0.1307,), (0.3081,))   # MNIST 像素范围[-1,1]
])

# img = Image.open("./data/mnist/mnist_test/3/112.png")
input_tensor = transform(img)    # 进行数据预处理
input_batch = input_tensor.unsqueeze(0)  # 扩展一个维度
```

transforms.Compose 是 PyTorch 的 torchvision.transforms 模块中的一个类，用于将多个图像预处理操作按顺序组合成一个整体的数据处理流程。它相当于一个"流水线"，图像会依次通过这些操作进行处理。

transforms.ToTensor() 创建 Pytorch 张量转换器，用于将图像转换为 PyTorch 张量，包括将图像的像素值从[0, 255]内的整数转换为[0.0, 1.0]内的浮点数，形状调整为(通道数, 高度, 宽度)。

transforms.Normalize((0.1307,), (0.3081,)) 对图像的每个通道进行标准化处理。这里，(0.1307,)是 MNIST 数据集的平均值，(0.3081,)是 MNIST 数据集的标准差，它们是基于 MNIST 数据集的统计结果。使用这些值进行标准化处理，目的是将图像像素值的分布调整为模型训练时的分布，使模型能够更有效地进行推理。

由于输入模型中的数据是 4 维的，即(batch_size, 通道数, 高度, 宽度)，表示一个批次的图像，而被测试的图像只有一个，形状为三维的，即(通道数, 高度, 宽度)。因此，通过 unsqueeze(0)扩展一个维度，将单个图像伪造成一个批次的图像（batch_size 为 1）。由此，模型便可以正常处理单个图像，保持了输入形状的一致性。

（3）模型预测。

在测试时，直接将预处理后的图像对象 img 传入模型，获取模型的预测结果 output：

```
output = model(input_batch)
```

预测结果 output 是一个张量，形状为(batch_size, num_classes)，表示每个样本在各个数字类别上的得分。例如，某次预测结果如下：

```
tensor([[-2.1002e+01, -1.6519e+01, -1.4218e+01, -3.1709e-05, -2.4810e+01,
        -1.3954e+01, -1.8331e+01, -1.5360e+01, -1.0575e+01, -1.2359e+01]],
       grad_fn=<LogSoftmaxBackward0>)
```

可以看到，-3.1709e-05 得分最高，预测分类为数字类别 3。

通过 softmax()可以将得分转换为概率：

```
import torch.nn.functional as F
prob = F.softmax(output, dim=1)    # prob 是 10 个分类的概率
```

prob 是一个表示图像属于 10 个分类的概率的张量，形状为 1×10。其中，每个值表示该图像被分配到对应类别的概率，类别的顺序从左到右对应于分类的编号。对于上述的预测输出，其概率取值如下：

```
tensor([[7.5704e-10, 6.6948e-08, 6.6897e-07, 9.9997e-01, 1.6801e-11, 8.7031e-07, 1.0934e-08, 2.1332e-07,
2.5559e-05, 4.2901e-06]], grad_fn=<SoftmaxBackward0>)
```

可以看到，最大概率值为 9.9997e-01，其对应的索引为 3，同样预测该图像属于数字类别 3。

除此之外，还可以通过 output.argmax(dim=1)获取每个样本预测的类别索引，再通过该索引获取类别标签。argmax(dim=1)用于返回 output 在维度 1（类别维度 num_classes）上的最大值的索引。返回值的形状为(batch_size,)，即每个样本对应一个预测的类别索引。例如，之前预测结果 output.argmax (dim=1)的计算结果是 tensor([3])。可以使用 item()提取出具体的类别标签。

完整的代码如下：

```
output = model(img)
prob = F.softmax(output, dim=1)    # prob 是 10 个分类的概率
print("概率:", prob)
predict = output.argmax(dim=1)
print("预测类别:", predict.item())
```

8.2.2.3　实验总结与思考

对本实验的收获进行总结，并撰写实验报告。思考以下问题。

〖问题 1〗关于 MNIST 数据集。

（1）MNIST 数据集的结构和格式是什么？如何进行数据的加载和预处理？

（2）在数据预处理过程中，哪些步骤对模型的训练效果影响最大？

〖问题 2〗对卷积神经网络（CNN）及 LeNet 模型的认识。

（1）LeNet 模型中各层（卷积层、池化层、全连接层）的功能分别是什么？

（2）为什么选择使用卷积神经网络而不是其他类型的神经网络进行手写体数字识别？

〖问题 3〗对深度学习的认识。

（1）基本原理和架构。

（2）理解卷积层、池化层、全连接层等基本组成部分及其在特征提取和降维中的作用。

〖问题 4〗应用场景。

（1）手写体数字识别技术在实际应用中有哪些重要的场景？

（2）该技术的局限性是什么？在什么情况下可能会出现识别错误？

8.2.3　拓展练习——LeNet-5 在其他数据集中的应用

LeNet-5 是一种经典的卷积神经网络模型，广泛应用于图像分类任务，尤其擅长处理较小的图像数据集。以下是一些适合 LeNet-5 模型进行分类的常见数据集（见附录 D 说明），可以利用这些数据集进行拓展练习。

（1）CIFAR-10 数据集是由多伦多大学的研究团队创建的，包含 60000 个 32×32 像素的彩色

图像，分为 10 个类别，如飞机、汽车、鸟、猫等。CIFAR-10 适合小型图像分类任务，能够帮助理解卷积神经网络在多类别分类中的应用。

（2）CIFAR-100 数据集。与 CIFAR-10 数据集类似，但包含 100 个类别，每个类别有 600 个图像，图像大小同样为 32×32 像素。CIFAR-100 数据集为模型提供了更高的挑战，适合进行更复杂的分类任务。

（3）Fashion MNIST 数据集由 Zalando 公司提供，包含 70000 个 28×28 像素的灰度图像，分为 10 个类别（如 T 恤、裤子、鞋子等），是 MNIST 的一个替代品，适合测试图象分类模型。

（4）SVHN（Street View House Numbers）数据集由斯坦福大学的研究团队提供，来源于 Google 街景图像，包含超过 600000 个数字图像，主要用于街道数字识别，图像大小为 32×32 像素。SVHN 数据集提供了真实世界场景中的数字识别挑战。

8.3 图像分割

图像分割是计算机视觉中的一个重要任务，目的是将图像分解为多个有意义的部分或区域，以便更容易进行分析和理解。图像分割在许多领域中都有广泛应用，例如，医学影像分析（如肿瘤检测）、自动驾驶（如道路和障碍物识别）、人脸识别、卫星图像处理等。通过有效的图像分割技术，可以提高后续处理与分析的准确性和效率。

图像分割的主要目标是将图象中的像素分组，使同一组中的像素在某种特征上相似（如颜色、亮度、纹理等），而不同组之间的像素则有明显的差异。常见的图像分割方法包括基于阈值的分割等传统图像分割方法，以及基于深度学习的分割方法。

本节通过专门用于图像分割的卷积神经网络架构 U-Net，实现生物医学领域的细胞分割，理解图像分割的原理，并加深对卷积神经网络基本原理及其应用的认知。

8.3.1 概述

U-Net 是一种专门用于图像分割的卷积神经网络架构，最初由 Olaf Ronneberger 等人在 2015 年提出，主要应用于生物医学图像处理。U-Net 的设计目标是能够在有限的训练数据下实现高效且准确的分割。

U-Net 呈现为 U 形结构，包含编码器和解码器两个部分。编码器由一系列卷积层和池化层组成，用于逐步提取图像的特征并降低空间维度。解码器则通过上采样和卷积操作逐步恢复图像的空间分辨率，同时结合编码器传递来的特征图，保留细节信息。这种跳跃连接允午网络在恢复图像时利用高分辨率的特征，从而提高分割的准确性。

U-Net 的结构设计使其能够在保持细节信息的同时，充分利用上下文信息，从而在图像分割任务中表现出色。U-Net 在医学图像分割、卫星图像分析、目标检测等领域表现出色，因其能够有效处理小样本数据并实现精细的分割结果，成为图像分割任务中的经典模型之一。

8.3.2 细胞分割实验

本实验通过实际操作，以细胞分割为应用场景，掌握 U-Net 的搭建和推理过程。通过本实验，理解使用深度学习技术解决实际问题的一般流程，同时培养动手解决问题的能力。

8.3.2.1 实验目标

（1）学习计算机视觉应用的一般流程，包括数据准备、模型搭建和模型预测。

（2）了解使用 PyTorch 逐步搭建深度神经网络。

（3）了解如何导入预训练模型并应用于图像分割任务。

8.3.2.2　实验任务

【任务 1】数据准备。

细胞分割实验基于 Broad Bioimage Benchmark Collection（BBBC）数据集进行训练和测试。BBBC 是一个广泛使用的生物图像数据集，支持生物医学图像分析算法的开发和评估。该数据集由美国麻省理工学院的 Broad Institute 创建，包含多种类型的生物图像数据，主要用于细胞图像分析、细胞分割、特征提取和分类等任务。

（1）下载数据集，如图 8-19 所示，框中的文件为待下载的数据集。images.zip 为图像文件集合，masks.zip 为掩码文件集合，metadata.zip 为关于数据集的详细信息和描述。单击超链接，下载相应的文件。

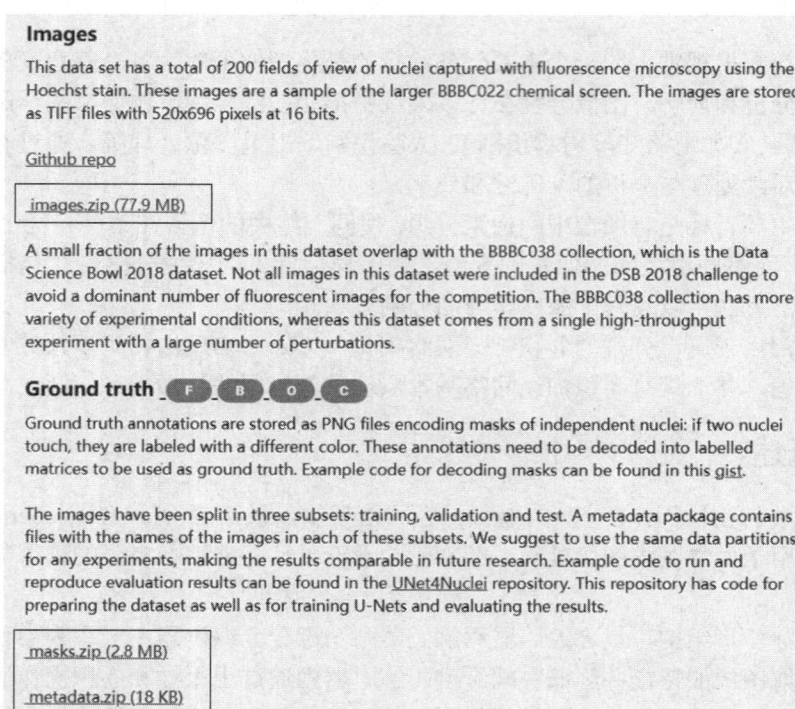

Images

This data set has a total of 200 fields of view of nuclei captured with fluorescence microscopy using the Hoechst stain. These images are a sample of the larger BBBC022 chemical screen. The images are stored as TIFF files with 520x696 pixels at 16 bits.

Github repo

images.zip (77.9 MB)

A small fraction of the images in this dataset overlap with the BBBC038 collection, which is the Data Science Bowl 2018 dataset. Not all images in this dataset were included in the DSB 2018 challenge to avoid a dominant number of fluorescent images for the competition. The BBBC038 collection has more variety of experimental conditions, whereas this dataset comes from a single high-throughput experiment with a large number of perturbations.

Ground truth　F　B　O　C

Ground truth annotations are stored as PNG files encoding masks of independent nuclei: if two nuclei touch, they are labeled with a different color. These annotations need to be decoded into labelled matrices to be used as ground truth. Example code for decoding masks can be found in this gist.

The images have been split in three subsets: training, validation and test. A metadata package contains files with the names of the images in each of these subsets. We suggest to use the same data partitions for any experiments, making the results comparable in future research. Example code to run and reproduce evaluation results can be found in the UNet4Nuclei repository. This repository has code for preparing the dataset as well as for training U-Nets and evaluating the results.

masks.zip (2.8 MB)

metadata.zip (18 KB)

图 8-19　BBBC 数据集下载页面

（2）在 BBBC 数据集中，每个 mask（掩码）文件与其对应的 image（图像）文件具有相同的命名约定，以便于匹配。例如，如果有 image 文件名为 IXMtest_A02_s1_w1051DAA7C-7042-435F-99F0-1E847D9B42CB.tif，则其对应的 mask 文件名就是 IXMtest_A02_s1_w1051DAA7C-7042-435F-99F0-1E847D9B42CB.png。

image 文件是原始的生物医学图像，通常通过显微镜或其他成像技术获得，是包含细胞、组织或其他生物样本的图像。

mask 文件是与原始图像对应的标签图像，用于标记图像中感兴趣的区域（如细胞、组织或其他结构）。在 mask 文件中，用白色（值为 1）表示目标区域，用黑色（值为 0）表示背景。mask 文件用于图像分割任务，帮助模型学习如何区分目标区域与背景。通过将 mask 文件与原始图像配对，模型可以学习如何识别和分割出特定的生物结构。

【任务 2】数据预处理。

为了便于人眼观察这些微观世界的医学样本，读取数据集中的图像和掩码信息，将它们转换为灰度图像，并保存为 PNG 格式。

（1）文件读取准备。使用 Python 的 os 库为存储数据预处理后的图像文件和掩码文件创建文件夹，设置并获取原始的图像文件名和掩码文件名，对其进行遍历。代码如下：

```
import os

image_dir = 'dataset\BBBC039\images'  # 原始图像存储的文件夹
gt_dir = 'dataset\BBBC039\masks'  # 标签图像存储的文件夹
processed_image_dir = 'dataset\BBBC039\images_processed'  # 图像处理后要保存的文件夹
processed_gt_dir = 'dataset\BBBC039\masks_processed'
os.makedirs(processed_image_dir, exist_ok=True)  # 创建该文件夹
os.makedirs(processed_gt_dir, exist_ok=True)

img_names= os.listdir(image_dir)  # 获取 image_dir 下所有的图像文件名列表
for image_name in img_names:  # 遍历每个图像文件
    mask_name = image_name.replace('.tif', '.png')  # 得到对应的掩码文件名
    ……
```

（2）读取和转换原始图像。在遍历过程中，使用 cv2.imread()读取原始图像，然后将其转换为灰度图像，并进行归一化处理。代码如下：

```
import cv2

image = cv2.imread(os.path.join(image_dir, image_name))
image = cv2.cvtColor(image, cv2.COLOR_RGB2GRAY)  # 转换为灰度图像
image = image*int(255/max(image.max(), 1))  # 进行归一化处理
cv2.imwrite(os.path.join(processed_image_dir, image_name.replace('.tif', '.png')), image)
```

对图像进行归一化处理时，int(255/max(image.max(), 1))计算出一个缩放因子。它的作用是根据图像的最大值来调整图像的亮度，使图像的最大值被映射为 255。如果图像的最大值是 255，则缩放因子将是 1；如果最大值是 127，则缩放因子将是 2；如果最大值是 0，则缩放因子将是 255（未来乘以像素值 0，结果仍然是 0，但避免了除以 0 的情况）。

归一化的作用是使图像的对比度增强，这种处理在图像处理和计算机视觉任务的预处理阶段很常见。

（3）读取和转换掩码文件。同理，在遍历过程中，使用 cv2.imread()读取掩码图像。代码如下：

```
mask = cv2.imread(os.path.join(mask_dir, mask_name))
```

对掩码图像进行处理时，通过对最后一个维度求和，判断每个像素是否属于目标区域，如果是，则设置为 255（白色），否则为 0（黑色）。代码如下：

```
mask = (mask.sum(-1) > 0).astype(np.uint8) * 255
```

mask 是一个多通道的数组，形状为(高度, 宽度, 通道数)。mask.sum(-1)表示对最后一个维度（通道维度）进行求和。这样可以将每个像素在所有通道上的值进行累加，得到一个形状为(高度, 宽度)的二维数组，通道维度被消除，只剩下高度和宽度两个维度。

mask.sum(-1)>0 会生成一个布尔型数组，表示每个像素在所有通道上的值的累加结果大于 0，则该像素在布尔型数组中对应的位置为 True，否则为 False。这个操作在图像处理中可以用来确定哪些像素是有效的（至少在一个通道中存在非 0 值）。假设某个像素在三通道上的取值为[1, 0, 0]，

那么 mask.sum(-1)为 1，因此 mask.sum(-1)>0 的结果为 True，该像素有效。接下来，其值乘以 255，将布尔型数组中的 True、False 转换为数值 255（表示白色）或者 0（表示黑色）。最后，将掩码文件处理的结果保存为 PNG 文件。代码如下：

```
cv2.imwrite(os.path.join(processed_mask_dir, mask_name), mask)
```

通过这个操作，多通道的掩码图像被转换为二值化的单通道图像，其中任何具有非 0 值的像素在输出的掩码图像中都被标记为 255（白色），而所有其他像素被标记为 0（黑色）。这种处理在图像分割和目标检测等任务中非常常见，因为它可以清晰地表示出需要关注的区域。

数据转换后会存储在指定文件夹中，细胞图像及其掩码文件的转换效果如图 8-20 所示。

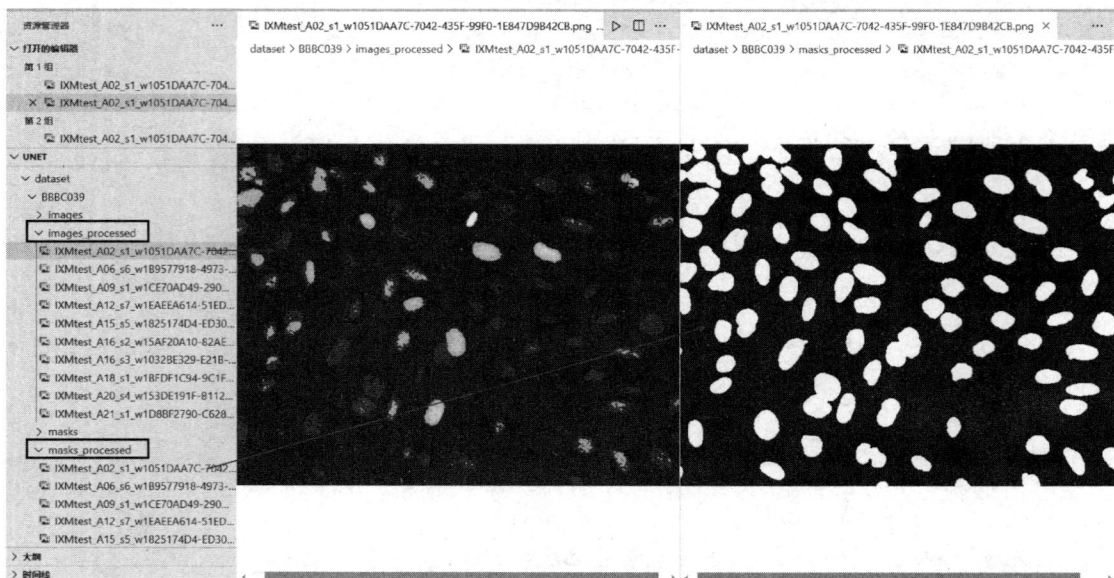

图 8-20　细胞图像及其掩码文件的转换效果

【任务 3】网络搭建。

本实验采用 U-Net。如图 8-21 所示，U-Net 具有 U 形结构，主体包含编码器和解码器两个部分。

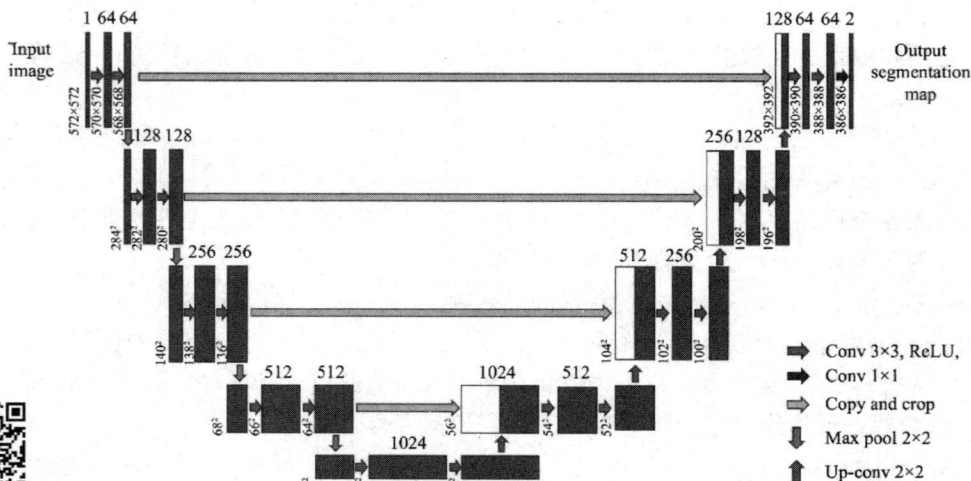

图 8-21

图 8-21　U-Net 的 U 形结构

（1）编码器（下采样路径）。编码器由一系列卷积层和池化层构成，负责逐步提取图像的特征并降低其空间维度。每个卷积层通常使用两个 3×3 的卷积核，后接 ReLU 激活函数，随后通过 2×2 的最大池化层进行下采样。通过这一过程，网络逐渐减少特征图的空间维度，同时增加特征通道的数量，从而提取出更高级的特征。在编码器的最后，U-Net 包含一个瓶颈层，进一步增强特征提取能力。

（2）解码器（上采样路径）。解码器则通过上采样操作逐步恢复特征图的空间分辨率。每个上采样后通常接有卷积层，以进一步处理上采样后的特征。在上采样过程中，U-Net 采用跳跃连接将编码器中对应层的特征图与解码器中的特征图进行拼接。这一设计使高分辨率的特征得以保留，从而有效改善分割的准确性。

（3）输出层。最后，U-Net 通过一个 1×1 的卷积层将特征图映射到所需的数字类别上，通常使用 Softmax 或 Sigmoid 激活函数进行像素级分类。

构建 U-Net 的部分代码如下（UNet 是整个模型的核心类，它包含了所有其他自定义类，如 inconv、down、up、outconv 的实例，这里省略了这 4 个类的具体代码，详细内容参考配套资源）：

```python
import torch.nn as nn

class UNet(nn.Module):
    def __init__(self, n_channels, n_classes):
        super(UNet, self).__init__()

        self.inc = inconv(n_channels, 64)    # U-Net 的输入，接收输入图像，并提取特征
        self.down1 = down(64, 128)    # 下采样操作，进行池化，并提取特征，形成编码路径
        self.down2 = down(128, 256)
        self.down3 = down(256, 512)
        self.down4 = down(512, 512)
        self.up1 = up(1024, 256)    # 上采样操作，恢复特征图的尺寸，形成解码路径
        self.up2 = up(512, 128)
        self.up3 = up(256, 64)
        self.up4 = up(128, 64)
        self.outc = outconv(64, n_classes)    # 输出层，生成最终的输出，提供分割结果

    def forward(self, x):
        x1 = self.inc(x)
        x2 = self.down1(x1)
        x3 = self.down2(x2)
        x4 = self.down3(x3)
        x5 = self.down4(x4)
        x = self.up1(x5, x4)
        x = self.up2(x, x3)
        x = self.up3(x, x2)
        x = self.up4(x, x1)
        x = self.outc(x)
        return x
```

【**任务 4**】训练模型。

U-Net 定义好之后,对其进行训练及验证的过程大体如下。

(1)配置训练所需的各种参数,如学习率、批量大小和损失函数等。

(2)检测当前可用的设备(GPU 或 CPU),将创建的 U-Net 模型迁移至目标设备上运行。

(3)使用 metadata.zip 中 training.txt、validation.txt 文件指定的图像和标签数据,加载训练和验证数据集。

(4)定义优化器和损失函数,在每个 epochs 中执行训练过程,计算训练损失,并在损失改善时保存模型权重。

(5)记录训练历史并输出训练所需的时间。

【**任务 5**】推理测试。

模型训练完毕后,测试训练好的 U-Net 模型在给定的图像和掩模上的推理效果,大体过程如下。

(1)配置测试阶段的模型参数、数据路径等参数。

(2)根据提供的路径加载训练阶段保存的预训练模型。

(3)加载图像和对应的掩码图像数据集。

(4)使用模型对每个图像进行推理,计算预测结果。

(5)计算每个样本的交并比(Intersection over Union,IoU),并进行累加。IoU 是评估图像分割模型性能的常用指标,通过统计预测结果与真实区域的重叠程度来评估模型。

(6)显示原图、掩码图像和分割预测结果图像。

(7)输出整个数据集的平均 IoU。运行测试程序时,按快捷键 Ctrl+"`"打开终端窗口,执行 python test.py --show 命令,查看图像分割的可视化结果,如图 8-22 所示,可视化的三个图像依次为原图、掩码图像和分割预测结果图像。按空格键可以继续测试并可视化下一个图像,按 Esc 键结束测试。

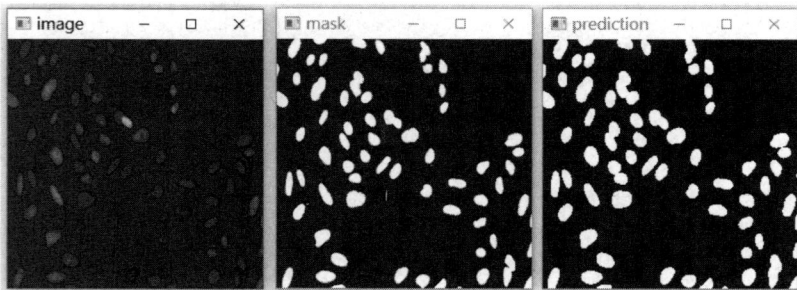

图 8-22 图像分割的可视化结果示意图

在图像分割的可视化结果中,关注掩码图像和分割预测结果图像。

掩码图像展示的是分割任务的标准答案,它为每个像素分配了真实的类别标签,是评估模型预测效果的基准。分割预测结果图像展示的是模型预测的结果,即模型对图像进行分割后的输出。对比模型的预测结果与真实标签,可以判断模型的分割性能。

8.3.2.3 实验总结与思考

对本实验的收获进行总结,并撰写实验报告。

思考以下问题。

〖**问题 1**〗关于数据集。

(1)掩码文件的作用是什么?

（2）如何将图像文件和掩码文件配对？

〖**问题 2**〗关于数据预处理。

（1）归一化的作用是什么？

（2）掩码文件为什么要转换为二值图像？

〖**问题 3**〗关于模型。

（1）U-Net 的结构是什么？

（2）编码器和解码器的作用各是什么？

（3）跳跃连接的作用是什么？

〖**问题 4**〗应用场景。

（1）U-Net 的优缺点是什么？

（2）U-Net 可以用于哪些其他任务？

第 9 章　自然语言处理

自然语言处理（Natural Language Processing，NLP）是人工智能的一个重要领域，旨在使计算机能够理解、解释和生成自然语言。自然语言处理结合了语言学、计算机科学和机器学习等多个学科的知识，涉及文本分析、语音识别、机器翻译、情感倾向分析、智能问答等多种应用。

诸如 ChatGPT 等大语言模型是现代自然语言处理领域的重要科技成果，它们的成功推动了NLP 技术的发展，显著提升了人机交互的自然性与效率，并将人工智能的热潮带入了人类社会，具有深远的社会影响。

本章将从中文文本处理、自然语言文本表示以及调用大模型 API 等方面，介绍自然语言处理领域的基础知识，并通过大模型 API 的调用，开启探索全新世界的大门。

9.1　安装和使用 Jupyter Notebook

启动和使用方法

进行自然语言处理编程时，除了使用 VSCode 等集成开发环境，Jupyter Notebook 也是一个极佳的选择。它提供了一个交互式编程环境，便于实时测试和调试代码，同时支持丰富的可视化功能，方便展示数据分析和模型结果。同时，Jupyter Notebook 支持使用 Markdown（一种轻量级的标记语言）记录实验过程和结果，使学习更加高效。

9.1.1　在 VSCode 中安装和使用 Jupyter Notebook

VSCode 支持多种编程语言和工具，它具有强大的扩展功能，可以通过插件来增强其功能。Jupyter Notebook 插件是 VSCode 中的一个重要扩展，允许用户在 VSCode 中创建、编辑和运行Jupyter Notebook 文件。

1. 安装 Jupyter Notebook

在 VSCode 中安装 Jupyter Notebook 插件的步骤如下。

（1）打开扩展视图，在搜索框中输入"Jupyter"，在搜索结果中找到并选择由 Microsoft 发布的 Jupyter 插件，通常是第一个结果。

（2）安装插件。单击"安装"按钮，VSCode 将自动下载并安装该插件。

（3）重启 VSCode（可选）。如果插件安装后没有立即生效，尝试重启 VSCode。

2. 在 Anaconda 中创建 NLP 相关的虚拟环境

插件安装完成后，需要为 Jupyter Notebook 配置 Python 编程环境。本章依然采用计算机视觉实验中配置环境的方法，在 Anaconda 中建立虚拟环境，并在 VSCode 中对其进行使用。

如表 9-1 所示，本章所需的 Python 编程环境包括 jieba、wordcloud、gensim、requests 等第三方库，各第三方库安装最新版即可。

表 9-1　本章实验所需的 Python 第三方库

Python 第三方库	说明
jieba	一个流行的中文分词库，支持精确模式、全模式和搜索引擎模式的分词。常用于中文 NLP 任务，如文本分析、关键词提取等

Python 第三方库	说明
wordcloud	用于生成词云图的库，支持从文本中提取词频，并通过不同的字体、颜色、形状等方式可视化显示常见词汇。常用于数据可视化和文本分析展示
gensim	一个开源的 Python 库，专注于主题建模、文档相似度计算以及词向量（Word2Vec 等）训练，适合处理大规模文本数据，广泛应用于 NLP 中的向量空间模型和文本挖掘任务
requests	一个简单易用的 Python HTTP 请求库，专门用于发送 HTTP 请求，支持 GET、POST、PUT、DELETE 等常见 HTTP 方法

首先，按照 8.1.1 节的内容，使用 Anaconda Navigator 创建新的虚拟环境，将其命名为"NLP"。然后，单击新建环境 NLP 右侧的三角形按钮，选择"Open Terminal"，打开终端窗口，使用如下一组命令安装第三方库：

```
pip install jieba
pip install wordcloud
pip install gensim
pip install requests
```

3. 配置 Jupyter Notebook 的 Python 编程环境

如图 9-1 所示，在 VSCode 的资源管理器中，选中保存文件的目录，单击 按钮新建 Jupyter Notebook 文件，扩展名为.ipynb（原名 IPython Notebook 的缩写）。

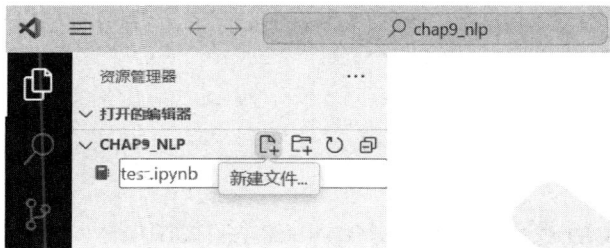

图 9-1 创建.ipynb 文件

进入 Jupyter Notebook 界面，如图 9-2 所示，单击右上角的"选择内核"按钮，选择配置好的虚拟环境。

图 9-2 选择内核

在 Jupyter Notebook 界面中，如图 9-3 所示，每个单元格都有"代码"和"Markdown"（标记）两种常用类型。"代码"单元格用于编写和执行 Python 代码，而"标记"单元格则用于撰写文字描述，插入公式、图片等内容。

在工具栏中单击" + 代码 "按钮添加"代码"单元格，单击" + Markdown "按钮添加"标记"单元格，单击单元格左侧的"▷"按钮执行该单元格。

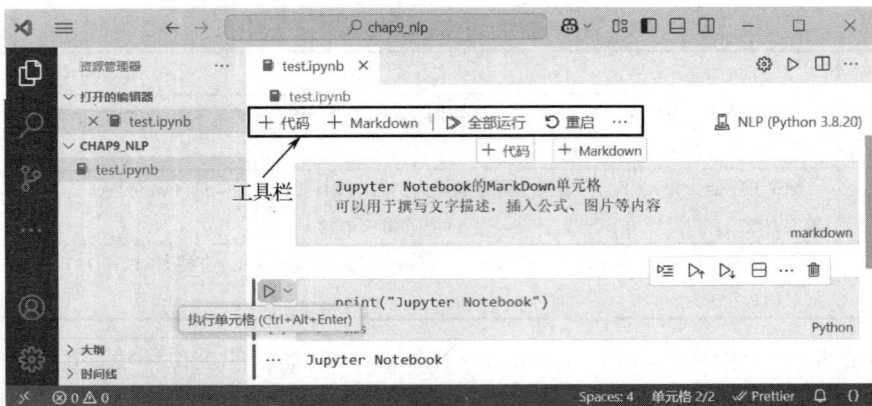

图 9-3　VSCode 中的 Jupyter Notebook 界面

在每个单元格的工具栏""中，按钮从左至右依次为：按行运行单元格、执行上方所有的单元格、执行下方所有的单元格、打开快捷菜单、删除单元格。

.ipynb 文件可以转换为不同类型下载，单击工具栏最右侧的"…"按钮，选择"导出"，可以选择将 Jupyter Notebook 文件导出为 Python 脚本（.py）、HTML（.html）、PDF（.pdf）等格式，如图 9-4 所示。

图 9-4　Jupyter Notebook 文件导出为其他格式

9.1.2　在 Anaconda 中使用 Jupyter Notebook

Jupyter Notebook 是 Anaconda 中常用的工具，安装 Anaconda 时会自动包含 Jupyter Notebook。通过 Anaconda 可以方便地使用 Jupyter Notebook 进行开发和实验。

1. Jupyter Notebook 连接 Anaconda 虚拟环境

要让 Jupyter Notebook 连接 Anaconda 虚拟环境，需要将虚拟环境添加为 Jupyter Notebook 内核。具体步骤如下。

① 在 Anaconda 的命令行窗口中激活目标虚拟环境。单击"开始"菜单→"Anaconda"→"Anaconda Prompt"，如图 9-5 所示，进入 Anaconda 的命令行窗口。执行如下命令：

```
conda activate <your-env-name>
```

其中，<your-env-name>为虚拟环境名称（如 nlp）。

② 安装 ipykernel。ipykernel 是将虚拟环境添加为 Jupyter Notebook 内核的关键包。执行如下命令完成安装：

```
conda install ipykernel
```

③ 将虚拟环境注册为 Jupyter Notebook 内核，并为其指定一个显示名称：

```
python -m ipykernel install --user --name <your-env-name> --display-name "Python (<your-env-name>)"
```

其中，<your-env-name>为虚拟环境名称（如 nlp），"Python(<your-env-name>)"为在 Jupyter Notebook 中显示的内核名称。

2．启动 Jupyter Notebook

为了便于将 Jupyter Notebook 文件保存在指定位置，或者更便捷地在指定位置打开已存在的 Jupyter Notebook 文件，按以下方式启动 Jupyter Notebook。

在图 9-6 所示命令行窗口中，首先进入指定的路径（拟存储文件的路径或要打开文件所在的路径），然后执行 jupyter notebook 命令，启动 Jupyter Notebook。

图 9-5　Anaconda 菜单

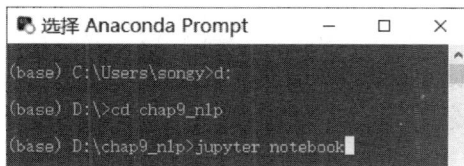

图 9-6　Anaconda 命令行窗口

系统会使用默认浏览器启动 Jupyter Notebook，如图 9-7 所示，浏览器地址栏中的默认地址为 localhost:8888/tree，其中，8888 为端口号；如果同时启动多个 Jupyter Notebook，则端口号将依次加 1，如 8889、8890 等。

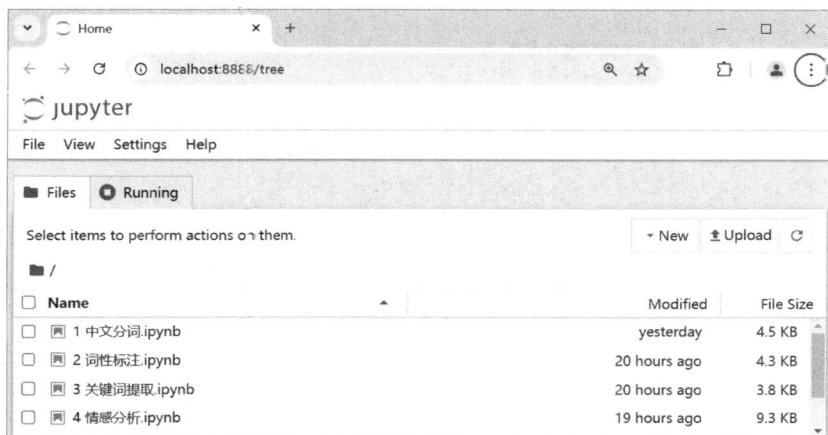

图 9-7　通过 Anaconda 打开的 Jupyter Notebook 界面

3．文件操作

如图 9-8 所示，选中某个文件后，可以对其进行下载、重命名、复制、删除等操作。

如图 9-9 所示，单击"New"→"Python (nlp)"或"Python 3 (ipykernel)"，可以基于选择的内核创建新文件并进入 Jupyter Notebook 编辑界面，如图 9-10 所示。

图 9-8　文件操作

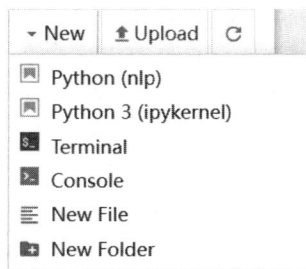

图 9-9　新建文件

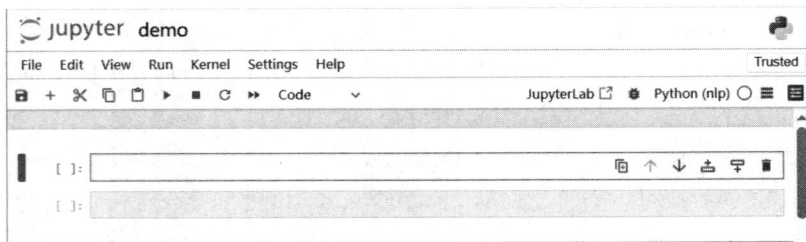

图 9-10　Jupyter Notebook 编辑界面

在 Jupyter Notebook 编辑界面中，单击菜单栏"File"→"Save and Export Notebook As"，可以根据需要选择不同的文件类型将其导出，包括 Python 脚本、HTML、PDF、Markdown 等，如图 9-11 所示。

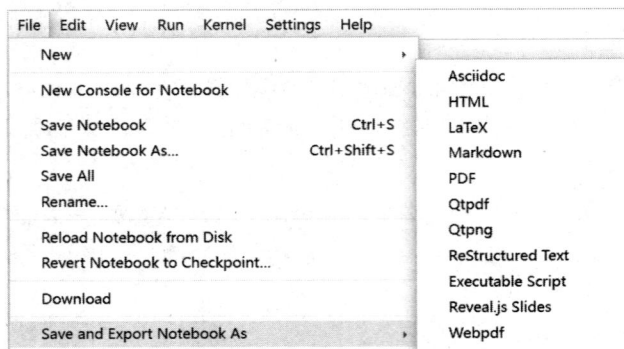

图 9-11　导出文件

4．文件编辑操作

Jupyter Notebook 编辑界面从上至下分别为标题栏（显示文件名称）、菜单栏、工具栏和单元格区域。

（1）菜单栏

"Edit"菜单：包含单元格的各种编辑操作，可以方便地合并（Merge）、拆分单元格（Split Cell）、清空当前单元格的输出（Clear Cell Output）、清空所有单元格输出（Clear Outputs of All Cells）等。

"Run"菜单：包含与单元格运行和输出管理等相关的功能，如运行所有单元格（Run All Cells）、运行当前单元格上方所有代码（Run All Above Selected Cell），运行当前单元格下方所有代码（Run Selected Cell and All Below）等。

"Kernel"菜单：包含管理 Jupyter Notebook 内核的功能，如重启内核（Restart Kernel）、停止内核（Shut Down Kernel）等。内核是运行代码的后台进程，当遇到内核崩溃或挂起时可对其进行重启。重启内核会清除内核中的所有变量和状态，并关闭所有打开的文件和流。因此，在进行内核重启之前，要先保存文件，并确认已经保存了所有数据和结果。

（2）工具栏

工具栏提供了一些常用的操作按钮，如保存▣、插入新的单元格＋、剪切单元格✂、复制单元格▢、粘贴单元格▢、运行单元格▶、停止运行单元格■等。

（3）单元格类型和状态

每个单元格都有"代码"（Code）和"标记"（Markdown）两种常用类型，可以在工具栏的 Code ∨ 下拉列表进行选择。

每个单元格前均显示有一对方括号，空白的"[]"表示该代码尚未运行；"[数字]"表示该代码已运行，数字代表运行的次序；"[*]"表示该代码正在运行。

（4）快捷键

快捷键是提高使用效率的重要工具。通过"Help"菜单栏中的"Show Keyboard Shortcuts"可以查看所有可用的快捷键。经常使用的快捷键如下。

- Shift+Enter：运行当前单元格，并选中下一个单元格。
- Ctrl+D：行删除。

Anaconda 中的 Jupyter Notebook 界面与 VSCode 中的 Jupyter Notebook 界面形式不同。

VSCode 作为一种集成开发环境，用户可以在一个窗口中同时查看代码、输出和文件结构，其 Jupyter Notebook 界面具有丰富的代码编辑功能，如语法高亮、智能提示等。Anaconda 中的 Jupyter Notebook 界面基于 Web，用户通过浏览器访问，界面相对简单，专注于代码和输出的展示。

VSCode 中的 Jupyter Notebook 适合需要使用多种开发工具和语言的用户，而 Anaconda 中的 Jupyter Notebook 则更专注于数据科学和机器学习用户。

本章采用 Anaconda 中的 Jupyter Notebook。

9.2 中文文本处理

中文分词与英文分词的主要区别在于语言结构和撰写方式不同。英文以空格作为单词的分隔符，因此分词相对简单，通常只需根据空格进行切分即可。而中文则没有明显的分隔符，词与词之间没有空格，且一个汉字可以独立成词，也可以与其他汉字组合成词；中文中同音字和多义词的存在也增加了分词的难度，需要通过上下文来判断词语的含义。因此中文分词需要考虑词语的语义、词性和上下文等因素，要采用更复杂的算法和模型进行处理。

在 Python 中，jieba 是最常用的中文分词库，它能够将中文文本切分成有意义的词语，为后续的自然语言处理任务提供基础支持。通过学习第三方库 jieba，可以深入理解自然语言处理中的重要概念，如分词、词性标注和关键词提取等。这些技术在文本分析、信息检索和机器学习等领域发挥着关键作用，为处理中文文本提供了强大的工具和方法。

9.2.1 jieba 基础知识

本节介绍中文分词、词性标注和关键词提取的相关内容，帮助理解这些自然语言处理技术的基本原理和应用。

1．中文分词

jieba 提供了多种中文分词模式，能够较为准确地完成分词任务。然而，对于某些专业术语、缩写、人名等特定词汇，以及新出现的词汇，可能需要手动添加新词。为了方便添加大量新词，用户可以使用自定义词典，从而提升分词的准确性和适应性。

jieba 中常用的分词函数见表 9-2。

表 9-2 jieba 中常用的分词函数

函数	说明
jieba.cut(s)	精确模式，对句子进行最精确的分词，返回可迭代对象
jieba.cut(s, cut_all=True)	全模式，输出所有可能成词的词语
jieba.lcut(s)	精确模式，返回一个列表
jieba.lcut(s, cut_all=True)	全模式，返回一个列表
jieba.add_word(w)	向词典中增加新词
jieba.load_userdict(file)	向词典中添加自定义词典

（1）分词模式

jieba 提供了精确模式和全模式两种主要的分词模式。精确模式旨在将文本切分成最符合语义的词语，适合需要高准确度的场景，能够有效减少冗余词汇。而全模式则会将句子中所有可能的词语都切分出来，包括不常用的词，适合需要全面捕捉信息的情况，但可能会产生较多冗余。

jieba.lcut()可以进行分词，其返回值为一个列表，其中包含分词结果的字符串。其 API 如下：

```
jieba.lcut(sentence, cut_all=False, HMM=True)
```

其参数的含义见表 9-3。

表 9-3　jieba.lcut()参数的含义

参数	说明
sentence	需要进行分词的字符串
cut_all	布尔型，是否采用全模式，默认为 False，即采用精确模式。如果设置为 True，则采用全模式，会返回所有可能的词语
HMM	布尔型，是否使用隐马尔可夫模型（HMM）进行新词识别。默认为 True，表示使用 HMM。如果设置为 False，则不使用 HMM，新词识别能力将会降低，分词结果更为保守

jieba.lcut(sentence)表示采用精确模式，分词结果中不会存在冗余的词语，适用于文本处理和进一步的自然语言处理任务；jieba.lcut(sentence, cut_all=True)表示采用全模式，分词结果会把句子中所有可以成词的词语都扫描出来，速度快，但结果中会包含大量的重叠词，不能保证分词的准确性。

【例 9-1】精确模式和全模式分词演示。

在 Jupyter Notebook 中，对"自然语言处理是一门涉及多领域的交叉学科"这句话分别采用精确模式和全模式分词。代码及运行结果如下：

```
[1]    import jieba
```

```
[2]    sentence = "自然语言处理是一门涉及多领域的交叉学科"
```

```
[3]    words = jieba.lcut(sentence)     # 精确模式
       print("/".join(words))     # 打印精确模式的输出结果，词与词之间用"/"隔开
```

对应的输出结果如下：

自然语言/处理/是/一门/涉及/多/领域/的/交叉学科

```
[4]    words = jieba.lcut(sentence, cut_all=True)     # 全模式
       print("/".join(words))     # 打印全模式的输出结果，词与词之间用"/"隔开
```

对应的输出结果如下：

自然/自然语言/语言/处理/是/一门/涉及/多/领域/的/交叉/交叉学科/学科

根据结果可知，全模式会把句子中所有可以成词的词语都扫描出来，但分词结果准确性不高，精确模式的分词结果更加准确。

（2）添加新词

虽然 jieba.lcut()可以较为准确地完成分词任务，但对于某些专业术语、缩写、人名，以及新出现的词汇等分辨度不高，此时，可以使用 jieba.add_word()向词典中增加新词，使分词准确性进一步提高。

【例 9-2】添加新词的分词演示。

```
[5]    sentence = "王清晨是信安系主任也是云计算方面的专家"
```

```
[6]   words = jieba.lcut(sentence)      # 精确模式
      print("/".join(words))        # 打印精确模式的输出结果，词与词之间用"/"隔开
```

对应的输出结果如下：

王/清晨/是/信安/系主任/也/是/云/计算/方面/的/专家

从分词的结果可以看出，"王清晨""信安系""云计算"等完整的词语被拆分开，分词结果不准确。因此，通过 jieba.add_word()向词典中添加自定义词汇尤为重要。下面将这三个词汇以自定义的方式加入词典。

```
[7]   # 在词典中添加自定义词汇
      jieba.add_word("王清晨")
      jieba.add_word("信安系")
      jieba.add_word("云计算")
```

```
[8]   words = jieba.lcut(sentence)      # 精确模式
      print("/".join(words))
```

对应的输出结果如下：

王清晨/是/信安系/主任/也/是/云计算/方面/的/专家

对比两次分词结果，在词典中添加新词后的分词结果明显更加准确。

（3）自定义词典

当需要向词典中添加大量新词时，反复调用 add_word()过于烦琐。此时，可以使用 jieba.load_userdict()将文件中的自定义词汇批量添加至词典中，使词汇的维护与更新更加灵活、方便，适合需要大量自定义词汇的场景。该方法的 API 如下：

jieba.load_userdict(file_name)

参数 file_name 为字符串类型，表示用户词典的文件路径。该文件应该是一个文本文件，每行均包含一个词语。

【例 9-3】批量添加新词演示。

首先将 userdict.txt 文件作为用户词典文件，将"王清晨""信安系主任""云计算"以每行一个词语的形式加入词典，如图 9-12 所示。

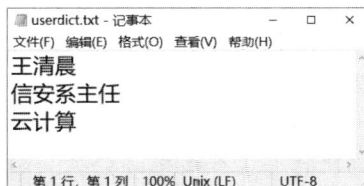

图 9-12　自定义词典

引入自定义词典后，再次进行分词。

```
[9]   words = jieba.lcut(sentence)      # 精确模式
      print("/".join(words))
```

对应的输出结果如下：

王清晨/是/信安系主任/也/是/云计算/方面/的/专家

通过使用自定义词典，用户可以快速批量添加多个词语，从而显著提高分词的准确性和效率。这种方法特别适合处理特定领域的文本，如专业文献、行业术语或具有特定语境的内容。自定义词典的灵活性使得用户能够根据实际需求调整分词结果，优化文本分析和处理过程。

〖说明〗jieba 没有直接用于卸载用户自定义词典的函数，但可以通过重新加载默认词典来覆盖自定义词典。使用 jieba.initialize()重新初始化分词器，这样会清空当前的词典并恢复到默认状态。

2．词性标注

词性标注用于确定文本中每个单词的词性或词类。在这一过程中，每个词汇都会被分配一个特定的标签，以表示其在句子中所扮演的语法角色，如名词、动词、形容词、副词等。这些标签不仅提供了单词的语法信息，还揭示了其语义特征，对于句子的理解以及后续的语言处理任务具有重要

意义。通过词性标注，能够更深入地分析文本结构，从而提高自然语言处理的准确性和效果。

jieba.posseg 是 jieba 中的词性标注模块，它能够对中文文本进行分词，并为每个分词结果赋予相应的词性标签。jieba.posseg.lcut()用于完成分词及词性标注，其 API 如下：

```
jieba.posseg.lcut(sentence, cut_all=False, HMM=True)
```

jieba.posseg.lcut()的参数与 jieba.cut()的相同，但它的返回值列表中，每个元素是一个 pair 对象，包含两个属性，word 属性为分词得到的词语，flag 属性为该词语的词性。

【例 9-4】词性标注演示。

下面通过 jieba.posseg.lcut()进行分词，并遍历分词的结果，输出每个词及其词性。

```
[1]   import jieba.posseg as psg
```

```
[2]   sentene = "我和朋友去欣赏颐和园西堤的美景"
      seg = psg.lcut(sentene)  # seg 保存分词结果
```

```
[3]   for element in seg:
          print(element.word, element.flag)  # 输出每个词及其词性
```

对应的输出结果如下：

```
我 r
和 c
朋友 n
去 v
欣赏 v
颐和园 ns
西堤 nr
的 uj
美景 n
```

在词性标注中，r 为代词，c 为连词，n 为名词，v 为动词，ns 为地理名词，nr 为人名，uj 为结构助词。

〖说明〗西堤被误标为人名（nr），这可能是因为 jieba 默认词典中未收录"西堤"作为地名，且语料库中人名为"××堤"的频率高于地名。

通过标注好的词性，可以对文本中的词语进行特定的词性提取。这一过程能够精准地筛选出具有特定语法角色的词语，从而为后续的文本分析、信息提取和自然语言处理任务提供更加有针对性的支持。

【例 9-5】假设有一段关于山西旅游文化的描述，从中提取出地理名词。

地理名词的词性标注为 ns，因此在分词后，根据词性是否为 ns 完成筛选。代码如下。

```
[4]   text="""
      山西旅游文化资源丰富，不仅拥有众多著名景区，如五台山的佛教圣地、云冈石窟的石窟艺
      术、平遥古城的明清建筑、悬空寺的奇特建筑、太原古城墙的历史遗迹和雁门关的自然风光，还
      与当下热门的游戏《黑悟空》相结合，增添了新的文化魅力。在《黑悟空》中，玩家可以探索与
      山西相关的古建筑和传奇故事，感受这片土地的神秘与魅力。
          例如，玩家可以在游戏中探访具有历史意义的晋祠，欣赏其精美的古建筑和悠久的文化传承；或
      者在介休的绵山中，体验与游戏角色的互动，感受道教文化的深厚底蕴。此外，游戏还可以让玩家在
      大同的华严寺中寻找隐藏的宝物，或在灵石的天龙山中挑战强大的敌人，体验古代武侠的风采。
          这些景区不仅展现了山西丰富的文化底蕴和壮美的自然风景，还通过《黑悟空》的游戏元素
      吸引着更多年轻游客和历史文化爱好者前来探访，体验古老与现代交融的独特魅力。
      """
```

```
[5]    seg = psg.lcut(text)  # seg 保存每个分词及其词性
       placle_names = []
       for element in seg:
           if element.flag == 'ns':  # 判断是否为地理名词
               placle_names.append(element.word)
       print(placle_names)
```

对应的输出结果如下：

['山西', '五台山', '云冈石窟', '古城', '太原', '雁门关', '山西', '晋祠', '天龙山', '山西']

将运行结果与原文本比对，结果中包含了提取出来的地理名词。由于 jieba 默认词典中收录的地名有限，因此无法识别所有地理名词，如"平遥"等。

3. 关键词提取

关键词提取是指从一段文本中提取出最具代表性和概括性的关键词或短语，旨在帮助用户快速理解文本的主题。这一过程不仅提升了信息的可读性，还对搜索引擎优化和信息检索具有重要意义。通过有效的关键词提取，用户能够迅速捕捉到文本的核心内容，从而提高信息获取的效率。

jieba.analyse 是 jieba 中的一个模块，专门用于关键词提取。它提供了多种方法用于从文本中提取出最具代表性的关键词，以帮助用户快速了解文本的主题。该模块支持基于 TF-IDF（词频-逆文档频率）和 TextRank 算法的关键词提取。

TF-IDF 是一种广泛应用于文本挖掘的技术，用于衡量词语在文本中的重要性。TF 代表词频（Term Frequency），即某个词在文本中出现的次数。如果一个词在文本中频繁出现，通常意味着它与文本主题密切相关，因此应给予较高的权重。IDF 则表示逆文档频率（Inverse Document Frequency），它是语料库中的文档总数与包含该词的文档数量的比值的对数，用于降低高频常见词的权重。如果一个词在整个语料库中非常常见，则其区分不同文本的能力较低，因此应给予较低的权重。TF-IDF 算法的计算公式为 TF-IDF=TF×IDF。通过这种方式，TF-IDF 算法能够有效地提取出文本中最具代表性的关键词。

TextRank 是一种基于图的无监督学习算法，它将文本中的词语视为图中的节点，节点之间的边表示词语之间的共现关系，构建词语的共现图。然后，利用 PageRank 算法计算每个节点的权重，节点的权重不仅取决于它自身的连接数（与多少其他词语相连），还取决于这些连接的词语的权重，即一个词的权重越高，它所连接的词语对其权重的影响也越大。权重计算是一个迭代的过程，最后，权重高的节点即为文本中的重要关键词。TextRank 算法能够有效捕捉词语之间的语义关系，适用于多种文本类型，且无须人工标注数据，广泛应用于信息检索、文本摘要、社交媒体分析、文档聚类等领域，帮助用户快速获取文本的核心信息和主题。

jieba.analyse.extract_tags()使用 TF-IDF 算法进行关键词提取，API 如下：

jieba.analyse.extract_tags(sentence, topK=20, withWeight=False, allowPOS=(), rejectPOS=(), user_dict=None, HMM=True)

其参数/返回值见表 9-4。

表 9-4 jieba.analyse.extract_tags()的参数/返回值

参数/返回值	说明
sentence	待提取关键词的文本
topK	返回关键词的数量，默认为 20
withWeight	是否返回每个关键词的权重，默认为 False
allowPOS	允许提取的词性，默认为空，表示不限制。可以指定词性的元组，例如，('n', 'v') 表示只提取名词和动词
rejectPOS	排除提取的词性，默认为空，表示不排除。可以指定词性的元组，例如，('d', 'p') 表示排除副词和介词

参数/返回值	说明
user_dict	用户自定义词典的路径，默认为 None。可以通过指定自定义词典来增加特定词的识别
HMM	是否使用隐马尔可夫模型，默认为 True
返回值	如果 withWeight 为 False，则返回提取的关键词列表；如果 withWeight 为 True，则返回关键词及其权重的元组列表

jieba.analyse.textrank()使用 TextRank 算法进行关键词提取，API 如下：

```
jieba.analyse.textrank(sentence, topK=20, withWeight=False, allowPOS=(), rejectPOS=(), user_dict=None,
HMM=True)
```

参数和返回值与 jieba.analyse.extract_tags()的相同。

【例 9-6】提取关于山西旅游文化信息的关键词信息。

基于例 9-5 中关于山西旅游文化的文本，分别使用 jieba.analyse.extract_tags()和 jieba.analyse.textrank()提取关键词信息，并对结果进行对比。

[6]	`import jieba.analyse`

| [7] | ```
# 使用 TF-IDF 算法提取关键词
# 提取与文本最相关的 5 个关键词，返回权重
keywords = jieba.analyse.extract_tags(text, topK=5, withWeight=True)
# 遍历关键词
for keyword in keywords:
    print("{:<10} weight:{:.2f}".format(keyword[0], keyword[1]))
``` |
|---|---|

对应的输出结果如下：

```
悟空          weight:0.28
游戏          weight:0.24
魅力          weight:0.20
体验          weight:0.19
文化          weight:0.17
```

| [8] | ```
# 使用 TextRank 算法提取关键词
keywords = jieba.analyse.textrank(text, topK=5, withWeight=True)
for keyword in keywords:
    print("{:<10} weight:{:.2f}".format(keyword[0], keyword[1]))
``` |
|---|---|

对应的输出结果如下：

```
游戏          weight:1.00
历史          weight:0.98
文化          weight:0.83
悟空          weight:0.74
山西          weight:0.68
```

对比两种算法提取的关键词信息。TextRank 算法基于图，它考虑了词语在文本中的上下文关系，因此提取的关键词通常与文本的主题和结构有较强的关联性，其提取的关键词如"游戏""历史""文化"等，都是与山西旅游及其文化背景密切相关的核心概念，反映了文本的主要内容。

TF-IDF 算法主要通过计算词语在文档中的频率（TF）和在整个语料库中的稀有程度（IDF）来评估关键词的重要性。它更关注单个词语的出现频率，其提取的关键词可能会包含一些在特定

上下文中不那么重要的词，如"魅力"和"体验"等，只因为它们在文本中出现的频率较高。

在这段文本的关键词提取中，TextRank 算法提取的关键词更为准确，能够更好地反映文本的核心主题和内容。

9.2.2 基于中文分词的情感分析

本节基于中文分词，通过 Python 程序对用户评论进行情感分析，深入理解分词的应用场景和情感倾向分析的基本策略。

【例 9-7】情感分析是自然语言处理中的重要应用，以商业领域为例，情感分析可以帮助企业理解客户反馈，优化产品和服务，提高客户满意度。对评论的褒贬性进行判断是情感分析的常用方法。形容词、程度副词和连词都是用于判断褒贬性的重要依据。

以下通过 Python 代码进行中文情感分析的简单示例。假设有评论："外观很好，画质也不错。但是音质真的太糟糕了，操作也不方便。"对该评论进行情感分析。

阶段 1：基础的情感分析。

使用 jieba 对该评论进行分词并提取所有的形容词，并在列表中分别存放褒义词和贬义词。文本中每出现一次褒义词加 1 分，出现一次贬义词减 1 分，计算该评论的情感得分。大于 0 为积极情感，小于 0 为消极情感，等于 0 为中立情感。

[1]	`import jieba.posseg as psg`

[2]	`comment = "外观很好，画质也不错。但是音质真的太糟糕了，操作也不方便。"` `words = psg.lcut(comment)    # 对 comment 进行分词和词性标注`

[3]	`# 1.定义褒义词和贬义词列表`
	`positive_words = ['好', '不错', '方便', '赞']  # 褒义词列表`
	`negative_words = ['糟糕', '不方便']        # 贬义词列表`

[4]	`# 2.对产品评论的情感打分`
	`score = 0    # 初始化情感得分变量 score`
	`for word, flag in words:  # 遍历获取二元组(word 词，flag 词性)`
	`    if flag == 'a' :    # 如果当前词的词性为形容词`
	`        if word in positive_words:    # 如果该词在褒义词列表中`
	`            score += 1`
	`        elif word in negative_words: # 如果该词在贬义词列表中`
	`            score -= 1`
	`    print(word, score, end="; ")    # 实时输出当前词和累积的情感得分`

对应的输出结果如下：

外观 0; 很 0; 好 1; ，1; 画质 1; 也 1; 不错 2; 。2; 但是 2; 音质 2; 真的 2; 太 2; 糟糕 1; 了 1; ，1; 操作 1; 也 1; 不 1; 方便 2; 。2;

从结果可以看出，每次遇到形容词时，如果该词在褒义词列表中，则情感得分加 1（好、不错、方便）；如果该词在贬义词列表中，则情感得分减 1（糟糕）；如果是其他词性，则情感得分不变。

[5]	`# 3.根据得分情况进行情感分析`
	`if score > 0:`
	`    print(score, "positive feeling")    # 积极情感`

```
elif score < 0:
    print(score, "negative feeling")     # 消极情感
else:
    print(score, "neutral feeling")      # 中立情感
```

对应的输出结果如下：

```
2 positive feeling
```

仔细分析统计过程会发现，"不方便"被分为"不"和"方便"两部分，因此"方便"被归类为褒义词，从而多加了 1 分且少减了 1 分，也就是说，真实情感得分应该为 0（中立情感）而不是 2（积极情感）。在情感分析中，否定词（如"不""没有""不是"等）会对句子的情感倾向产生反转的作用，因此对否定词进行处理是情感分析中非常重要的一步。

阶段 2：加入对否定词"不"的处理。

在统计的过程中，使用 is_not 变量记录当前是否出现否定词的情况。当遇到否定词"不"时，将 is_not 设置为 True，表示后续的形容词需要考虑否定词的影响。

如果 is_not 为 True，表示前一个词是否定词（"不"），因此接下来的形容词（如"方便"）的情感得分需要反转（正面词减 1，负面词加 1），同时否定词处理完毕，将 is_not 置为 False，以关闭其影响；如果 is_not 为 False，则正常计算情感得分（正面词加 1，负面词减 1）。

将上述代码段[4]修改如下。

```
[4]   # 2.对产品评论的情感打分
      score = 0
      is_not = False    # 用于记录否定词的状态
      for word, flag in words:
          if flag == 'a':
              if is_not:  # 如果当前形容词的前一个词为否定词，计分反转
                  if word in positive_words:
                      score -= 1
                  elif word in negative_words:
                      score += 1
                  is_not = False    # 否定词作用结束
              else:    # 如果前一个词不是否定词，正常计分
                  if word in positive_words:
                      score += 1
                  elif word in negative_words:
                      score -= 1
          elif word == "不":    # 检查当前词是否为否定词
              is_not = True    # 如果当前词为否定词，则 is_not 改为 True

          print(word, score, end="; ")   # 实时输出当前词和累积的情感得分
```

对应的输出结果如下：

```
    外观 0; 很 0; 好 1; ，1; 画质 1; 也 1; 不错 2; 。2; 但是 2; 音质 2; 真的 2; 太 2; 糟糕 1; 了
1; ，1; 操作 1; 也 1; 不 1; 方便 0; 。0;
```

从结果可以看出，"不方便"作为贬义词被减分，最后的情感得分为 0。

阶段3：处理"但是"等转折。

在情感分析中，除了需要对诸如"不"和"没有"等否定词进行处理，还需要处理"但是"等转折词，因为这些词语通常表示前后语义的对立或转变，对句子的情感倾向起到关键作用。如果不能正确处理转折词，可能会导致情感分析的误判。

例如，有这样的评论："这款产品价格便宜，但是质量太差。"这一句话中，前半句表达正向情感（"价格便宜"），转折后半句表达负向情感（"质量太差"），显然后半句更为重要，表达了用户的真实感受。如果忽略"但是"，则会误判为中立情感。

仍采用示例评论："外观很好，画质也不错。但是音质真的太糟糕了，操作也不方便。"在处理否定词"不"的基础上，再加入处理转折词"但是"的代码。当遇到"但是"时，将情感反向处理：若当前是积极情感，遇到"但是"则减1分；若当前是负面情感，遇到"但是"则加1分，代码段[4]修改如下。

| [4] | ```python
# 2.对产品评论的情感打分
score = 0
is_not = False    # 用于否定词的判断
for word, flag in words:
    if flag == 'a':
        if is_not:
            if word in positive_words:
                score -= 1
            elif word in negative_words:
                score += 1
            is_not = False
        else:
            if word in positive_words:
                score += 1
            elif word in negative_words:
                score -= 1
    elif word == "不":
        is_not = True
    elif word == "但是":    # 引入对"但是"的转折处理
        if score > 0:      # 如果当前累积情感得分大于0
            score -= 1     # 情感得分减1
        else:              # 如果当前情感得分小于或等于0
            score += 1     # 情感得分加1

    print(word, score, end="; ")    # 实时输出当前词和累积的情感得分
``` |
|---|---|

对应的输出结果如下：

外观 0; 很 0; 好 1; ， 1; 画质 1; 也 1; 不错 2; 。 2; 但是 1; 音质 1; 真的 1; 太 1; 糟糕 0; 了 0; ， 0; 操作 0; 也 0; 不 0; 方便 -1; 。 -1;

由于本评论句式为先扬后抑，因此当出现转折词"但是"时，情感得分减1，所以最终的情感得分为-1，判定为消极情感。

将评论："外观很好，画质也不错。但是音质真的太糟糕了，操作也不方便。"
```

改为："音质真的太糟糕了，操作也不方便。但是外观很好，画质也不错。"

将先扬后抑的句式改为先抑后扬句式，则代码段[4]的运行结果如下：

音质 0; 真的 0; 太 0; 糟糕 -1; 了 -1; ， -1; 操作 -1; 也 -1; 不 -1; 方便 -2; 。 -2; 但是 -1; ， -1; 外观 -1; 很 -1; 好 0; ， 0; 画质 0; 也 0; 不错 1; 。 1;

由于当前句式为先抑后扬，因此当出现转折词"但是"时，情感得分加 1，所以最终的情感得分为 1，判定为积极情感。

阶段 4：权重词的引入。

在情感分析中，引入权重词的主要目的是提升分析的准确性，使模型能够更好地捕捉语言表达中的语气、情感强度和语义结构的层次感。

有示例评论："虽然价格贵，但是质量特别好。"对于"特别"一词，应当赋予较高的权重。如果忽视了"特别"一词，可能会低估用户对质量的积极评价。再以"还算不错"和"非常好"为例，虽然这两个词都传达了正向情感，但其程度却不同："还算"降低了正向情感的强度，因此应赋予较低的权重；"非常"则增强了正向情感的强度，应赋予较高的权重。

仍采用示例评论："外观很好，画质也不错。但是音质真的太糟糕了，操作也不方便。"对部分能够增强或降低情感强度的词语赋予权重后再进行情感分析。建立如下权重词典，对情感强烈的词语赋予更大的权重：

weight = {"无比": 4, "太": 3, "极": 3, "很": 2, "非常": 2, "较": 1}

在统计过程中，形容词的情感得分依赖于其前面副词的权重。因此，首先使用变量 word_pre 来记录当前词（word）的前一个词。在每次循环结束时，将前一个词更新为当前词。在计算情感得分时，在原有的加 1 分或减 1 分的基础上，乘以前一个词所带来的权重。如果前一个词不在权重词典中，则其权重默认为 1。这样可以确保情感得分计算更加准确，充分反映出上下文中副词对形容词情感得分的影响。

统计部分的代码段[4]更新如下。

| [4] | ```
# 2.引入权重
weight = {'很': 2, "太": 3, "非常": 2, "较": 1, "极": 3, "无比": 4}
``` |

| [5] | ```
# 3.对产品评论的情感打分
score = 0
is_not = False
word_pre = ""   # 初始化当前词的前一个词变量 word_pre
for word, flag in words:
    if flag == 'a':
        if is_not:
            if word in positive_words:
                score -= 1*weight.get(word_pre, 1) # 情感得分乘以前词权重
            elif word in negative_words:
                score += 1*weight.get(word_pre, 1) # 情感得分乘以前词权重
            is_not = False
        else:
            if word in positive_words:
                score += 1*weight.get(word_pre, 1) # 情感得分乘以前词权重
            elif word in negative_words:
                score -= 1*weight.get(word_pre, 1) # 情感得分乘以前词权重
    elif word == "不":
``` |

```
        is_not = True
    elif word == "但是":
        if score > 0:
            score -= 1
        else:
            score += 1
    word_pre = word  # 用当前词更新前一个词

    print(word, score, end="; ")    # 实时输出当前词和累积的情感得分
```

对应的输出结果如下：

外观 0; 很 0; 好 2; ，2; 画质 2; 也 2; 不错 3; 。3; 但是 2; 音质 2; 真的 2; 太 2; 糟糕 -1; 了 -1; ，-1; 操作 -1; 也 -1; 不 -1; 方便 -2; 。-2;

案例通过 Python 代码讲解了情感分析在自然语言处理中的实际应用。利用 jieba 进行中文分词和词性标注，展示了如何引入否定词、转折词以及权重词的策略，从而显著提升情感分析的准确性。这些方法有效地捕捉了文本中的情感变化和语义层次，为情感分析提供了更为精确的判断依据。

9.2.3 中文文本处理实验

9.2.3.1 实验目标

（1）掌握分词技术、自定义词典的应用以及去停用词的处理方法，提高关于自然语言处理的基础技能，增强对文本数据分析的理解。

（2）掌握文本关键词提取与分类方法，培养提取关键词的能力，提升信息识别与分类的技能，以便在实际应用中有效地处理和组织信息。

（3）掌握词性标注与文本分析方法，理解语言结构和表达方式。

9.2.3.2 实验任务

本实验任务的目标知识点见表 9-5。

表 9-5 实验任务的目标知识点

编号	任务	目标知识点
1	论文摘要词频统计	分词，自定义词汇，去停用词，词云图
2	新闻主题提取与分类	关键词提取
3	作文质量分析	词性标注及其应用

【任务 1】论文摘要词频统计。

论文摘要如下：

abstract_text = """
智能问答是自然语言处理中的一个核心的子领域，旨在理解并回答用户提出的自然语言问题。传统的问答系统通常依赖于预定义的规则和有限的语料库，无法处理复杂的多轮对话。大语言模型是一种基于深度学习技术的自然语言处理模型，拥有数十亿甚至上千亿个参数，不仅能够理解和生成自然语言，还能显著提升问答系统的准确性和效率，推动智能问答技术的发展。近年来，基于大语言模型的智能问答系统逐渐成为研究热点，但对该领域的系统性综述仍然较为欠缺。因此，本文针对基于大语言模型的智能问答系统进行系统综述，首先介绍

了问答系统的基本概念和数据集及其评价指标；其次介绍了基于大语言模型的智能问答系统，其中包括基于提示学习的问答系统、基于知识图谱的问答系统、基于检索增强生成的问答系统和基于智能代理的问答系统以及微调在问答任务中的技术路线，并对比了 5 种方法在问答系统中的优缺点和应用场景；最后对于当前基于大语言模型的智能问答系统面临的研究挑战和未来发展趋势进行了总结。

```
"""
```

〖提示〗本实验旨在学习如何使用 jieba 进行中文分词。在进行分词之前，需要进行一些数据预处理操作，以提高词频统计的准确性。这些操作包括添加自定义词汇、去除停用词以及清洗标点符号。具体步骤如下。

（1）添加自定义词汇。将以下自定义词汇加入词典中，以增强分词效果：

"大语言模型"

"智能问答"

"自然语言处理"

"检索增强生成"

"提示学习"

"知识图谱"

（2）去除停用词。为了减少无意义的词对统计结果的影响，提高文本分析的准确性和效率，在分词过程中去除以下停用词：

```
stop_words = ["的", "是", "在", "和", "有", "了", "对", "就", "都", "一个", "而", "还", "这", "与", "也", "其"]
```

去停用词的方法一般步骤如下：首先，准备一个停用词列表，包含需要移除的词；然后，遍历文本，将每个词与停用词列表进行比较，保留不在列表中的词。

（3）清洗标点符号和空白字符。可以使用正则表达式去除文本中的标点符号和空白字符。正则表达式'[^\w]'表示匹配所有不是英文字母、数字或下画线的字符：

```
abstract_text = re.sub(r'[^\w]', '', abstract_text)
```

完成以上数据清洗后，用以下两种方式展示和统计词频。

（1）手动统计词频。完成以上预处理后，可以使用 Python 中的 collections 模块来统计词频。collections 模块提供了一个名为 Counter 的类，可以方便地计算数据出现的次数，统计结果为词典。例如：

```
from collections import Counter

# 词汇列表
words = ["自然语言处理", "人工智能", "自然语言处理", "大语言模型", "智能问答", "知识图谱", "人工智能", "自然语言处理"]

# 使用 Counter 类统计词频
word_counts = Counter(words)

# 输出词频统计结果
for word, count in word_counts.items():
    print(f"{word}: {count}")
```

（2）使用词云进行词频可视化展示。对于将数据预处理之后的分词结果，由 WordCloud 类生成词云图，并与上述统计结果进行对比，观察二者统计结果的一致性及不同之处。词云图如图 9-13 所示。

图 9-13　论文摘要词云图

【任务 2】新闻主题提取与分类。

对一组新闻进行分词和关键词提取，识别出每篇文章的关键词，并根据关键词将它们按主题分类。该功能可以为新闻聚合平台提供自动分类服务，通过关键词提取和匹配，帮助用户快速找到感兴趣的新闻内容。

供实验的数据如下：

```
# 预定义新闻文本
news_articles = [
    "近日，科技公司发布了新款智能手机，受到广泛关注。该手机配备了最新的人工智能助手，能够
更好地满足用户需求。",
    "经济学家分析了当前的经济形势，并提出了未来的预测。专家指出，全球经济复苏的速度将取决
于各国的政策响应。",
    "气候变化问题日益严重，各国领导人召开会议进行讨论。联合国呼吁各国采取紧急措施，以应对
气候变化带来的挑战。",
    "人工智能技术正在快速发展，改变着各行各业的面貌。许多企业开始利用人工智能技术提升生产
效率和客户体验。",
    "近日，全球股市出现了大幅波动，投资者对经济前景表示担忧。分析师认为，这与通货膨胀和利
率上升有关。",
    "随着夏季来临，气温持续上升，气象部门发布了高温预警。专家提醒公众注意防暑降温，保护身
体健康。",
    "科学家们在最新研究中发现，海洋塑料污染对海洋生物造成了严重威胁，呼吁全球采取行动减少
塑料使用。",
    "各大科技公司纷纷推出新的可穿戴设备，旨在帮助用户更好地监测健康状况，提升生活质量。",
    "指数收盘涨跌不一  大金融概念全天强势"
]
# 预定义关键词与类别的映射关系
category_keywords = {
    "科技": ["科技", "智能手机", "人工智能", "可穿戴设备"],
    "经济": ["经济", "复苏", "市场", "通货膨胀", "投资", "金融"],
    "环境": ["气候变化", "海洋", "污染", "高温"]
}
```

运行结果如下：

```
每篇文章的主题关键词：
Article 1: ['能够', '智能手机', '新款']
Article 2: ['经济', '复苏', '指出']
Article 3: ['气候变化', '应对', '领导人']
```

Article 4: ['技术', '生产', '提升']

Article 5: ['表示', '经济', '波动']

Article 6: ['预警', '公众', '提醒']

Article 7: ['塑料', '呼吁', '采取行动']

Article 8: ['帮助', '用户', '监测']

Article 9: ['涨跌', '金融', '收盘']

分类结果：

科技: ['Article 1']

经济: ['Article 2', 'Article 5', 'Article 9']

环境: ['Article 3']

〖提示〗提取关键词时，尝试使用 jieba.analyse 中的方法，并可以根据需要扩展预定义的类别和关键词，从而提高分类的准确性和实用性。

【任务3】作文质量分析。

设计一个语文老师对学生的作文进行评分的场景，用于评估学生的写作能力和语言运用水平。编写一个程序，通过分析作文中的句子结构和用词情况，提供有价值的反馈。具体评分指标如下。

（1）词汇丰富度：分别计算作文中名词、形容词的数量与总词汇数量的比率，得到名词词汇丰富度和形容词词汇丰富度，用于衡量学生的词汇使用情况。词汇丰富度高表明学生能够灵活运用多样的词汇，从而增强表达的生动性和准确性。

（2）句子结构复杂性：通过计算句子中使用的连词、副词、介词和助词数量分析句子结构的复杂性。连接词（"而且""但是""因为"等）的多样性可以反映句子间的逻辑关系和复杂性，副词（"每当""非常""更"等）、介词（"在""对""从"等）和助词（"的""了""着"等）的存在也可能影响句子的结构和表达的丰富性。

（3）平均句子长度：通过计算平均句子长度（词的总数除以句子总数），可以分析学生的句子构造能力。适当的句子长度和多样的句子结构能够使文章更具可读性和逻辑性。

计算以上指标，并打印输出。

〖提示〗可以使用如下文本进行测试。

文本 1：我喜欢阅读书籍，因为书籍可以让我学到很多知识。

文本 2：我喜欢沉浸在书籍的海洋中，因为每一本书籍都是一扇通往新世界的窗户，它们不仅让我汲取丰富的知识，更让我在字里行间感受到智慧的光芒和思想的碰撞。每当翻开书页，我仿佛与伟大的思想家和作家进行着心灵的对话，感受着他们的情感与智慧，心中充满了无尽的感动与启迪。书籍，是我探索世界、拓宽视野的最佳伙伴。

9.2.3.3　实验总结与思考

对本实验的收获进行总结，并撰写实验报告。

思考以下问题。

〖问题1〗自然语言处理的重要性。

（1）在现代信息社会中的应用场景。

（2）处理和分析文本数据的必要性。

〖问题2〗数据预处理的关键性。

（1）数据预处理对分析结果的影响。

（2）实践中遇到的挑战与解决方案。

〖问题3〗对自然语言处理领域未来发展与应用的展望。

9.2.4 拓展练习——情感分析其他应用

【拓展练习1】设计作文评分自动化工具。

在 9.2.3 节任务 3 的基础上，通过对各指标的综合分析，为每篇作文提供一个综合评分，并给出针对性的反馈建议，帮助学生不断提高写作能力。

〖提示〗根据提供的指标（名词词汇丰富度、形容词词汇丰富度、句子结构复杂性和平均句子长度等），可以通过标准化和加权平均计算一个总体评分。以下是一个简单的评分方法示例。

（1）标准化指标。将每个指标转换为 0～1 之间的值，以便于比较。可以使用以下公式：

$$标准化值 = \frac{当前值 - 最小值}{最大值 - 最小值}$$

（2）加权平均。为每个指标分配一个权重，根据其在评分中的重要性进行加权平均。权重的总和应为 1。

（3）计算总体评分。根据标准化值和权重计算总体评分。

【拓展练习2】社交媒体情感分析。

随着社交媒体的普及，用户在平台上发布的评论越来越多。这些评论不仅反映了用户对产品、服务或事件的看法，也为企业和研究者提供了有价值的信息。情感分析可以通过识别和提取文本中的主观信息，分析其情感倾向（如正面、负面或中性），从而帮助更好地理解用户需求、改进产品和服务，提升用户体验。

编写程序，利用 jieba 对社交媒体评论进行分词和词性标注，提取出关键词，并分析评论的情感倾向。

（1）数据收集。收集社交媒体平台上的评论数据，可以选择特定主题或产品的评论进行分析。

（2）文本预处理。

- 清洗数据：去除无关字符、标点符号和停用词，以提高分析的准确性。
- 使用 jieba 进行分词：将评论文本分割成词语，以便后续处理。
- 进行词性标注：对分词结果进行词性标注，以便提取特定类型的词语（如名词、形容词等）。

（3）关键词提取。使用 jieba 的关键词提取功能，提取出评论中的关键词，帮助识别用户关注的主题和情感。

（4）情感倾向分析。

- 构建情感词典：使用现有的情感词典（如正面词和负面词列表），或根据评论内容自定义情感词典。
- 计算情感得分：根据评论中的情感词汇，计算每条评论的情感得分，以判断其情感倾向。
- 分类情感倾向：根据情感得分将评论分类为正面情感、负面情感和中性情感。

（5）使用可视化工具（如 Matplotlib 或 wordcloud）展示分析结果，包括情感倾向的分布、关键词云图等，以便更直观地理解评论情感。

〖提示〗情感词典（见配套资源）是情感分析领域中一项重要的工具，包含了大量词汇及其对应的情感倾向（如正面情感、负面情感和中性情感）。在计算情感得分时，可以将这些词汇与情感词典进行比对，以获得更准确的分析结果。知网的 HowNet 是一个广泛应用于中文情感分析领域的词典资源，涵盖了丰富的情感词汇及其对应的情感倾向。

9.3 智能问答

智能问答（Intelligent Question Answering，IQA）是自然语言处理领域的一项关键任务，旨在通过理解用户提出的问题，从知识库或文本中提取相关信息，进而提供准确的答案。本节将采用文本相似度计算的方法，评估用户问题与知识库中潜在答案之间的相似性，以生成相应的问答结果。

9.3.1 文本特征表示基础知识

智能问答系统中，计算文本相似度的关键环节在于将知识库中的问题与用户提出的问题转换为向量表示，这一过程称为特征表示。特征表示方法主要分为传统特征表示方法和分布式特征表示方法。本节将以传统特征表示方法为例，帮助理解自然语言处理中的基础知识。

1. 特征表示

需要将文本转换为向量是因为计算机无法直接理解自然语言，向量化使文本能够以数值形式进行处理，便于计算文本相似度、提取特征并支持机器学习模型。通过向量化，文本能够被有效比较和分析，同时降低计算复杂度，提高模型的效率和性能。这一过程是自然语言处理的基础步骤，特征表示则决定了文本语义信息的有效捕捉与比较方式。

在自然语言处理中，传统特征表示方法与分布式特征表示方法的对比见表 9-6。

表 9-6 传统特征表示方法与分布式特征表示方法的对比

分类	方法	说明
传统特征表示方法	独热编码（One-Hot Encoding）	将每个类别表示为一个长度为 N 的二进制向量，其中 N 是所有可能类别的总数，向量中对应类别的位置为 1，其余位置为 0。 特点：实现和理解简单，适合小规模数据集；对于具有大量类别的特征，独热编码会生成高维稀疏矩阵，导致计算和存储效率低下
	词袋（Bag of Words，BoW）模型	将文本表示为词频向量，忽略词序和语法结构。 特点：简单易懂，适合小规模文本；可能导致高维稀疏矩阵；无法捕捉词与词之间的关系
	TF-IDF 模型	在词袋模型的基础上，考虑词频和逆文档频率的加权。 特点：通过降低常见词的权重，强调重要词的贡献；有效减少噪声，提高文本的区分度；仍然忽略了词序和上下文信息
分布式特征表示方法	词嵌入（Word Embeddings）	将词映射到低维向量空间，捕捉词的语义关系。 特点：使用预训练模型（如 Word2Vec 等）生成词向量；词与词之间的相似度可以通过向量间的距离计算；能够捕捉同义词和上下文关系
	上下文嵌入（Contextualized Embeddings）	根据上下文动态生成词向量，捕捉词义的多样性。 特点：使用模型（如 BERT 等）生成上下文相关的上下文嵌入；适应性强，能够处理多义词和语境变化；计算复杂度较高，但效果显著
	句子嵌入（Sentence Embeddings）	将整个句子或文本段落映射为一个向量，考虑上下文信息。 特点：使用模型（如 Sentence-BERT 等）生成句子嵌入；能够更好地捕捉句子的语义和语法结构；适用于长文本和复杂语义的比较

传统特征表示方法通常会生成高维稀疏矩阵，之所以产生稀疏性，主要有以下几个原因。

（1）高维特征空间。传统方法（如独热编码、词袋模型）会将每个词作为一个独立的特征，导致特征空间维度非常高。例如，在一个包含数万个词汇的语料库中，独热编码会生成一个数万维的向量，但每个文档或句子只包含少量词汇，因此大多数特征的值为 0，形成稀疏矩阵。

（2）词汇表的固定性。在传统方法中，词汇表通常是预先定义的，任何未在词汇表中出现的词都会被忽略或处理为 0。这种固定的词汇表导致了许多特征在特定文档中没有被激活，进一步增加了稀疏性。

（3）特征选择的局限性。传统方法往往只关注词的出现与否（如词频），而不考虑词之间的关系或上下文信息。这种简单的特征选择方式使得大多数特征在实际应用中不会被激活，从而导致稀疏性。

（4）缺乏上下文信息。传统方法未能有效捕捉词的上下文信息，导致许多特征在不同文本中重复出现，但在特定文本中却没有被激活，形成稀疏的表示。

分布式特征表示方法将词或特征表示为一个高维空间中的向量，这些向量的每个维度都可以表示某种特征或属性。分布式特征表示方法的主要特点如下。

（1）稠密性。与传统的词袋模型相比，分布式方法使用较少的维度来表示词或特征，通常是几十维到几百维，而不是数万维的稀疏表示，有效减少了计算复杂度和存储需求。

（2）语义相似性。在分布式方法中，语义相似的词会在向量空间中靠得更近。这意味着通过向量之间的距离或角度，可以反映出词之间的语义关系。例如，"国王"向量和"王后"向量之间的距离可能会比"国王"向量和"苹果"向量更接近。

（3）上下文信息。分布式方法能够捕捉到词在不同上下文中的用法和含义。例如，Word2Vec 等模型通过分析大量文本数据，可以学习到词的上下文关系，从而生成更有意义的词向量。

（4）学习能力。分布式方法通常是通过机器学习算法（如神经网络）自动学习得来，这使它能够根据数据的变化自适应地调整表示方式。

传统特征表示方法通常是稀疏的、静态的，无法捕捉词之间的语义关系。分布式特征表示方法则通过上下文信息生成密集的、语义丰富的词向量，能够更好地应用于各种自然语言处理任务。

2. 文本的传统特征表示

本节使用第三方库 gensim 来完成文本的特征表示。gensim 是一个专注于自然语言处理和主题建模的 Python 库，除了支持传统特征表示方法，它还提供了 Word2Vec 等词嵌入模型，并能够有效计算文档之间的文本相似度。gensim 的 API 设计简单易用，使用户能够快速上手进行文本分析和建模。

在传统特征表示方法中，Dictionary（词典）、Corpus（语料库）和 TF-IDF 模型构成了构建和处理文本数据的关键操作链。这一链条通过定义词汇、组织文本数据以及评估词语的重要性，为文本分析和信息检索提供了有效的基础。

（1）Dictionary（词典）

Dictionary 是一个映射结构，用于将文本中的词映射到唯一的整数 ID，在后续处理中用整数 ID 代替词，减少存储空间并提高计算效率。它是 gensim 中用于处理文本数据的重要组件。

[1]	```python
	import jieba
	from gensim import corpora

[2]	```python
	jieba.add_word("相似度")
	texts = "计算文本相似度的关键环节在于将知识库中的问题与用户提出的问题转换为向量表示"
	text_list = jieba.lcut(texts) # 分词

分词后，产生词列表：['计算', '文本', '相似度', '的', '关键环节', '在于', '将', '知识库', '中', '的', '问题', '与', '用户', '提出', '的', '问题', '转换', '为', '向量', '表示']。

下面使用 gensim 将这些词语包装为 Dictionary 类。

```
[3]   # 创建词典
      Dictionary = corpora.Dictionary([text_list])
```

corpora.Dictionary 是 gensim 中的类，用于创建词典。词典是用于将文本中的单词映射到唯一的 ID 的结构。由于 Dictionary 类的构造函数期望接收一个包含多个文档的列表，因此将 text_list 包装在列表中传递。

```
[4]   print(dictionary.token2id)
```

token2id 是 Dictionary 对象的属性，它是一个词典，存储了每个单词（token）及其对应的唯一的 ID。对应的输出结果如下：

{'与': 0, '中': 1, '为': 2, '关键环节': 3, '向量': 4, '在于': 5, '将': 6, '提出': 7, '文本': 8, '用户': 9, '的': 10, '相似度': 11, '知识库': 12, '表示': 13, '计算': 14, '转换': 15, '问题': 16}

在 texts 中一共出现了 20 个词，但其中有重复的词，因此在词典中存储了 17 个词，赋予每个词一个 ID。

（2）Corpus（语料库）

Corpus 是一个文档集合的表示，通常是一个列表，其中每个文档用词袋模型表示为词的 ID 及其对应的频率。

设有如下三个文档（一个字符串代表一个文档）。

```
[5]   new_text = ["如何构建知识库中的问题",
      "和用户问题的文本相似度",
      "文本转换为向量"]
```

对其进行预处理，将每个文档组织为列表的形式，形成一个大列表。

```
[6]   documents = []
      for text in new_text:
          seg_list = jieba.lcut(text)
          documents.append(seg_list)
      documents
```

对应的输出结果如下：

[['如何', '构建', '知识库', '中', '的', '问题'],
['和', '用户', '问题', '的', '文本', '相似度'],
['文本', '转换', '为', '向量']]

利用已经建立的词典将每个文档表示成语料库。

```
[7]   corpus = []
      for document in documents:
          corpus.append(dictionary.doc2bow(document))
      corpus
```

对应的输出结果如下：

[[(1, 1), (10, 1), (12, 1), (16, 1)],
[(8, 1), (9, 1), (10, 1), (11, 1), (16, 1)],
[(2, 1), (4, 1), (8, 1), (15, 1)]]

doc2bow()是 Dictionary 对象的方法，用于将分词后的文本转换为词袋表示。具体地，它会将每个词转换为其在词典中的 ID，并计算每个词在文本中出现的次数。返回的结果是一个列表，其中每个元素都是一个元组，元组的第一个元素是词的 ID，第二个元素是该词在文本中出现的次数。

在 doc2bow()的输出中，词典中存在的每个词的次数被记录下来，而词典中未出现的单词则不会被记录。这意味着其本质上形成了一个稀疏矩阵，如图 9-14 所示，其中只有少量的取值（出现的词）是非 0 的，而大多数取值（未出现的词）则为 0。这种稀疏性使存储和计算可能会造成资源的浪费。

	0	1	2	3	4	5	6	7	8	9	10	11	12	13	14	15	16
文档1	0	1	0	0	0	0	0	0	0	0	0	1	0	1	0	0	1
文档2	0	0	0	0	0	0	0	0	0	1	1	1	1	0	0	0	1
文档3	0	0	1	0	1	0	0	0	0	1	0	0	0	0	0	1	0

图 9-14 词袋模型矩阵

（3）TF-IDF 模型

TF-IDF 是一个模型，用于将文档中的词表示为 TF-IDF 值，反映词在文档中的重要性。TF-IDF 值高的词在文档中更具代表性。它通过计算每个词在文档中出现的频率（TF）和该文档在整个语料库中的逆文档频率（IDF），生成一个新的表示，强调重要词并减少常见词的影响。

TF-IDF 模型相较于词袋模型，它不仅考虑词在单个文档中的频率，还引入了词在整个语料库中的重要性，从而降低常见词的影响，突出特定文档中具有区分性的重要词。这种方法提高了文本相似度计算的准确性，能够动态调整词的权重，适应不同的语料库，并有效处理高维稀疏数据，使得文本特征表示更加丰富和有意义。

通过 gensim 的 models.TfidfModel 类将代码段[7]已创建的文本特征表示（词袋模型）转换为 TF-IDF 权重表示，代码如下。

```
[8]    from gensim import models

       tfidf_model = models.TfidfModel(corpus)
```

利用 TF-IDF 模型即可进行文本相似度计算、特征选择、文本分类、信息检索和关键词提取等任务。

如图 9-15 所示，传统特征表示方法中，词典、语料库和 TF-IDF 模型共同构成了文本数据处理流程。

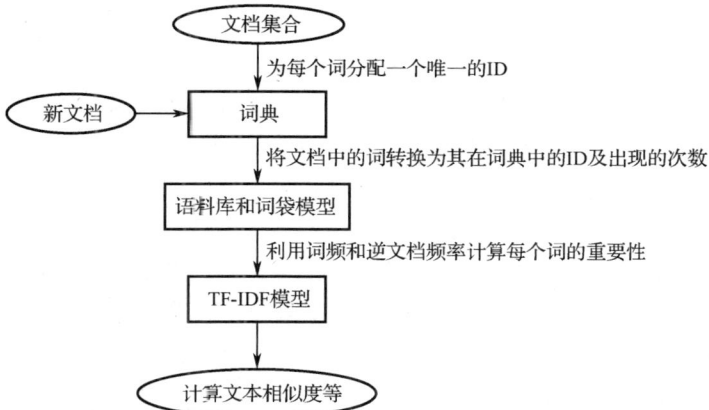

图 9-15 传统特征表示方法的文本数据处理流程

9.3.2 智能问答实验

本实验通过词典→语料库→TF-IDF 模型的流程建模，并使用 TF-IDF 模型进行文本相似度的计算，实现简单的智能问答功能。

9.3.2.1 实验目标

智能问答实验

（1）掌握文本预处理方法，确保文本以标准化形式输入，便于后续分析和建模。

（2）掌握词袋模型、TF-IDF 模型等传统特征表示方法，了解如何将文本转换为向量表示。

（3）使用 TF-IDF 模型计算文本相似度，应用于智能问答程序，并评估问题与答案的相关性。

9.3.2.2 实验任务

【任务 1】 构建智能问答的问答对。

收集相关领域的文本数据，组织问答对。例如，以"自然语言处理"知识为核心，组织如下问答对：

> questions = ['自然语言处理的定义及其重要性是什么？',
>
> '文本预处理的步骤和目的有哪些？',
>
> '词嵌入技术如何改善自然语言处理的效果？',
>
> '深度学习在自然语言处理中的主要应用是什么？',
>
> '当前自然语言处理的研究热点及其应用前景如何？']
>
> answers = ['自然语言处理是人工智能的一个分支，旨在使计算机能够理解、解释和生成自然语言，涉及语言学、计算机科学和统计学等多个学科。',
>
> '文本预处理是自然语言处理中的重要步骤，包括去除停用词、词干提取和词形还原等，以提高模型的性能和准确性。',
>
> '词嵌入技术用于将词汇映射到低维向量空间中，能够捕捉词汇之间的语义关系，改善文本分析效果。',
>
> '深度学习在自然语言处理中的应用包括序列到序列模型、循环神经网络和变换器，这些模型能够处理复杂的语言任务，如翻译和文本生成。',
>
> '当前自然语言处理的研究热点包括情感分析、对话系统和自动文本摘要等，这些技术正在不断推动人机交互的进步。']

问题与答案分别保存在两个列表中，且两者按位置一一对应。智能问答系统的目标是为问题集合建立 TF-IDF 模型。当用户提出问题时，系统将比较用户问题与模型中问题的文本相似度。如果文本相似度超过 0.5 的阈值，则系统将找到对应问题的答案并输出。

自选一个领域，构建 5 个问题及其答案，准备好两个数据列表。

【任务 2】 数据预处理。

在使用问题集合进行建模之前，首先需要完成去除停用词的处理，例如，"的""是""？"等常见无意义词汇或标点符号。接着，将问题集合中的每个"文档"表示为词汇列表，从而形成文档集合的整体列表。

以 questions 列表为例，处理过程如下。

[1]	`import jieba` `from gensim import corpora, models, similarities`
[2]	`questions = ['自然语言处理的定义及其重要性是什么？',`

'词嵌入技术如何改善自然语言处理的效果？',

'深度学习在自然语言处理中的主要应用是什么？',

'当前自然语言处理的研究热点及其应用前景如何？']

```
[3]    jieba.add_word("自然语言处理")
       jieba.add_word("深度学习")
       jieba.add_word("词嵌入")
       sentences = []
       for question in questions:
           seg_list = jieba.lcut(question)
           sentences.append(seg_list)
       sentences
```

对应的输出结果如下：

[['自然语言处理', '的', '定义', '及其', '重要性', '是', '什么', '？'],

['文本', '预处理', '的', '步骤', '和', '目的', '有', '哪些', '？'],

['词嵌入', '技术', '如何', '改善', '自然语言处理', '的', '效果', '？'],

['深度学习', '在', '自然语言处理', '中', '的', '主要', '应用', '是', '什么', '？'],

['当前', '自然语言处理', '的', '研究', '热点', '及其', '应用', '前景', '如何', '？']]

分词结果中包含了"的""是""和""中""？"等常见无意义词汇或标点符号，作为停用词将其去除。

```
[4]    stoplist = ["是","和","中","的","？"]   # 停用词列表
       documents =[]
       for sentence in sentences:
           tmp = []
           for word in sentence:
               if word not in stoplist:
                   tmp.append(word)
           documents.append(tmp)
       documents
```

对应的输出结果如下：

[['自然语言处理', '定义', '及其', '重要性', '什么'],

['文本', '预处理', '步骤', '目的', '有', '哪些'],

['词嵌入', '技术', '如何', '改善', '自然语言处理', '效果'],

['深度学习', '在', '自然语言处理', '主要', '应用', '什么'],

['当前', '自然语言处理', '研究', '热点', '及其', '应用', '前景', '如何']]

每个文档在去除停用词后，将其组织为一个列表。所有文档汇总形成一个文档集合的列表。根据自拟问答对的具体情况，完成相应的预处理工作。

【任务 3】建立 TF-IDF 模型。

利用文档集合的列表构建词典、建立词袋模型，最后创建 TF-IDF 模型。

```
[5]    # 创建词典
       dictionary = corpora.Dictionary(documents)
```

```
[6]    # 表示为词袋模型
       corpus = []
       for document in documents:
           corpus.append(dictionary.doc2bow(document))
       corpus
```

对应的输出结果如下：

[[(0, 1), (1, 1), (2, 1), (3, 1), (4, 1)],

 [(5, 1), (6, 1), (7, 1), (8, 1), (9, 1), (10, 1)],

 [(3, 1), (11, 1), (12, 1), (13, 1), (14, 1), (15, 1)],

 [(0, 1), (3, 1), (16, 1), (17, 1), (18, 1), (19, 1)],

 [(1, 1), (3, 1), (11, 1), (18, 1), (20, 1), (21, 1), (22, 1), (23, 1)]]

```
[7]    # 创建 TF-IDF 模型
       tfidf_model = models.TfidfModel(corpus)
```

在构建好 TF-IDF 模型后，可以使用以下代码将词袋模型表示的文档集合（corpus）中的每个文档转换为 TF-IDF 向量表示。

```
[8]    # 将文档换为 TF-IDF 向量表示
       corpus_tfidf  = tfidf_model[corpus]
```

查看每个文档的 TF-IDF 向量表示。

```
[9]    # 输出每个文档的 TF-IDF 向量表示
       for doc_index, tfidf_vector in enumerate(corpus_tfidf):
           print(f"文档 {doc_index + 1} 的 TF-IDF 向量表示: ")
           print(tfidf_vector)
```

对应的输出结果如下：

文档 1 的 TF-IDF 向量表示：

[(0, 0.3485847413542797), (1, 0.3485847413542797), (2, 0.6122789185961829), (3, 0.08489056411237639), (4, 0.6122789185961829)]

文档 2 的 TF-IDF 向量表示：

[(5, 0.4082482904638631), (6, 0.4082482904638631), (7, 0.4082482904638631), (8, 0.4082482904638631), (9, 0.4082482904638631), (10, 0.4082482904638631)]

文档 3 的 TF-IDF 向量表示：

[(3, 0.06652694680320721), (11, 0.2731785185664109), (12, 0.4798300903296146), (13, 0.4798300903296146), (14, 0.4798300903296146), (15, 0.4798300903296146)]

文档 4 的 TF-IDF 向量表示：

[(0, 0.2972864472476074), (3, 0.07239793145209561), (16, 0.5221749630431192), (17, 0.5221749630431192), (18, 0.2972864472476074), (19, 0.5221749630431192)]

文档 5 的 TF-IDF 向量表示：

[(1, 0.25482305694621393), (3, 0.0620568558708622), (11, 0.25482305694621393), (18, 0.25482305694621393), (20, 0.44758925802156563), (21, 0.44758925802156563), (22, 0.44758925802156563), (23, 0.44758925802156563)]

至此，有效地将文档集合转换为 TF-IDF 向量表示，便于后续的文本分析和处理。

创建的模型可以根据需要持久化保存，以便下次使用。方法如下。

```
[10]    # 保存模型
        tfidf.save("model.tfidf")   # 文件名及其存储路径可自拟
```

```
[11]    # 加载模型
        my_tfidf = models.TfidfModel.load("model.tfidf")   # 按路径和名称加载
```

创建自拟问答的 TF-IDF 模型，保存后加载使用。

【任务 4】计算文本相似度。

gensim 中的 similarities.MatrixSimilarity()用于创建一个相似度矩阵。这个矩阵能够高效地计算文档之间的文本相似度。similarities.MatrixSimilarity()接收一个文档向量的集合作为输入，并构建一个相似度矩阵。

```
[12]    # 创建相似度矩阵
        similarity_index = similarities.MatrixSimilarity(corpus_tfidf)
```

返回值 similarity_index 是相似度矩阵。通过这个矩阵，可以方便地计算任意两个文档之间的文本相似度，返回的文本相似度值通常在 0 到 1 之间，值越大表示文档之间的相似性越高。

将相似度矩阵转换为 NumPy 数组后打印输出。

```
[13]    import numpy as np

        # 将相似度矩阵转换为 NumPy 数组
        similarity_matrix_rp = np.array(similarity_index)

        # 输出相似度矩阵
        print(similarity_matrix_np)
```

对应的输出结果如下：

```
[[1.          0.          0.00564751 0.10977542 0.09409548]
 [0.          1.          0.         0.         0.        ]
 [0.00564751 0.          0.99999994 0.00481641 0.07374064]
 [0.10977542 0.          0.00481641 0.99999994 0.08024823]
 [0.09409548 0.          0.07374064 0.08024823 1.        ]]
```

计算自拟问答问题的相似度矩阵。

【任务 5】智能问答。

智能问答的过程是通过计算新问题（文档）与 TF-IDF 模型中已有问题（文档）之间的文本相似度，找到最匹配的问题，再将该匹配问题对应的答案作为自动回答的结果。

首先，需要将新问题转换为 TF-IDF 向量表示，其构建过程与文档集合的处理方法相同。

```
[14]    question = "词嵌入技术如何影响自然语言处理模型的训练和性能"
        new_bow = dictionary.doc2bow(jieba.cut(question))   # 词袋模型向量
        new_tfidf = tfidf_model[new_bow]   # TF-IDF 向量表示
```

接下来，可以将新问题的 TF-IDF 向量表示输入到已有的文档相似度矩阵中，以计算其与矩阵中现有文档的文本相似度。

```
[15]    # 计算新文档与已有文档的文本相似度
        sims = similarity_index[new_tfidf]
```

similarity_index 是之前计算得到的相似度矩阵，它可以用来快速计算新文档与已有文档之间的文本相似度。

利用相似度矩阵，可以根据已有文档之间的文本相似度来推导新文档与这些文档之间的文本相似度。这是因为 TF-IDF 模型和相似度矩阵都基于相同的特征空间（词汇表），因此能够进行有效的比较。这种一致性使得可以直接将新文档的 TF-IDF 向量与相似度矩阵中的已有文档进行匹配，从而快速获取文本相似度结果。

similarity_index[new_tfidf]的取值为新文档与所有已有文档的文本相似度。

| [16] | print(sims) |

对应的输出结果如下：

```
array([0.00768866, 0.        , 0.7345245 , 0.00655719, 0.10039236], dtype=float32)
```

最后，获取文本相似度最高的文档的索引，并按照该索引获取对应的答案。

```
[17]   # 对文本相似度按降序排序
       sims_sorted = sorted(enumerate(sims), key=lambda item: -item[1])
       sims_sorted
```

对应的输出结果如下：

```
[(2, 0.7345245), (4, 0.10039236), (0, 0.007688662), (3, 0.006557186), (1, 0.0)]
```

```
[18]   index = sims_sorted[0][0]       # 索引最大值
       similarity = sims_sorted[0][1]   # 文本相似度最大值
       if similarity > 0.5:
           print(answers[index])
       else:
           print("对不起，超出了我的答题范围.")
```

对应的输出结果如下：

词嵌入技术用于将词汇映射到低维向量空间中，能够捕捉词汇之间的语义关系，改善文本分析效果。

至此，建模与应用模型解决问题的过程已结束。接下来，根据自拟的问题，编写一个完整的智能问答程序。

9.3.2.3　实验总结与思考

对本实验的收获进行总结，并撰写实验报告。

思考以下问题。

〖问题 1〗模型的局限性。虽然 TF-IDF 模型在文本相似度计算中表现良好，但它主要基于词频和逆文档频率，无法捕捉词语之间的语义关系。例如，同义词或近义词可能会被模型视为不同的词语，导致文本相似度计算不准确等。思考和记录实践过程中该模型的局限性都表现在哪些方面。

〖问题 2〗数据质量的影响。问答对的质量直接影响了系统的性能。如果问答对中的问题或答案表述不清晰，或者问答对的数量不足，系统的准确性和覆盖范围都会受到影响。因此，构建高质量的问答对是提升系统性能的关键。思考可以从哪些方面完善问答对的质量。

9.3.3　拓展练习——完善智能问答系统

（1）完善停用词列表，将其统一应用在文档集合及新文档中，进一步提高文本处理的效果。

（2）提升用户体验与交互设计。除了技术层面的优化，用户体验也是智能问答系统成功的关键。系统应具备良好的交互设计，能够理解用户的自然语言输入，并提供清晰、准确的回答。此外，系统还应具备一定的容错能力，能够在用户输入不明确或错误时，提供合理的反馈或引导。

（3）为了进一步提升系统的性能，可以考虑引入更先进的模型，如 Word2Vec 等模型能够更好地捕捉语义信息。分析不同特征表示方法的优缺点。

9.4　调用大模型 API

大语言模型的出现正在深刻改变着世界，它通过自然语言处理技术在各个领域实现了突破性进展。无论是在自动化客服、智能助手、医疗诊断、创作写作方面，还是在教育、科研和商业决策方面，大语言模型都能高效地理解和生成内容，极大地提升了生产力和效率。同时，它也推动了人工智能技术的发展，将图像处理、语音处理等领域的各种多模态大模型及其应用呈现在人们面前。了解包括大语言模型在内的各类大模型的存在，掌握其使用方法，并将其功能集成到自己的程序中，将带来工作方式的革新，并显著提升工作效率。

使用大语言模型的一般方式是通过浏览器与模型进行交互，用户输入问题，模型根据输入生成相应的回答并返回给用户，即对话方式。除了通过对话方式使用大语言模型，还可以通过调用模型提供的 API 来访问和利用其功能。通过调用 API 的方式还可以访问其他领域的大模型，充分发挥它们在图像处理、语音处理等领域的能力。

本节将学习调用大模型 API 的方法。

9.4.1　调用大模型 API 的方法

调用大模型 API 的方法大体相似，本节首先介绍通用方法，然后以百度智能云千帆大模型服务与开发平台 ModelBuilder（简称千帆平台）提供的大模型为例进行介绍。

1. 调用大模型 API 的通用方法

（1）注册并获取 API 密钥。首先，需要在提供大模型服务的平台上注册账号，并获取 API 密钥，用于身份验证和访问 API。

〖说明〗在某些平台中，发起 API 请求时需要使用相关的 Token Access。有的 Token Access 会在申请 API 密钥时一并生成，有的则需要单独申请。

（2）选择合适的 API 服务。根据需求，选择功能匹配的 API 服务，例如，智能应用、文字识别、语音技术、图像处理等。不同提供商的 API 服务可能包含多个端点，可参考平台提供的文档了解其具体功能及调用方式。

（3）构造请求。构造 HTTP 请求时，通常使用 POST 请求，并将需要处理的数据（如文本、图像、语音等）封装为 JSON 格式的参数，以便发送给 API 服务器。

（4）根据需求设置请求参数。根据 API 服务的特定需求，设置请求参数，不同的任务可能需要不同的参数配置。

（5）发送请求并获取响应。使用 requests 库发送请求，等待 API 返回结果。

文本类任务通常返回 JSON 格式的数据，其中包含生成的文本内容或其他与任务相关的数据。例如，生成的文章、对话回复、翻译结果等，都会以字符串形式保存在 JSON 对象的某个键值对中。图像类任务，如大模型生成的图像，通常以二进制数据的形式返回。在这种情况下，返回值可能是一个包含图像二进制流的 JSON 格式的数据，或者直接返回二进制数据，需要保存为图像文件再进行后续处理。

返回结果的具体形式取决于 API 的设计和所处理的任务类型。例如，对于文本数据，可以直接显示或存储，而对于图像或音频数据，需要保存为文件并进行后续分析或展示。

（6）处理和展示结果。解析 API 返回的结果，并根据需求进行展示或做进一步处理。

2. 调用千帆平台大模型 API

千帆平台是百度为开发者和企业提供的一个全面的人工智能服务平台，旨在帮助用户轻松构建、训练和部署大规模的人工智能模型。平台集成了文心、DeepSeek、Llama 等众多大模型，提供了灵活、高效的 API，支持自然语言处理、图像识别、语音识别等应用场景。

下面以千帆平台大模型为例，介绍调用大模型 API 的具体方法。

（1）注册并获取千帆平台的 API Key。

① 注册并登录百度账号。访问百度 AI 开放平台，如果没有百度账号，单击页面右上角的"注册"按钮，填写相关信息（如手机号、邮箱等）进行注册；如果已经有百度账号，直接单击"登录"按钮，使用已有账号进行登录。

② 获取 API Key。登录百度 AI 开放平台后，单击导航栏中的"开发平台"，选择"千帆大模型服务与开发平台 ModelBuilder"，单击"立即使用"进入千帆 ModelBuilder 页面，在左侧导航栏中选择"API Key"，在打开的页面中，单击"创建 API Key"按钮，创建 API Key，复制并保存。

API Key 用于身份验证，应妥善保管。为了不在程序中直接暴露 API Key，可将其保存在操作系统的环境变量中。如图 9-16 所示，设置变量名为"BAIDU_API_KEY"，变量值为具体的 API Key 取值。

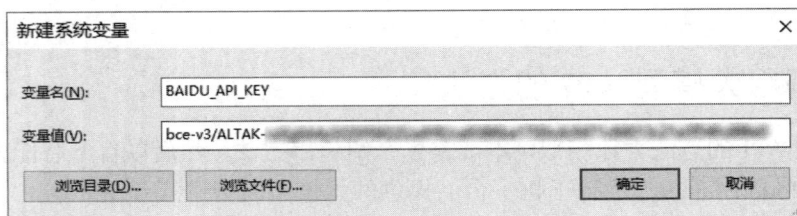

图 9-16　将 API Key 保存至环境变量

使用 API Key 时，通过程序读取环境变量。

```
[1]   import os   # 提供与操作系统交互的功能，用于访问环境变量


      # 从操作系统的环境变量中获取名为 BAIDU_API_KEY 的值
      api_key = os.getenv('BAIDU_API_KEY')
```

（2）调用大模型 API。

如图 9-17 所示，单击左侧导航栏中的"模型广场"，在打开的页面中可以查看到平台提供的不同模型的详细信息，包括模型名称、版本、性能指标以及应用场景等。该页面还提供搜索、筛选等功能，方便用户快速找到满足自己需求的模型。

将鼠标指针指向某个模型，将会出现"使用此模型"和"体验"按钮，鼠标指针指向"使用此模型"按钮，从下拉列表中选择"API 文档"，即可进入该模型 API 的详细说明页面。

要想全面了解千帆平台大模型的应用，可以进入"文档与社区"→"千帆 AI 应用开发者中心"，其中对调用大模型服务进行了详细说明。

目前，调用千帆平台大模型 API 大多采用 API Key 鉴权方式，发送 API 请求时，需要在请求头（headers）的 Authorization 参数中包含 API Key 用于鉴权。填入鉴权信息时，在 API Key 前面需加上"Bearer"（用空格隔开），如图 9-18 所示。

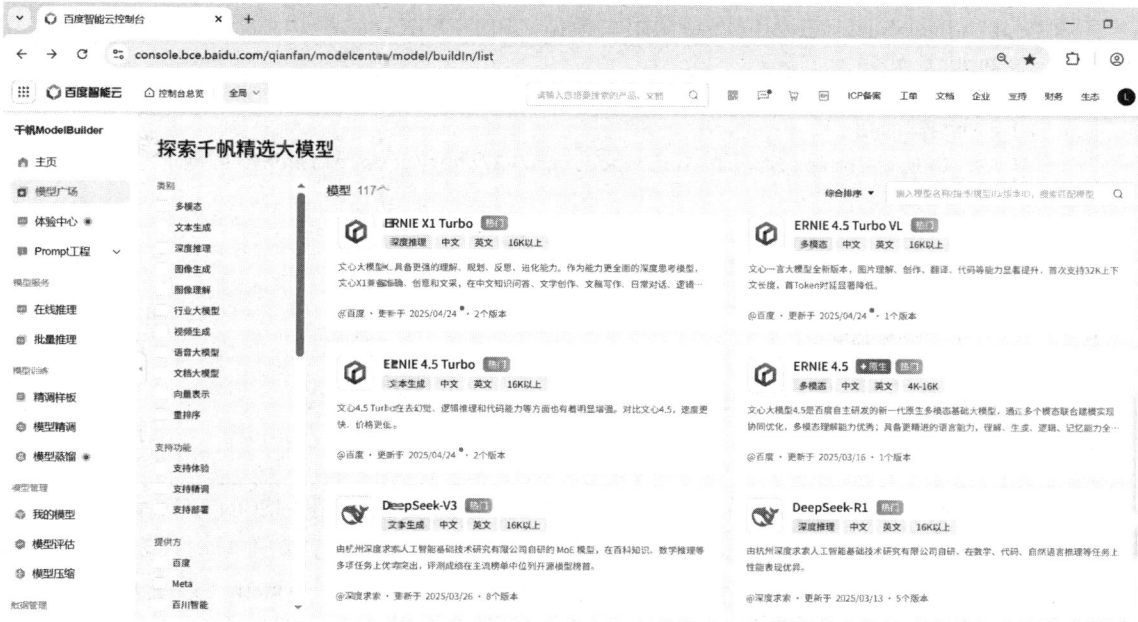

图 9-17 "模型广场"页面

请求头	参数示例
Authorization	Bearer bce-v3/ALTAK-Dal**2UEDIWx1EF/1c518f0576wee39s49109qq8ciq37

图 9-18 请求头中的鉴权信息示例

headers 是请求头，通过 Content-Type 指定请求体的数据格式为 JSON，告知服务器，客户端将以 JSON 格式发送请求体，通过 Authorization 传递鉴权信息。

```
[2]   # 请求头
      headers = {
          'Content-Type': 'application/json',
          'Authorization': 'Bearer '+api_key
      }
```

除了请求头，API 请求还包括要调用的大模型的 URL 以及向大模型传递的请求体。

千帆平台统一给出了以 API Key 鉴权方式访问文本生成和图像理解类大模型的 API_URL，见附录 D。

请求体以 JSON 格式传递数据，其中 model 键值对为要调用的模型名称，可以在"文档中心"的"模型列表"中查看，如图 9-19 所示，"model 入参"列为向 model 键值对传递的值数据。

图 9-19 "文档中心"的"模型列表"

下面以调用 DeepSeek-V3 为例展示调用大模型 API 的方法。

```
[3]    import json

       # 大模型的 URL
       API_URL = "https://千帆.baidubce.com/v2/chat/completions"   # 网址见附录 D

       # 请求体
       payload = json.dumps({
           "model": "deepseek-v3",    # 模型名称
           "messages": [{
               "role": "user",
               "content": "千帆大模型简介"   # 用户发送的消息内容
           }]
       })
```

payload 是 API 请求的数据部分，作为请求体发送。它由字典形式的 JSON 字符串组成。其中，model 为要调用的大模型的名称。messages 为字典数据的列表，每个字典数据均代表与大模型之间的一轮对话：role 表示消息发送者的角色，通常包括 user（用户）、system（系统）等角色，此处的 role 为"user"，表示这条消息来自用户；content 表示用户发送的消息内容，内容为"千帆大模型简介"，即用户询问千帆大模型的简介。

```
[4]    # 发送请求、接收响应
       response = requests.post(API_URL, headers=headers, data=payload)
```

requests.post()用于发送 HTTP POST 请求，其参数包含要请求的 URL、请求头以及请求体。

发送请求后，服务器的响应会保存在 response 对象中，该对象包含了服务器返回的所有信息，如状态码、响应内容、响应头等。

（3）处理响应。

该 API 服务返回的响应是 JSON 格式的，包含生成的文本或其他相关信息。

```
[5]    # 提取 API 返回的答案
       result_json = response.json()
       print(result_json)
```

对应的输出结果如下：

{'id': 'as-qng5rnutpn', 'object': 'chat.completion', 'created': 1746360222, 'model': 'ernie-3.5-8k', 'choices': [{'index': 0, 'message': {'role': 'assistant', 'content': '千帆大模型平台是百度智能云推出的全球首个一站式企业级大模型平台，以下是对其的详细介绍：\n\n### 一、平台概述\n\n 千帆大模型平台整合了多种大模型，提供从数据管理到模型训练、评估、压缩、部署的全生命周期服务。......, 'finish_reason': 'stop', 'flag': 0}], 'usage': {'prompt_tokens': 5, 'completion_tokens': 554, 'total_tokens': 559}}

可以根据需要解析和处理这些数据。例如，对于返回的 JSON 字符串，按照关键字 choices→message→content 提取该大语言模型回复内容。

```
[6]    print(result_json["choices"][0]["message"]["content"])
```

对应的输出结果如下：

千帆大模型平台是百度智能云推出的全球首个一站式企业级大模型平台，以下是对其的详细介绍：\n\n### 一、平台概述\n\n 千帆大模型平台整合了多种大模型，提供从数据管理到模型训练、评估、压缩、部署的全生命周期服务。......

以上内容以千帆平台大模型为例，展示了调用大模型 API 的方法和要点。不同大模型的 API 调用过程基本相似，可以根据这个示例模仿实现。

9.4.2 案例讲解：调用大模型 API

借助 API 调用大模型，可以将大模型强大的计算能力引入自己的系统中，为应用增添更多的智能和动态性。本节将通过具体的案例，深入理解这一概念和方法。

【例 9-8】利用千帆平台"图像生成"板块中的大模型实现文本到图像的生成（文生图）。

首先，按照图 9-20 所示在千帆平台找到"图像生成"板块中的模型 Stable-Diffusion-XL，并打开其 API 文档。

图 9-20　千帆平台的"图像生成"板块

Stable-Diffusion-XL 是业内知名的跨模态大模型，由 Stability AI 研发并开源，有着业内领先的图像生成能力。该模型 API 的请求参数说明见表 9-7。

表 9-7　Stable-Diffusion-XL 的 API 的请求参数说明

参数	说明
prompt	生成图像的正向提示语，控制生成图像的主题和内容，提示语越具体，生成的图像越符合预期
negative_prompt	生成图像的负向提示语，排除不希望出现在图像中的元素，例如，"negative_prompt": "white"，表示避免生成白色背景
size	生成图像的宽度和高度（单位为像素），直接影响图像质量和计算效率，例如，"size": "1024×1024"
steps	生成图像的迭代步数，模型在生成图像时会进行多次迭代优化，步数越多，图像质量通常越高，但生成时间也越长。20 是一个中等值，适合大多数场景
n	生成图像的数量
sampler_index	采样器类型，用于控制图像生成过程中的采样方式，影响图像的细节和生成效率。例如，"sampler_index": "DPM++ SDE Karras"，该采样器是一种高效的采样器，能够在较少的步数下生成高质量的图像

API 请求后的响应结果为 JSON 数据，用于表示图像，具体信息见表 9-8。

表 9-8　Stable-Diffusion-XL 的 API 响应的 data 部分

键值对	含义
"object": "image"	表明该数据表示的是图像
"b64_image": "…"	图像数据的 Base64 字符串，用于以文本形式传输图像
"index": 1	生成图像的索引

与 API Key 鉴权方式不同，Stable-Diffusion-XL 的 API 采用传统的 API Key、Secret Key 和 Access Token 的访问方式（目前千帆平台仍有部分大模型的 API 服务使用该方式）。因此，用户需

要通过创建应用来获取 API Key 和 Secret Key。

登录百度 AI 开放平台后，单击导航栏中的"开发平台"，选择"千帆大模型服务与开发平台 ModelBuilder"，然后单击"立即使用"进入千帆 ModelBuilder 页面。在左侧导航栏中选择"应用接入"，接着在"我的应用"页面中单击"创建应用"。

在创建应用时，为应用指定一个名称，并填写应用描述，以说明其主要功能和用途。在应用配置过程中，系统会默认勾选所有可用的模型服务，单击"确定"按钮即可完成应用的创建。

创建应用后，即可以查看所生成的 API Key 和 Secret Key。为了不在程序中直接暴露这些信息，同样建议将它们保存在操作系统的环境变量中。例如，可以将环境变量名设置为 "BAIDU_API_SECRET_KEY"，并将 API Key 和 Secret Key 的值用逗号分隔后作为变量值进行保存。

在调用 Stable-Diffusion-XL 的 API 之前，需要先获取 Access Token。Access Token 是一种身份验证和授权凭证，旨在简化身份验证过程，增强安全性，并支持权限控制。

接下来用函数封装的方式组织代码。

函数 1：获取 Access Token。

该函数接收 api_key 和 secret_key 两个参数，并使用它们获取大模型 API 的 Access Token。代码如下：

```
import requests

def get_access_token(api_key, secret_key):
    url = "https://百度AI开放平台网址/oauth/2.0/token"    # 网址见附录 D
    params = {
        'grant_type': 'client_credentials',
        'client_id': api_key,
        'client_secret': secret_key
    }
    response = requests.post(url, data=params)
    if response.status_code == 200:
        access_token = response.json().get("access_token")
        return access_token
    else:
        print("Error: Failed to obtain access token.")
        return None
```

函数 2：读取图像并转换为 Base64 字符串。

该函数通过读取指定路径的图像文件，将其转换为 Base64 字符串并返回，以便在 API 请求中传输图像数据。Base64 字符串可以嵌入 JSON 等文本格式，而无须直接传输二进制数据。

该函数接收一个参数 image_path 作为图像文件的路径，返回值是图像数据的 Base64 字符串。代码如下：

```
import base64

def image_to_base64(image_path):
    with open(image_path, "rb") as image_file:
```

```
        image_data = image_file.read()
        return base64.b64encode(image_data).decode()
```

函数中以二进制形式打开文件，读取图像文件的原始二进制数据。

base64.b64encode(image_data)使用 Python 标准库 base64 将 image_data 中的字节数据进行 Base64 编码，返回一个字节对象。

decode()方法将字节对象转换为字符串，以便返回一个可用于 JSON 格式传输的文本。

函数 3：使用 Stable-Diffusion-XL 生成图像。

函数接收两个参数，一个是用户输入的用于描述如何生成图像的文本 prompt，另一个是调用大模型 API 需要的 Access Token。如果生成图像成功，则返回生成的图像对象，否则给出相应的提示。代码如下：

```python
from PIL import Image
from io import BytesIO

def generate_image_with_stable_diffusion(access_token, prompt):
    # Stable-Diffusion-XL 的 URL（见附录 D），携带 Access Token
    url = "https://百度 AI 开放平台网址/rpc/2.0/ai_custom/v1/wenxinworkshop/ text2image/sd_xl?access_
token=" + access_token

    # 请求头
    headers = {
        "Content-Type": "application/json"
    }

    # 请求参数
    params = {
        "prompt": prompt,  # 用户输入的描述文本
        "negative_prompt": "white",
        "size": "1024x1024",
        "steps": 20,
        "n": 2,
        "sampler_index": "DPM++ SDE Karras"
    }

    response = requests.post(url, json=params, headers=headers)

    if response.status_code == 200:
        result = response.json()
        if "data" in result:
            image_data = result['data'][0]['b64_image']

            # 解码 Base64 字符串
```

```
                    image_data = base64.b64decode(image_data)
                    # 使用 PIL 库将字节数据转换为图像
                    image = Image.open(BytesIO(image_data))
                    return image
                else:
                    print("没有图像生成.")
                    return None
            else:
                print(f"Error: {response.status_code}, {response.text}")
                return None
```

在这段代码中，headers 用于保存请求头的信息，其中 Content-Type 被设置为"application/json"，表示请求体的数据格式为 JSON。请求参数 params 按照 Stable-Diffusion-XL 的要求进行配置，包含 prompt、negative_prompt、size、steps、n 和 sampler_index 等，具体含义见表 9-7。

在准备好这些数据后，代码使用 requests 库发送 HTTP POST 请求，将请求的 URL、JSON 参数和请求头一并发送给 API 服务。当 HTTP 响应状态码为 200 时，表示请求成功，此时从响应的 JSON 数据中提取 data，获取生成图像的 Base64 字符串。接着，通过 base64.b64decode() 对 Base64 字符串进行解码，将其转换为二进制图像数据。

为了便于查看生成的图像，代码中使用 PIL 库将解码后的字节数据转换为图像。具体来说，BytesIO()用于创建一个字节流，而 Image.open()则从该字节流中加载并打开图像对象，最终返回生成的图像。

设计完三个函数后，将它们组织在一起完成图像的生成过程。代码如下：

```
import os

token = os.getenv('BAIDU_API_SECRET_KEY')   # 设 API Key 等取值保存在环境变量中
api_key, secret_key = token.split(',')
access_token = get_access_token(api_key, secret_key)


if access_token:
    # 用户输入的文本描述
    prompt = "一只在海滩上快乐玩水的健壮的 husky"

    # 生成图像
    image = generate_image_with_stable_diffusion(prompt, access_token)

    if image:
        image.show()   # 显示生成的图像
        image.save("generated_image.png")   # 保存图像到本地
```

每次运行程序时，Stable-Diffusion-XL 都会根据提示语生成不同的图像，具有一定的随机性，但始终能够准确地围绕提示语完成任务，体现出丰富的创意和多样性。其中两次生成的图像如图 9-21 所示。

图 9-21　Stable-Diffusion-XL 根据提示语分两次生成的图像

文生图技术结合自然语言处理和深度学习技术，将文本描述转化为图像，在多个领域展示了巨大的潜力，不仅为创作带来了新的可能性，也推动了人工智能在艺术、设计、教育等方面的广泛应用。

9.4.3　调用大模型 API 实验

9.4.3.1　实验目标

（1）了解获取 API Key，并以鉴权方式调用大模型 API 的方法。

（2）了解创建应用、获取 API Key 和 Secret Key，并申请 Access Token，从而调用大模型 API 的方法。

（3）熟悉调用大模型 API 的过程与方法，包括如何包装请求数据、解析响应数据，从而高效地与大模型进行交互。

（4）学习如何调用大模型 API，提升系统的整体能力，形成跨模态的集成功能，增强系统的智能化水平。

9.4.3.2　实验任务

本实验任务的目标知识点见表 9-9。

表 9-9　实验任务的目标知识点

编号	任务	目标知识点
1	智能问答系统	千帆平台，大语言模型 API 的应用，多轮对话上下文管理
2	图像理解	千帆平台，大模型 API 的图像生成应用
3	情感分析工具	百度 AI 开放平台，情感倾向分析 API 的应用，调用结果解析
4	图像风格转换	百度 AI 开放平台，图像风格转换 API 的应用

【任务 1】智能问答系统。

设计一个智能问答系统，利用千帆平台"文本生成"板块提供的大语言模型 API 构建一个简单的对话接口。用户可以输入问题，系统通过该 API 返回合适的回答。系统应具备以下功能。

① 用户交互：系统提供一个简单的命令行界面，用户可以输入问题，系统输出回答。用户输入"退出"将结束对话。

② 答案生成：调用大语言模型 API，生成与问题相关的回答。

③ 对话上下文管理：系统应能够管理对话的上下文，确保在多轮对话中能够理解用户的意图并生成连贯的回答。

〖提示1〗千帆平台文本生成类大模型 API 的调用采用 API Key 鉴权方式，参照 9.4.1 节所述内容申请 API Key 及进行 API 调用。

〖提示2〗上下文的管理方法。

在多轮对话中，通过合理存储、更新和传递上下文，系统可以更好地理解用户意图，生成连贯的回答。

例如，下面是上下文的应用场景实例。

实例1：在多轮对话中通过上下文理解用户的意图

用户："如何编写一个 Python 程序？"

助手："编写 Python 程序的第一步是安装 Python 解释器……"

用户："如何安装解释器？"

助手："你可以从 Python 官网下载并安装……"

实例2：指代消解，通过上下文理解代词的含义

用户："Python 是什么？"

助手："Python 是一种编程语言。"

用户："它有什么特点？"

助手："Python 的特点是语法简洁、易读易写……"

以下是管理上下文的方法，供编程时参考。

（1）上下文的存储结构

上下文通常以列表的形式存储，每条记录均包含用户输入和助手回答的内容，每条记录为一个字典数据，包含以下键值对。

role：发言者的角色（如"user"或"assistant"）。

content：发言内容。

示例代码如下：

```
context = [
    {"role": "user", "content": "如何编写一个 Python 程序？"},
    {"role": "assistant", "content": "编写 Python 程序的第一步是安装 Python 解释器……"},
    {"role": "user", "content": "如何安装解释器？"}
]
```

（2）上下文的初始化

在对话开始时，初始化一个空的上下文列表。

示例代码如下：

```
context = []  # 初始化上下文
```

（3）上下文的更新

每次用户输入问题后，将问题添加到上下文中；每次助手生成回答后，将回答也添加到上下文中。这样可以确保上下文始终包含完整的对话历史。

示例代码如下：

```
question = "如何编写一个 Python 程序？"
context.append({"role": "user", "content": question})
# 助手生成回答后
```

```
answer = "编写 Python 程序的第一步是安装 Python 解释器……"
context.append({"role": "assistant", "content": answer})
```

（4）上下文的传递

在调用大语言模型 API 时，将完整的上下文作为输入传递给 API。这样，API 可以根据上下文理解用户的意图，并生成连贯的回答。

示例代码如下：

```
# 请求体，包含完整的上下文
payload = json.dumps({
    "messages": context    # 上下文更新之后的 context
})
# 调用 API
response = requests.post(API_URL, headers=headers, data=payload)
```

（5）上下文的限制

由于大语言模型 API 通常对输入长度有限制，因此上下文的长度不能无限增长。可以通过以下方法限制上下文，例如，截断历史，只保留最近的若干轮对话等。

示例代码如下：

```
# 只保留最近的 5 轮对话
if len(context) > 10:    # 假设每轮对话均包含用户和助手的发言
    context = context[-10:]
```

【任务 2】图像理解。

基于千帆平台提供的图像理解大模型 ERNIE 4.5，实现图生文。

具体要求如下。

① 调用 ERNIE 4.5 的 API，对图像内容进行分析。该 API 能够识别图像中的物体、场景及其他视觉信息，并生成相应的文本描述。

② 允许用户上传多幅图像，并依次利用 ERNIE 4.5 进行处理。

在测试过程中，需注意选择内容多样化的图像，涵盖风景、人物、日常生活场景等不同类型，以全面评估大模型对各类图像的描述能力。

参考图 9-22，找到 ERNIE 4.5，查看其 API 文档，获取详细的使用说明。

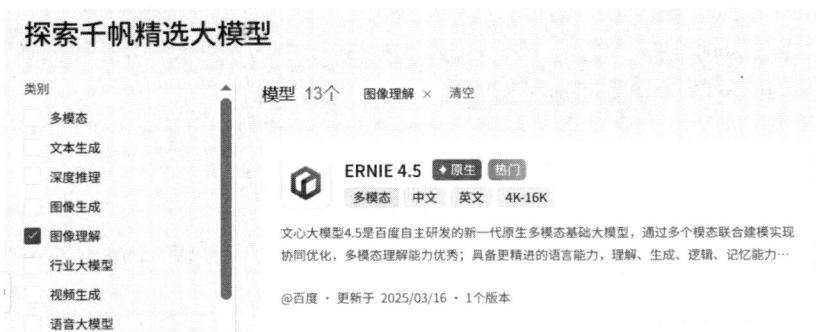

图 9-22   找到 ERNIE 4.5

〖提示 1〗ERNIE 4.5 的 API 的调用采用 API Key 鉴权方式，参照 9.4.1 节所述内容申请 API Key 及进行 API 调用。

〖提示 2〗ERNIE 4.5 的 model 入参取值为 ernie-4.5-8k-preview。

〖**提示 3**〗使用 ERNIE 4.5 进行图生文运算时，输入信息包括文本提示语和图像描述数据。请求体的格式如下：

```
payload = json.dumps({
    "model": "ernie-4.5-8k-preview",
    "messages": [
        {
            "role": "user",
            "content": [
                {
                    "type": "text",
                    "text": "提示语字符串"  # 例如，"描述图片的内容"
                },
                {
                    "type": "image_url",
                    "image_url": {
                        "url": image_data_url
                    }
                }
            ]
        }
    ]
})
```

其中，image_data_url 是以 Base64 编码形式嵌入的图像数据的 JSON 字符串。例如，假设 image_path 是本地图像文件的路径和文件名，函数 image_to_base64()用于读取图像数据并将其转换为 Base64 字符串，最后将其封装为 URL 属性所需的 JSON 格式键值对。在此过程中，"data:image/png"中的 "png"代表图像文件的格式，根据实际文件类型，可以替换为"JPEG"等其他格式。代码如下：

```
def image_to_base64(image_path):
    with open(image_path, "rb") as image_file:
        image_data = image_file.read()
        img_base64 = base64.b64encode(image_data).decode()
        return f"data:image/png;base64,{img_base64}"
```

〖**提示 4**〗ERNIE 4.5 的响应结果提取方式与 9.4.1 节的相同，均从返回的 JSON 格式数据中的 choices 部分提取结果。

【**任务 3**】情感分析工具。

设计一个情感分析工具，可以判断用户输入的文本是正面、负面还是中性情感，应具备以下功能：

① 用户输入一段文本（如电影评论、产品评价），返回该文本的情感倾向；

② 调用情感倾向分析 API 进行情感分类，对文本的情感倾向进行分析。

〖**提示**〗首先申请百度 AI 开放平台的 API Key。如图 9-23 所示，单击右上角的"文档"，进入"文档中心"，其中以分类的形式提供了丰富的技术文档链接，涵盖语音技术、文字识别、人脸与人体识别、图像技术、语言与知识等多个领域。用户可以根据需求快速查找相关大模型的详细使用指南、API 调用方法、参数说明以及示例代码，高效集成了百度的 AI 能力。

图 9-23　百度 AI 开放平台文档中心

情感倾向分析 API 位于"语言与知识"的"自然语言处理技术"板块，在左侧导航栏中单击"API 参考"→"鉴权认知机制"，按照提示创建应用，申请"自然语言处理技术"板块的 API Key。

在左侧导航栏中单击"API 参考"→"语言理解技术"→"情感倾向分析"，打开情感倾向分析 API 文档，确定 URL 和请求数据、响应数据格式，发起请求，并给出情感分析的判定结果。

【任务 4】图像风格转换。

百度 AI 开放平台"图像技术"的"图像增强与特效"板块提供了丰富的图像处理功能，包括对低质量图像的去雾、对比度增强、无损放大等优化处理，能够重建高清图像；同时还支持黑白图像上色、图像风格转换、人像动漫化等多种特效。

在图 9-23 中，单击"图像技术"的"图像增强与特效"，进入该板块。在左侧导航栏中，单击"购买指南"→"计费概述"，找到"控制台"链接，创建应用，申请该板块的 API Key。接着，在左侧导航栏中单击"API 文档"→"图像特效"→"图像风格转换"，查看该功能的详细 API 文档。

上传一幅图像，指定一种转换风格，调用该 API 完成图像风格转换任务。例如，将图 9-24（a）转换为彩色铅笔风格，如图 9-24（b）所示。

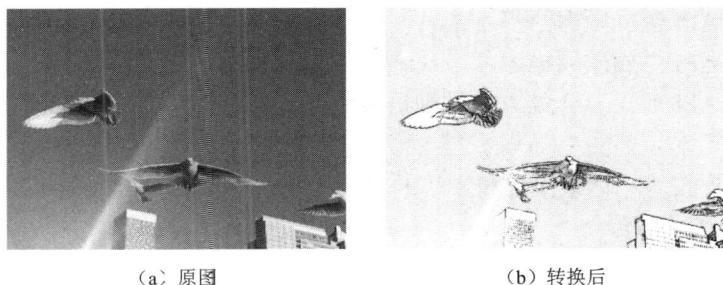

（a）原图　　　　　　　　　　　　　　　（b）转换后

图 9-24　图像风格转换效果图

9.4.3.3　实验总结与思考

对本实验的收获进行总结，并撰写实验报告。

思考及总结以下问题。

〖**问题 1**〗如何获取大模型 API 的使用权。

〖**问题 2**〗在多轮会话的上下文管理中，如何有效管理上下文，避免信息冗余或丢失。

〖**问题 3**〗思考调用大模型 API 的成本与效率问题，如何优化大模型 API 的调用频率，降低成本。

9.4.4 拓展练习——构建智能多模态问答系统

设计一个综合的智能多模态问答系统，能够处理文本、图像、语音等多种输入形式，并生成多样化的回答。分别调用大语言模型 API、图像生成 API、图像理解 API、语音识别 API 与语音合成 API，系统需实现以下功能。

① 文本生成文本：根据用户输入的文本问题生成文本回答。

② 文本生成图像：根据用户输入的提示语生成相应的图像。

③ 图像生成文本：对用户上传的图像生成文本描述。

④ 语音交互：支持语音输入和输出，提供更自然的交互体验。

⑤ 系统应支持多轮对话，能够管理上下文以确保对话的连贯性，并在用户输入"退出"时结束对话。

〖**示例场景**〗

> 场景 1：文本生成文本。
> 用户输入："什么是人工智能？"
> 系统回答："人工智能是模拟人类智能的技术，包括机器学习、自然语言处理、计算机视觉等领域。"
> 场景 2：文本生成图像。
> 用户输入："生成一张关于未来城市的图片。"
> 系统生成并显示一张未来城市的图片。
> 场景 3：图像生成文本。
> 用户上传一张风景图片。
> 系统回答："这张图片展示了一片宁静的湖泊，周围是郁郁葱葱的森林，天空中有几朵白云。"
> 场景 4：语音交互。
> 用户语音输入："今天的天气怎么样？"
> 系统语音回答："今天天气晴朗，气温 25 度，适合外出。"

任务涉及的技术实现如下。

（1）API 调用

调用大语言模型 API 生成文本回答。

调用图像生成 API 生成图像回答。

调用图像理解 API 生成图像描述。

调用语音识别 API 和语音合成 API 实现语音交互。

（2）多轮对话管理

使用上下文管理技术，记录用户和系统的对话历史，确保多轮对话的连贯性。

（3）图像处理

将本地图像转换为 Base64 编码，调用图像处理 API 进行优化或特效处理。

（4）语音交互

实现语音输入和输出的无缝衔接，提供更自然的交互体验。

通过完成本任务，深入理解多模态交互技术的实现方法，掌握文本生成、图像生成、图像理解、语音识别与合成等核心技术的应用，并提升智能问答系统的设计与开发能力。同时，学习如何管理多轮对话上下文、优化系统性能，以及提升用户体验，为未来开发更复杂的智能系统奠定坚实基础。